普通高等教育"十三五"规划教材

嵌入式系统设计

张永辉　主编

杨永钦　易家傅　副主编

机械工业出版社

本书从基础的理论知识到实际的应用开发，详细地介绍了 ARM Cortex-M0 处理器的内核体系结构与特性，包括总线架构、编程模型、存储器模型、异常模型、电源管理、系统控制模块、嵌套向量中断控制器和系统节拍定时器等核内外设，结合 CMSIS 对内部函数和外设的操作进行了详解。以恩智浦半导体（NXP）公司的 ARM Cortex-M0 处理器的 LPC1114 微控制器为例，详细介绍了 LPC1100 系列的内核结构与高级外设的工作原理与应用开发方法，以及基于 CMSIS 接口标准的软件设计方法。

本书的 LPC1114 最小应用系统板和开发板电路设计和仿真是基于 Proteus 仿真软件平台完成的，读者可以在没有硬件的情况下进行仿真调试，也可以利用本书所提供的 Proteus 项目文件自行制板、购买元器件和焊板，完成 LPC1114 最小应用系统板和开发板的制作，进一步制作扩展电路。

本书可作为普通高校电子信息专业、通信专业、仪器专业、自动化专业的本科生及研究生的入门教材，也可供从事嵌入式系统设计的研发人员参考。

本书配有免费电子课件，欢迎选用本书作教材的老师登录 www.cmpedu.com 注册下载，或发邮件到 jinacmp@163.com 索取。

图书在版编目（CIP）数据

嵌入式系统设计 / 张永辉主编. —北京：机械工业出版社，2018.10（2024.8 重印）
普通高等教育"十三五"规划教材
ISBN 978-7-111-60943-8

Ⅰ. ①嵌⋯　Ⅱ. ①张⋯　Ⅲ. ①微型计算机—系统设计—高等学校—教材　Ⅳ. ①TP360.21

中国版本图书馆 CIP 数据核字（2018）第 215154 号

机械工业出版社（北京市百万庄大街 22 号　邮政编码　100037）
策划编辑：吉　玲　责任编辑：吉　玲　刘丽敏
责任校对：王明欣　封面设计：张　静
责任印制：郜　敏
北京富资园科技发展有限公司印刷
2024 年 8 月第 1 版第 2 次印刷
184mm×260mm・18 印张・445 千字
标准书号：ISBN 978-7-111-60943-8
定价：58.00 元

电话服务　　　　　　　　网络服务
客服电话：010-88361066　　机　工　官　网：www.cmpbook.com
　　　　　010-88379833　　机　工　官　博：weibo.com/cmp1952
　　　　　010-68326294　　金　书　网：www.golden-book.com
封底无防伪标均为盗版　　机工教育服务网：www.cmpedu.com

前　　言

随着计算机技术、网络技术和微电子技术的深入发展，嵌入式系统的应用无处不在。ARM是目前公认的业界领先的 32 位嵌入式 RISC（精简指令计算机）微处理器，并且全世界有 200多家领先的半导体厂商获得 ARM 授权，组成了一个牢靠的产业联盟，每秒可生产 90 个芯片，基于 ARM 体系结构的微处理器占领了 32 位嵌入式系统领域的大部分份额。

ARM 公司的微控制器 Cortex 系列为嵌入式市场提供了一个三管齐下的解决方案。Cortex-A 系列提供高性能应用处理器，Cortex-R 系列专门针对实时、深度嵌入式解决方案，Cortex-M 系列专注于低成本嵌入式微控制器。ARM Cortex-M 是一系列可向上兼容的高能效、易于使用的处理器，可以帮助开发人员满足将来的嵌入式应用的需要，以更低的成本提供更多功能、不断增加连接、改善代码重用和提高能效。Cortex-M0 作为 Cortex-M 系列的一款基于 ARMv6M 架构的 RISC 处理器，集 8 位单片机的价格和 32 位 ARM 处理器的性能于一身，为目前能耗最低的最小的 ARM 处理器之一。

NXP 公司的 LPC1100 系列处理器是全球首个基于 Cortex-M0 内核的微控制器系列，时钟速度可达 50MHz，每秒 4500 多万条指令，可以实现更低的功耗和更长的电池寿命，是电池供电的消费电子设备、智能仪表、电机控制等的理想之选。LPC1100 系列丰富，不仅有基本LPC1100 系列，还有 LPC1100L 更低功耗系列、LPC11U00 USB 系列、LPC11C00 CAN 总线系列等多种选择。LPC1100 系列得到广泛的工具厂商的支持，如 Keil（ARM 旗下公司）、IAR Systems、Hitex Development Tools、Embedded Artists 和 Labcenter Electronics 等公司。

本书主要以 LPC1100 系列微控制器为硬件平台，详细介绍 Cortex-M0 微控制器的原理与开发技术，基于 Proteus 仿真软件平台设计最小应用系统板和具有在板仿真器的口袋开发板以及相关例程。

第 1 章简要介绍嵌入式系统的定义、分类、历史以及发展趋势，主要介绍嵌入式操作系统的基本知识和对 ARM Cortex-M 处理器的支持情况，并对 NXP 公司 ARM Cortex-M0 系列处理器及集成开发环境和仿真软件平台进行简要介绍。

第 2 章主要介绍 ARM Cortex-M0 处理器的结构与特性，内核体系结构的介绍包括总线架构、编程模型、存储器模型、异常模型、电源管理和系统控制模块、嵌套向量中断控制器、系统节拍定时器等核内外设，结合 CMSIS 对内部函数和外设的操作进行讲解。

第 3 章主要介绍 LPC1100 系列处理器的基础部分，包括其基本结构、存储器管理、时钟与 PLL、引脚描述与 I/O 配置、GPIO、中断和串行线调试接口，在此基础上讲解 LPC1100 最小系统的设计方法，并给出一个 LPC1114 开发板的设计实例。

第 4 章主要介绍 LPC1100 系列处理器外设的结构及工作原理，包括通用定时器/计数器、看门狗定时器、通用异步收发器 UART、SSP 同步串行端口控制器、I^{2}C 总线接口、A-D 转换器和电源管理单元，并对部分外设进行示例操作。

第 5 章主要介绍基于 CMSIS 接口标准的 ARM Cortex-M0 软件设计，包括 Cortex 微控制器软件接口标准 CMSIS 的基本构架以及如何在 Keil MDK 软件中使用 CMSIS。通过本章的学习，读者可以掌握基于 CMSIS 接口标准的函数的使用。

本书由张永辉组织完成编写任务，团队成员杨永钦、易家傅、陈敏、潘学松、冯尔理和王萍等多位同事参与了编写工作。刘一鸣、贾烁、王容、谢宇威、张帅岩、何超等硕士研究生对本书的编写进行了资料整理和开发板调试等工作；本书的出版得到了清华大学丁天怀教授的鼎力支持；编写过程中得到了 NXP 公司王朋朋女士、辛华峰先生、梁平先生以及广州风标公司匡载华先生的大力支持和帮助，在此表示衷心的感谢！

ARM Cortex-M0 的功能强大，LPC1100 微控制器的型号丰富，但限于篇幅，本书只对部分内容进行介绍。由于编者的水平有限，书中的错误在所难免，恳请读者批评指正。

张永辉

于海南大学

目　　录

第1章 嵌入式系统概述

本章主要介绍嵌入式系统的定义、分类、历史以及发展趋势，介绍嵌入式操作系统的基本知识和对 ARM Cortex-M 处理器的支持情况，对 NXP 公司 ARM Cortex-M0 系列处理器进行简要介绍，并列出常用的 ARM Cortex-M 处理器集成开发环境和仿真软件平台。

1.1 嵌入式系统

1.1.1 嵌入式系统的定义

嵌入式系统（Embedded System）是一种"完全嵌入受控器件内部，为特定应用而设计的专用计算机系统"，根据英国电气工程师协会（U.K. Institution of Electrical Engineer）的定义，嵌入式系统为控制、监视或辅助设备，机器或用于工厂运作的设备。从中可以看出，嵌入式系统是软件和硬件的综合体，还可以涵盖机械等附属装置。目前，国内一个普遍认同的定义是以应用为中心，以计算机技术为基础，软件、硬件可裁剪，适应应用系统对功能、可靠性、成本、体积、功耗严格要求的专用计算机系统。

嵌入式系统是相对通用型计算机来讲的，凡是带有微处理器的专用软硬件系统都可以称为嵌入式系统。区别于可以执行多重任务的通用型计算机，嵌入式系统是为某些特定任务而设计的。有些系统必须满足实时性要求，以确保安全性和可用性；另一些系统则对性能要求很低，甚至不要求性能，以简化硬件、降低成本。

1.1.2 嵌入式系统的历史

MIT 仪器研究室的查尔斯·斯塔克·德雷珀开发的阿波罗制导计算机是现代嵌入式系统的雏形之一。在项目初期，它被看成风险最高的部分，原因是为了减小尺寸和重量，它采用了当时最新研发的单片集成电路。

第一款大批量生产的嵌入式设备是 1961 年发布的民兵 I 导弹内的 D-17 自动制导计算机。当民兵 II 导弹在 1966 年开始生产的时候，D-17 升级成一种新型计算机，其中首次大量使用了集成电路。仅这个项目就将与非门模块的单价从 1000 美元降低至 3 美元，低到可用于商业产品。

由于 20 世纪 60 年代的这些早期应用，不仅嵌入式设备的价格降低了，同时处理能力和功能也获得了巨大的提高。以第一款 4 位单片机英特尔 4004 为例，它是为计算器和其他小型系统设计的，但仍然需要外部存储器和外围芯片。1978 年，美国国家工程制造商协会发布了可编程单片机的"标准"，涵盖了几乎所有以计算机为基础的控制器，如单板机、数控设备，以及基于事件的控制器。

随着微控制器和微处理器的价格下降，消费品也可以更换掉基于按钮的模拟器件，如分压计和可变电容，采用微处理器读取开关或按钮信号。

到了 20 世纪 70 年代末期，存储器、输入/输出部件集成到处理器内，产生了单片机。在采用通用计算机占用的成本太高昂的应用中，单片机取而代之。

嵌入式系统的出现最初是基于单片机的。单片机的出现，使得汽车、家电、工业机器、通信装置以及成千上万种产品可以通过内嵌电子装置来获得更佳的使用性能：更容易使用、更快、更便宜。这些装置已经初步具备了嵌入式的应用特点，但是这时的应用只是使用 8 位的芯片，执行一些单线程的程序，还谈不上"系统"的概念。

最早的 8 位单片机是 Intel 公司的 8048，它出现在 1976 年。Motorola 同时推出了 68HC05，Zilog 公司推出了 Z80 系列，这些早期的单片机均含有 256B 的 RAM、4KB 的 ROM、4 个 8 位并口、1 个全双工串行口、2 个 16 位定时器。之后在 20 世纪 80 年代初，Intel 又进一步完善了 8048，在它的基础上研制成功了 8051，这在单片机的历史上是值得纪念的一页。迄今为止，51 系列仍然是成功的单片机芯片系列，在各种产品中有着非常广泛的应用。

从 20 世纪 80 年代早期开始，嵌入式系统的程序员开始用商业级的"操作系统"编写嵌入式应用软件，这使得人们可以获取更短的开发周期、更低的开发资金和更高的开发效率，"嵌入式系统"真正出现了。确切地说，这个时候的操作系统是一个实时核，这个实时核包含了许多传统操作系统的特征，包括任务管理、任务间通信、同步与相互排斥、中断支持、内存管理等功能。其中比较著名的有 Ready System 公司的 VRTX、Integrated System Incorporation（ISI）的 PSOS 和 IMG 的 VxWorks、QNX 公司的 QNX 等。这些嵌入式操作系统都具有嵌入式的典型特点：均采用占先式的调度，响应的时间很短，任务执行的时间可以确定；系统内核很小，具有可裁剪、可扩充和可移植性，可以移植到各种处理器上；较强的实时性和可靠性，适合嵌入式应用。这些嵌入式实时多任务操作系统的出现，使得应用开发人员得以从小范围的开发解放出来，同时也促使嵌入式有了更为广阔的应用空间。

20 世纪 90 年代以后，随着对实时性要求的提高，软件规模不断上升，实时核逐渐发展为实时多任务操作系统（RTOS），并作为一种软件平台逐步成为目前国际嵌入式系统的主流。这时候更多的公司看到了嵌入式系统的广阔发展前景，开始大力发展自己的嵌入式操作系统。除了上面几家老牌公司的产品以外，还出现了 Palm OS、WinCE、嵌入式 Linux、Lynx、Nucleux，以及国内的 Hopen、Delta Os 等嵌入式操作系统。

目前智能手机上应用最广泛的嵌入式操作系统是 iOS 和 Andriod。iOS（iPhone OS）是由苹果公司为移动设备所开发的操作系统，支持的设备包括 iPhone、iPod touch、iPad、Apple TV。与 Android 及 Windows Phone 不同，iOS 不支持非苹果的硬件设备。Android 是 Google 公司的一款以 Linux 为基础的开放源代码操作系统，该平台由操作系统、中间件、用户界面和应用软件组成，号称是首个为移动终端打造的真正开放和完整的移动软件。Windows Phone 是微软发布的一款手机操作系统，诺基亚把 Windows Phone 作为智能手机的主要操作系统，2014 年 4 月 27 日，微软完成诺基亚手机业务的并购。

随着嵌入式技术的发展前景日益广阔，会有更多的嵌入式操作系统和应用软件出现。

1.1.3　嵌入式系统的发展趋势

经过几十年的发展，嵌入式系统已经在很大程度上改变了人们的生活、工作和娱乐方式，而且这些改变还在加速。嵌入式系统具有无数的种类，每类都具有自己独特的个性。例如，MP3、数码相机与打印机就有很大的不同。汽车中更是具有多个嵌入式系统，使汽车更轻快、更干净、更容易驾驶。

即使不可见，嵌入式系统也无处不在。嵌入式系统在很多产业中得到了广泛的应用并逐步改变着这些产业，包括工业自动化、国防、运输和航天领域。例如，神州飞船和长征火箭中有很多嵌入式系统，导弹的制导系统也是嵌入式系统，高档汽车中也有多达几十个嵌入式系统。在日常生活中，人们使用各种嵌入式系统，但未必知道它们。图 1-1 就是一些比较新的、生活中比较常见的嵌入式系统。事实上，几乎所有带有一点"智能"的家电（全自动洗衣机、电饭煲等）都是嵌入式系统。嵌入式系统广泛的适应能力和多样性，使得视听、工作场所甚至健身设备中到处都有嵌入式系统。

图 1-1　常见的嵌入式系统实例

物联网技术、工业 4.0、智能手机、智能硬件、可穿戴设备，以及大数据、人工智能等创新技术的引领，使得嵌入式系统获得了巨大的发展契机，为嵌入式市场展现了美好的前景，同时也对嵌入式生产厂商提出了新的挑战。ARM 公司不断地完善嵌入式开发的生态系统，开发软件接口标准，使得开发者使用 C 语言等高级语言而不用汇编就可以自由地编写嵌入式应用软件，并且可以利用接口 API 设计自己的嵌入式操作系统，可以利用开源的软硬件设计低成本的开发工具，可以利用 ARM 授权 IP 和 FPGA 进行专用 SoC 设计，这在过去是难以想象的。

1.2　嵌入式处理器

普通个人计算机中的处理器是通用目的的处理器。它们的设计非常丰富，因为这些处理器提供全部的特性和广泛的功能，故可以用于各种应用中。但是通用处理器能源消耗大，产生的热量高，尺寸也大，其复杂性意味着这些处理器的制造成本昂贵。在早期，嵌入式系统通常用通用目的的处理器设计。近年来，随着大量先进的微处理器制造技术的发展，越来越多的嵌入式系统用嵌入式处理器设计，而不是用通用目的的处理器。这些嵌入式处理器是为完成特殊的应用而设计的特殊目的的处理器。

嵌入式处理器是嵌入式系统的核心，是控制、辅助系统运行的硬件单元。其种类范围极其广阔，从最初的 4 位处理器，目前仍在大规模应用的 8 位单片机，处境尴尬的 16 位单片机，到最新的受到广泛青睐的 32 位、64 位嵌入式 CPU，都属于嵌入式处理器。根据性能与工作方式可以将嵌入式处理器分为以下几个类型：

1. 嵌入式微处理器

嵌入式微处理器（Embedded Microprocessor Unit，EMPU）的基础是通用计算机中的 CPU。在应用中，将微处理器装配在专门设计的电路板上，只保留和嵌入式应用有关的母板功能，这样可以大幅度减小系统体积和功耗。为了满足嵌入式应用的特殊要求，嵌入式微处理器虽然在功能上和标准微处理器基本是一样的，但在工作温度、抗电磁干扰、可靠性等方面一般都做了各种增强。和工业控制计算机相比，嵌入式微处理器具有体积小、重量轻、成本低、可靠性高的优点，但是在电路板上必须包括 ROM、RAM、总线接口、各种外设等器件，从而降低了系统的可靠性，技术保密性也较差。嵌入式微处理器及其存储器、总线、外设等安装在一块电路板上，称为单板计算机，如 STD-BUS、PC104 等。近年来，ARM 公司推出了 ARM9、ARM11 以及后来的 Cortex-A/R 系列嵌入式微处理器，被广大手机芯片厂商所采用。

嵌入式微处理器主要有 Am186/88、386EX、SC-400、PowerPC、68000、MIPS、ARM9/ARM11/ARM Cortex-A/R 系列等。

2. 嵌入式微控制器

嵌入式微控制器（Microcontroller Unit，MCU）又称单片机，顾名思义，就是将整个计算机系统集成到一块芯片中。嵌入式微控制器一般以某一种微处理器内核为核心，芯片内部集成 ROM/EPROM、RAM、总线、总线逻辑、定时器/计数器、看门狗（WatchDog）、I/O、串行口、脉宽调制输出、A-D、D-A、Flash RAM、EEPROM 等各种必要功能和外设。为适应不同的应用需求，一般一个系列的单片机具有多种衍生产品，每种衍生产品的处理器内核都是一样的，不同的是存储器和外设的配置及封装。这样可以使单片机最大限度地和应用需求相匹配，功能不多不少，从而减少功耗和成本。和嵌入式微处理器相比，微控制器的最大特点是单片化，体积大大减小，从而使功耗和成本下降、可靠性提高。微控制器是目前嵌入式系统工业的主流。微控制器的片上外设资源一般比较丰富，适合于控制，因此称为微控制器。

嵌入式微控制器目前的品种和数量最多，比较有代表性的通用系列包括 8051、MCS-96/196/296、MC68HC05/11/12/16、数目众多的 ARM7 和 ARM Cortex-M 系列芯片等。目前 MCU 占嵌入式系统约 70% 的市场份额。

3. 嵌入式 DSP

DSP 对系统结构和指令进行了特殊设计，使其适合于执行 DSP 算法，编译效率较高，指令执行速度也较高。在数字滤波、FFT、谱分析等方面 DSP 算法正在大量进入嵌入式领域，DSP 应用正从在通用单片机中以普通指令实现 DSP 功能，过渡到采用嵌入式 DSP（Embedded Digital Signal Processor，EDSP）。

嵌入式 DSP 比较有代表性的产品是 Texas Instruments 的 TMS320 系列和 Motorola 的 DSP56000 系列。TMS320 系列处理器包括用于控制的 C2000 系列、移动通信的 C5000 系列，以及性能更高的 C6000 和 C8000 系列。DSP56000 目前已经发展成为 DSP56000、DSP56100、DSP56200 和 DSP56300 等几个不同系列的处理器。另外，ARM 公司在其 Cortex-M 系列芯片中也集成了 DSP 的特性，提供免费的 DSP 资源库，逐渐模糊了 ARM 处理器和 DSP 的界限。

4. 嵌入式片上系统

随着 EDI 的推广和 VLSI 设计的普及化及半导体工艺的迅速发展，在一个硅片上实现一个更为复杂的系统的时代已来临，这就是片上系统（System on Chip，SoC）。各种通用处理器内核将作为 SoC 设计公司的标准库，和许多其他嵌入式系统外设一样，成为 VLSI 设计中一种标准的器件，用标准的 VHDL 等语言描述，存储在器件库中。用户只需定义出其整个应用系统，仿真通过后就可以将设计图交给半导体工厂制作样品。这样除个别无法集成的器件以外，整个嵌入式系统大部分均可集成到一块或几块芯片中去，应用系统电路板将变得很简洁，对于减小体积和功耗、提高可靠性非常有利。

SoC 可以分为通用和专用两类。通用系列包括 Infineon 的 TriCore、Motorola 的 M-Core、某些 ARM 系列器件、Echelon 和 Motorola 联合研制的 Neuron 芯片等。专用 SoC 一般专用于某个或某类系统中，不为一般用户所知。一个有代表性的产品是 Philips 的 Smart XA，它将 XA 单片机内核和支持超过 2048 位复杂 RSA 算法的 CCU 单元制作在一块硅片上，形成一个可加载 JAVA 或 C 语言的专用 SoC，可用于公众互联网（如 Internet）安全方面。

1.3　嵌入式操作系统

1.3.1　嵌入式操作系统简介

在计算机技术发展的初期阶段，计算机系统中没有操作系统这个概念。为了给用户提供一个与计算机之间进行交互的接口，同时提高计算机的资源利用率，便出现了计算机监控程序（Monitor），使用户能通过监控程序来使用计算机。随着计算机技术的发展，计算机系统的硬件、软件资源也愈来愈丰富，监控程序已不能适应计算机应用的要求，于是在 20 世纪 60 年代中期监控程序又进一步发展形成了操作系统（Operating System）。发展到现在，广泛使用的有 3 种操作系统，即多道批处理操作系统、分时操作系统以及实时操作系统。

多道批处理操作系统一般用于计算中心较大的计算机系统中。由于它的硬件设备比较全、价格较高，所以此类系统十分注意 CPU 及其他设备的充分利用，追求高的吞吐量，不具备实时性。

分时操作系统的主要目的是让多个计算机用户能共享系统的资源，能及时地响应和服务于联机用户，只具有很弱的实时功能，与真正的实时操作系统有明显的区别。

那么，什么样的操作系统才能称为实时操作系统呢? IEEE 的实时 UNIX 分委会认为实时操作系统应具备以下几点:

1）异步的事件响应。实时系统为能在系统要求的时间内响应异步的外部事件，要求有异步 I/O 和中断处理能力。I/O 响应时间常受内存访问、盘访问和处理器总线速度所限制。

2）切换时间和中断延迟时间确定。

3）优先级中断和调度。必须允许用户定义中断优先级和被调度的任务优先级并指定如何服务中断。

4）抢占式调度。为保证响应时间，实时操作系统必须允许高优先级任务一旦准备好运行马上抢占低优先级任务的执行。

5）内存锁定。必须具有将程序或部分程序锁定在内存的能力，锁定在内存的程序减少了为获取该程序而访问盘的时间，从而保证了快速的响应时间。

6）连续文件。应提供存取盘上数据的优化方法，使得存取数据时查找时间最少。通常要求把数据存储在连续文件上。

7）同步。提供同步和协调共享数据使用和时间执行的手段。

总的来说，实时操作系统是事件驱动的，能对来自外界的作用和信号在限定的时间范围内做出响应。它强调的是实时性、可靠性和灵活性，与实时应用软件相结合成为有机的整体起着核心作用，由它来管理和协调各项工作，为应用软件提供良好的运行环境及开发环境。

从实时系统的应用特点来看，实时操作系统可以分为两种：一般实时操作系统和嵌入式实时操作系统。一般实时操作系统与嵌入式实时操作系统都是具有实时性的操作系统，它们的主要区别在于应用场合和开发过程。

一般实时操作系统应用于实时处理系统的上位机和实时查询系统等实时性较弱的实时系统，并且提供了开发、调试、运用一致的环境。

嵌入式实时操作系统应用于实时性要求高的实时控制系统，而且应用程序的开发过程是通过交叉开发来完成的，即开发环境与运行环境不一致。嵌入式实时操作系统具有规模小（一般在几千字节到几十千字节内）、可固化使用、实时性强（在毫秒或微秒数量级上）的特点。

1.3.2　嵌入式实时操作系统的特点

1．高精度计时系统

计时精度是影响实时性的一个重要因素。在实时应用系统中，经常需要精确确定实时地操作某个设备或执行某个任务，或精确地计算一个时间函数。这些不仅依赖于一些硬件提供的时钟精度，也依赖于实时操作系统实现的高精度计时功能。

2．多级中断机制

一个实时应用系统通常需要处理多种外部信息或事件，但处理的紧迫程度有轻重缓急之分，有的必须立即做出反应，有的则可以延后处理。因此，需要建立多级中断嵌套处理机制，以确保对紧迫程度较高的实时事件进行及时响应和处理。

3．实时调度机制

实时操作系统不仅要及时响应实时事件中断，同时也要及时调度运行实时任务。但是，处理器调度并不能随心所欲地进行，因为涉及两个进程之间的切换，只能在确保"安全切换"的时间点上进行。实时调度机制包括两个方面：一是在调度策略和算法上保证优先调度实时任务；二是建立更多"安全切换"时间点，保证及时调度实时任务。

在嵌入式实时操作系统环境下开发实时应用程序使程序的设计和扩展变得容易，不需要大的改动就可以增加新的功能。通过将应用程序分割成若干独立的任务模块，使应用程序的设计过程大为简化，而且对实时性要求苛刻的事件都得到了快速、可靠地处理。通过有效的系统服务，嵌入式实时操作系统使得系统资源得到了更好的利用。

但是，使用嵌入式实时操作系统还需要额外的 ROM/RAM 开销、2%～5%的 CPU 额外负荷，以及内核的费用。

1.3.3　常用的嵌入式操作系统

1．μClinux

嵌入式 Linux 操作系统μClinux 是一个完全符合 GNU/GPL 公约的操作系统，完全开放代码。μClinux 的名字来自于希腊字母"μ"和英文大写字母"C"的结合，"μ"代表"微小"之意，"C"代表"控制器"，所以从字面上就可以看出它的含义，即"微控制领域中的 Linux

系统"。

为了降低硬件成本及运行功耗,很多嵌入式 CPU 没有设计内存管理单元(Memory Management Unit,MMU)功能模块。最初,运行于这类没有 MMU 的 CPU 之上的都是一些很简单的单任务操作系统,或者更简单的控制程序,甚至根本就没有操作系统而直接运行应用程序。在这种情况下,系统无法运行复杂的应用程序,或者效率很低,而且所有的应用程序需要重写,并要求程序员十分了解硬件特性。这些都阻碍了应用于这类 CPU 之上的嵌入式产品开发的速度。

μClinux 从 Linux 2.0/2.4 内核派生而来,沿袭了主流 Linux 的绝大部分特性。它专门针对没有 MMU 的 CPU,并且为嵌入式系统做了许多小型化的工作,适用于没有虚拟内存或 MMU 的处理器,如 ARM7TDMI。它通常用于具有很少内存或 Flash 的嵌入式系统。μClinux 是为了支持没有 MMU 的处理器而对标准 Linux 做出的修正。它保留了操作系统的所有特性,为硬件平台更好地运行各种程序提供了保证。在 GNU 通用公共许可证(GNU GPL)的保证下,运行 μClinux 操作系统的用户可以使用几乎所有的 Linux API 函数,不会因为没有 MMU 而受到影响。由于 μClinux 在标准的 Linux 基础上进行了适当的裁剪和优化,形成了一个高度优化的、代码紧凑的嵌入式 Linux。虽然它的体积很小,但仍然保留了 Linux 的大多数的优点:稳定、良好的移植性、优秀的网络功能、完备的对各种文件系统的支持以及标准丰富的 API 等。

2. Windows CE

Windows CE 是微软开发的一个开放的、可升级的 32 位嵌入式操作系统,是基于掌上型电脑类的电子设备操作系统,它是精简的 Windows 95。Windows CE 的图形用户界面相当出色,其中 CE 中的 C 代表 Compact、Consumer、Connectivity 和 Companion,E 代表 Electronics。与 Windows 95/98、Windows NT 不同的是,Windows CE 是所有源代码全部由微软自行开发的嵌入式新型操作系统,其操作界面虽来源于 Windows 95/98,但 Windows CE 是基于 Win32 API 重新开发的、新型的信息设备平台。Windows CE 具有模块化、结构化和基于 Win32 应用程序接口以及与处理器无关等特点。Windows CE 不仅继承了传统的 Windows 图形界面,并且在 Windows CE 平台上可以使用 Windows 95/98 上的编程工具(如 Visual Basic、Visual C++等)、使用同样的函数、使用同样的界面网格,使绝大多数的应用软件只需简单地修改和移植就可以在 Windows CE 平台上继续使用。

3. VxWorks

VxWorks 操作系统是美国 WindRiver 公司于 1983 年设计开发的一种嵌入式实时操作系统(RTOS),是嵌入式开发环境的关键组成部分。由于其良好的持续发展能力、高性能的内核以及友好的用户开发环境,在嵌入式实时操作系统领域占据一席之地。VxWorks 以其良好的可靠性和卓越的实时性被广泛地应用在通信、军事、航空、航天等高精尖技术及实时性要求极高的领域中,如卫星通信、军事演习、弹道制导、飞机导航等。在美国的 F-16、FA-18 战斗机以及 B-2 隐形轰炸机和爱国者导弹上,甚至连 1997 年 4 月在火星表面登陆的火星探测器上也使用到了 VxWorks。

4. OSE

OSE 主要是由 ENEA Data AB 下属的 ENEA OSE Systems AB 负责开发和技术服务的,一直以来都充当着实时操作系统以及分布式和容错性应用的先锋。公司建立于 1968 年,由大约 600 名雇员专门从事实时应用的技术支持工作。ENEA OSE Systems AB 是现今市场上一个飞速发展的 RTOS 供应商,在过去 3 年中,该公司的税收以每年 70% 的速度递增。该公司开发的 OSE 支持容错,适用于可从硬件和软件错误中恢复的应用,它的独特的消息传输方式使其能方便地支持多处理器之间的通信。它的客户深入到电信、数据、工控、航空等领域,尤其在电信方面,该公司已经有了十余年的开发经验。ENEA Data AB 现在已经成为日趋成熟、功能强大、经营灵活的 RTOS 供应商,也同诸如爱立信、诺基亚、西门子等知名公司确定了良好的关系。

5. Nucleus PLUS

Nucleus PLUS 是为实时嵌入式应用而设计的一个抢先式多任务操作系统内核,其 95% 的代码是用 ANSIC 写成的,因此非常便于移植并能够支持大多数类型的处理器。从实现角度来看,Nucleus PLUS 是一组 C 函数库,应用程序代码与核心函数库连接在一起,生成一个目标代码,下载到目标板的 RAM 中或直接烧录到目标板的 ROM 中执行。在典型的目标环境中,Nucleus PLUS 核心代码区一般不超过 20KB。

Nucleus PLUS 采用了软件组件的方法。每个组件具有单一而明确的目的,通常由几个 C 语言及汇编语言模块构成,提供清晰的外部接口,对组件的引用就是通过这些接口完成的。除了一些少数特殊情况外,不允许从外部对组件内的全局进行访问。由于采用了软件组件的方法,Nucleus PLUS 各个组件非常易于替换和复用。

Nucleus PLUS 的组件包括任务控制、内存管理、任务间通信、任务的同步与互斥、中断管理、定时器及 I/O 驱动等。

Nucleus PLUS 的 RTOS 内核可支持的 CPU 类型:x86、68xxx、68HCxx、NEC V25、ColdFire、29K、i960、MIPS、SPARClite、TI DSP、ARM6/7、StrongARM、H8/300H、SH1/2/3、PowerPC、V8xx、Tricore、Mcore、Panasonic MN10200、Tricore,Mcore 等。可以说,Nucleus PLUS 是支持 CPU 类型最丰富的实时多任务操作系统。

针对各种嵌入式应用,Nucleus PLUS 还提供相应的网络协议(如 TCP/IP、SNMP 等),以满足用户对通信系统的开发要求。另外,可重入的文件系统、可重入的 C 函数库以及图形化界面等也给开发者提供了方便。

值得提出的是,ATI 公司最近还发布了基于 Microsoft Developers Studio 的嵌入式集成开发环境——Nucleus EDE,从而率先将嵌入式开发工具与 Microsoft 的强大开发环境结合起来,提供给工程师强大的开发手段。

6. eCos

eCos 是 RedHat 公司开发的源代码开放的嵌入式 RTOS 产品,是一个可配置、可移植的嵌入式实时操作系统,设计的运行环境为 RedHat 的 GNUPro 和 GNU 开发环境。eCos 的所有部分都开放源代码,可以按照需要自由修改和添加。eCos 的关键技术是操作系统可配置性,允许用户组合自己的实时组件和函数以及实现方式,特别允许 eCos 的开发者定制自己的面向应用的操作系统,使 eCos 能有更广泛的应用范围。eCos 本身可以运行在 16/32/64 位的体系结构、微处理器(MPU)、微控制器(MCU)以及 DSP 上,其内核、库以及运行时组件是建立在硬件抽象层(Hardware Abstraction Layer,HAL)上的,只要将 HAL 移植到目标硬件上,整个 eCos 就可以运行在目标系统之上了。目前 eCos 支持的系统包括 ARM、Hitachi SH3、Intel x86、MIPS、PowerPC 和 SPARC 等。eCos 提供了应用程序所需的实时要求,包括可抢占性、短的中断延时、必要的同步机制、调度规则、中断机制等。eCos 还提供了必要的一般嵌入式应用程序所需的驱动程序、内存管理、异常管理、C 语言库和数学库等。

7. µC/OS

µC/OS-II 是一个源代码公开、可移植、可固化、可裁剪、占先式的实时多任务操作系统。其绝大部分源代码是用 ANSI C 写的，世界著名嵌入式专家 Jean J.Labrosse（µC/OS-II 的作者）出版了多本图书详细分析了该内核的几个版本。µC/OS-II 通过了美国联邦航空管理局（FAA）商用航行器认证，符合航空无线电技术委员会（RTCA）DO-178B 标准，该标准是为航空电子设备所使用软件的性能要求而制定的。自 1992 年问世以来，µC/OS-II 已经被应用到数以百计的产品中。µC/OS-II 在高校教学使用是不需要申请许可证的，但将µC/OS-II 的目标代码嵌入到产品中去，应当购买目标代码销售许可证。最新版本µC/OS-III 是一个可升级的、可固化的、基于优先级的实时内核，它对任务的个数无限制。µC/OS-III 是一个第 3 代的系统内核，支持现代的实时内核所期待的大部分功能，如资源管理、同步、任务间的通信等。然而，µC/OS-III 提供的特色功能在其他的实时内核中是找不到的，比如说完备的运行时间测量性能、直接地发送信号或者消息到任务、任务可以同时等待多个内核对象等。µC/OS-III 提供µC/OS-III Evaluation Source Code，涉及安全关键的部分没有开源。

8. RT-Thread

RT-Thread 是一款主要由中国开源社区主导开发的开源实时操作系统（许可证 GPLv2）。实时线程操作系统不仅仅是一个单一的实时操作系统内核，也是一个完整的应用系统，包含了实时、嵌入式系统相关的各个组件：TCP/IP 协议栈、文件系统、libc 接口、POSIX 接口、FreeModbus 主从协议栈、图形用户界面、CAN 框架、动态模块等。RT-Thread 由国内一些专业开发人员从 2006 年开始开发、维护，因为系统稳定、功能丰富的特性，广泛用于新能源、电网、风机等高可靠性行业和设备上，已经被验证是一款高可靠的实时操作系统。

RT-Thread 实时操作系统遵循 GPLv2+许可证，实时操作系统内核及所有开源组件可以免费在商业产品中使用，不需要公布应用源码，没有任何潜在商业风险。RT-Thread RTOS 代码原始版权属于 RT-Thread 所有。在商业产品和工程中使用 RT-Thread RTOS，请在产品说明书上明确说明使用了 RT-Thread；如有串口输出，请在系统启动显示 RT-Thread 的版本信息；如使用了 RT-Thread RTGUI，请保留 RT-Thread LOGO。

9. FreeRTOS

FreeRTOS 是一个迷你操作系统内核的小型嵌入式系统。其作为一个轻量级的操作系统，功能包括任务管理、时间管理、信号量、消息队列、内存管理、记录功能等，可基本满足较小系统的需要。FreeRTOS 任务可选择是否共享堆栈，并且没有任务数限制，多个任务可以分配相同的优先权。相同优先级任务的轮转调度，可设成可剥夺内核或不可剥夺内核。

10. TinyOS

TinyOS 是一个开源的嵌入式操作系统，它是由加州大学伯克利分校开发出来的，主要应用于无线传感器网络方面。程序采用的是模块化设计，所以它的程序核心往往都很小，一般来说核心代码和数据大概在 400B，能够突破传感器存储资源少的限制。TinyOS 提供一系列可重用的组件，一个应用程序可以通过连接配置文件（A Wiring Specification）将各种组件连接起来，以完成它所需的功能。TinyOS 是用 nesC 程序编写的嵌入式操作系统，其作为一系列合作项目的结果。它的出现首先是作为 UC Berkeley 和 Intel Research 合作实验室的杰作，用来嵌入智能微尘（Smartdust）当中，之后慢慢演变成一个国际合作项目，即 TinyOS 联盟。

11．Contiki

Contiki 是一个适用于有内存的嵌入式系统的开源的、高可移植的、支持网络的多任务操作系统，包括一个多任务核心、TCP/IP 堆栈、程序集以及低能耗的无线通信堆栈。Contiki 是采用 C 语言开发的非常小型的嵌入式操作系统，运行只需要几千字节的内存。它专门设计以适用于一系列的内存受限的网络系统，包括从 8 位到 32 位微控制器的嵌入式系统。Contiki 只需几千字节的代码和几百字节的内存就能提供多任务环境和内建 TCP/IP 支持。

12．RTX

RTX（Real Time eXecutive）是 ARM 公司针对 ARM7、ARM9、Cortex-M 内核推出的一款嵌入式实时操作系统。该系统占用内存很小，切换速度很快，特别适合一些内存小的芯片，像只有 32KB 的 Flash、8KB RAM 的 Cortex-M0 都可以使用，而且该系统是开源、免版税的。RTX 的源码跟 Keil-MDK 绑定在一起，安装了 Keil-MDK 之后，可以在 Keil\ARM\RL\RTX\SRC 文件夹下找到源码，文件夹 CM 下是 Cortex-M 的源码，在 Cortex-M 下使用，几乎不用做其他的移植工作，就能让系统跑起来，使用很方便。

随着嵌入式系统及物联网技术的高速发展和广泛应用，各大公司也相继为各种智能设备开发了自己的嵌入式操作系统，如苹果的 iOS、谷歌的 Android、ARM 的 mbedOS，华为的 LiteOS 等。另外，ARM 公司开发了用于线程控制、资源和时间管理的实时操作系统的标准化编程接口 CMSIS-RTOS API，使用户更方便地应用嵌入式操作系统。

1.4　ARM Cortex 系列嵌入式处理器

ARM 是 32 位嵌入式微处理器的行业领先提供商，已推出各种各样基于通用架构的处理器，这些处理器具有行业领先的高性能，而且系统成本也有所降低。与业界最广泛的体系（拥有超过 750 个可提供芯片、工具和软件的合作伙伴）相结合，已推出的一系列 20 多种处理器可以解决所有应用难题。基于 ARM 架构的芯片累积出货量迄今已突破 600 亿，ARM 向 250 多家公司出售了 800 个处理器许可证，ARM 技术已在 95% 的智能手机、80% 的数码相机以及 35% 的电子设备中得到应用。ARM 是真正意义上的数字世界的架构（the Architecture for the Digital World）。

ARM 公司的经典处理器 ARM11、ARM9 和 ARM7 系列在全球范围内被广泛授权，为众多应用领域提供性价比高的解决方案。在 ARM11 之后人们期待 ARM 公司会延续此前的命名方法推出更高性能的 ARM12、ARM13 等系列处理器，可是 ARM 公司一改常态，推出了全新的 ARMv7 架构的 ARM Cortex 系列微处理器，在这个版本中，内核架构首次从单一款式变成 3 种款式：Cortex-A 系列、Cortex-R 系列和 Cortex-M 系列，Cortex-A 系列更是延伸到了 64 位 ARMv8 架构。

1．Cortex-A 系列

Cortex-A 系列面向复杂的尖端应用程序，用于运行开放式的复杂操作系统，在 MMU（内存管理单元）、用于多媒体应用程序的可选 NEON 处理单元以及支持半精度、单精度和双精度运算的高级硬件浮点单元的基础上实现了虚拟内存系统架构，支持传统的 ARM、Thumb 指令集和新增的高性能紧凑型 Thumb-2 指令集，强调高性能与合理的功耗，存储器管理支持虚拟地址。它适用于高端消费电子设备、网络设备、移动 Internet 设备和企业市场。ARMv7-A

架构的 32 位处理器包括高性能的 Cortex-A15、可伸缩的 Cortex-A9、经过市场验证的 Cortex-A8 和高效的 Cortex-A5 均共享同一体系结构，Cortex-A7、Cortex-A17 具有完整的应用兼容性。ARMv8-A 架构的 64 位 Cortex-A32、Cortex-A35、Cortex-A53、Cortex-A55、Cortex-A57、Cortex-A72、Cortex-A73、Cortex-A75，近来也纷纷被广大手机芯片厂商采用，ARMv8-A 架构已全面进军移动和嵌入式市场。

2. Cortex-R 系列

Cortex-R 系列是针对实时系统的 ARMv7-R 架构嵌入式处理器，在 MPU（内存保护单元）的基础上实现了受保护内存系统架构，主要着重于在各种功耗敏感型应用中提供具有高确定性的实时行为。Cortex-R 处理器通常执行实时操作系统（RTOS）和用户开发的应用程序代码，因此只需内存保护单元 MPU，而不需要应用程序处理器中提供的 MMU，适用于高性能实时控制系统。Cortex-R 处理器是为要求严格的实时解决方案设计的，通常用于 ASIC、ASSP 和 MCU 片上系统，支持 ARM、Thumb 和 Thumb-2 指令集，强调实时性，存储器管理只支持物理地址。目前此系列包含 5 个成员：Cortex-R4、Cortex-R5、Cortex-R7、Cortex-R8 和 Cortex-R52。Cortex-R 所特别针对的市场是智能手机、硬盘驱动器、网络和打印机、机顶盒、数字电视、媒体播放器、相机，以及医疗行业、工业、汽车行业的可靠系统的嵌入式微处理器等。

3. Cortex-M 系列

Cortex-M 系列是针对价格敏感应用领域的嵌入式处理器，为成本控制和微控制器应用提供优化，其特性见表 1-1。每个 Cortex-M 系列处理器都有特定的优点，但都受一些基本技术的支持，这些技术使 Cortex-M 处理器能胜任多种嵌入式应用，如智能测量、人机接口设备、汽车和工业控制系统、大型家用电器、消费性产品和医疗器械等。

Cortex-M 系列只支持 Thumb-2 指令集，具有存储器保护单元（MPU）和嵌套向量中断控制器（NVIC），可快速进行中断处理，强调操作的确定性以及性能、功耗和价格的平衡性。Cortex-M 系列应用于深度嵌入的单片机风格的系统中，其为面向传统单片机的应用而量身定制。在这些应用中，尤其是对于实时控制系统，低成本、低功耗、极速中断反应及高处理效率都是至关重要的。

表 1-1　Cortex-M 系列处理器的特性

ARMv6-M 和 ARMv7-M 架构	Thumb-2 技术（指令集架构）
RISC 处理器内核 高性能 32 位 CPU 设计用于高效嵌入式系统 简单易用，C 语言编程 支持超低功耗传感器至高性能控制器的可扩展架构	支持 16/32 位混合指令高性能的强大指令集 高代码密度 用于 I/O 控制和通信应用程序的位域处理指令 适用于 DSP 应用程序的 SIMD 指令（ARMv7-M） IEEE-754 浮点支持（Cortex-M4 和 Cortex-M7）
低功耗模式	嵌套向量中断控制器（NVIC）
架构定义的睡眠模式 多个电源和时钟域 低功耗的处理器设计优化 支持高端低功耗技术（例如状态保持电源关断）	灵活强大的中断管理 非常低的中断延迟没有隐藏的软件开销 多种优化降低中断开销 不需要汇编编程，以纯 C 语言编写的中断服务例程
CoreSight 调试和跟踪	工具和 RTOS 支持
功能强大的调试和跟踪功能，使用小量连接引脚 支持在多个处理器中进行调试，提供广泛的调试工具 同一工具将适用于广泛的 ARM 处理器系列 多种调试通信协议选择（JTAG 和串行线调试）	ARM 编译器、Keil MDK 和免费的 ARM gcc 广泛的第三方开发工具、调试工具、中间件和嵌入式 OS ARM 和 Keil 提供的开发板 Cortex 微控制器软件接口标准（CMSIS），简便的软件重用

　　Cortex-M 系列微处理器目前包含 8 个成员：Cortex-M0、Cortex-M0+、Cortex-M1、Cortex-M3、Cortex-M4、Cortex-M7、Cortex-M23 和 Cortex-M33。Cortex-M0、Cortex-M0+和 Cortex-M1 处理器属于 ARMv6-M 架构，其中 Cortex-M1 是第一个专为 FPGA 中的编程实现设计的 ARM 处理器。Cortex-M3、Cortex-M4 和 Cortex-M7 属于真正的 ARMv7-M 架构，采用哈佛总线结构，具有高效的数字信号处理能力，同时具备低功耗、低成本、易于使用的优点。2016 年 ARM 技术大会发布了新一代 ARMv8-M 架构的 Cortex-M 内核 Cortex-M23 和 Cortex-M33，直接在核中加入了 ARM TrustZone 技术，突出安全性以及在性能、功耗和安全性之间的平衡性。

　　ARM Cortex-M 处理器树立了全球微控制器的标准，迄今已有超过 175 个授权合作伙伴，其中包括 Freescale（已并入 NXP）、NXP Semiconductors、STMicroelectronics、Texas Instruments 和 Toshiba 等领先供应商，如图 1-2 所示。通过采用标准处理器内核，ARM 的合作伙伴可以在统一架构基础上专注各自差异化的设计。

图 1-2　ARM Cortex-M 处理器主要授权合作伙伴

1.5　ARM Cortex-M0/M0+处理器

1.5.1　Cortex-M0/M0+处理器简介

　　为满足现代超低功耗微控制器和混合信号设备的需要，ARM 公司于 2009 年推出了 Cortex-M0 微处理器，这是市场上现有的尺寸最小、能耗最低（在不到 12k 门的面积内能耗仅有 85μW/MHz）的 ARM 微控制器。该控制器的能耗非常低、门数量少、代码占用空间小，能保留 8 位微控制器的价位获得 32 位微控制器的性能。超低门数还能使其能够用于模拟信号设备和混合信号设备及 MCU 应用中，可明显降低系统成本，同时保留功能强大的 Cortex-M3 微控制器的开发工具和二进制兼容能力。

　　Cortex-M0 微控制器的推出把 ARM 的 MCU 路线图拓展到了超低能耗 MCU 和 SoC 应用中，如医疗器械、电子测量、照明、智能控制、游戏设置、紧凑型电源、电源和电动机控制、精密模拟系统和 IEEE 802.15.4（ZigBee）及 Z-wave 系统等。

　　2012 年，ARM 公司在上海发布了一款拥有全球最低功耗效率的微处理器——ARM Cortex-M0+处理器，其支持 ARMv6-M 指令集。作为 ARM Cortex 处理器系列的最新成员，32 位 Cortex-M0+处理器采用了低成本 90nm 低功耗（LP）工艺，耗电量仅 9μA/MHz，约为目前主流 8 位或 16 位处理器的 1/3，却能提供更高的性能。

这种行业领先的低功耗和高性能的结合为仍在使用8位或16位架构的用户提供了一个转型开发32位器件的理想机会，从而在不牺牲功耗和面积的情况下，提高日常设备的智能化程度。

1.5.2 Cortex-M0/M0+处理器的特性

Cortex-M0/M0+处理器是一个入门级（Entry-level）的32位ARM Cortex处理器，设计用在更宽范围的嵌入式应用中。该处理器包含以下特性，给开发者提供了极大的便利。

1）结构简单，容易学习和编程；

2）功耗极低，运算效率高；

3）出色的代码密度；

4）确定、高性能的中断处理；

5）向上与Cortex-M处理器系列兼容。

Cortex-M0处理器基于一个高集成度、低功耗的32位ARMv6-M架构处理器内核，采用一个3级流水线冯·诺依曼结构（Von Neumann Architecture），基于16位的Thumb指令集，并包含Thumb-2技术。通过简单、功能强大的指令集以及全面优化的设计（提供包括一个单周期乘法器在内的高端处理硬件），Cortex-M0处理器可实现32位结构极高的能效，代码密度比其他8位和16位微控制器都要高。

ARM Cortex-M0+处理器是以Cortex-M0处理器为基础，再重新设计加入多个重要新特性，包括单周期输入/输出（I/O）以加速通用输入/输出（GPIO）和外围设备的存取速度、改良的调试和追踪能力、二阶流水线技术以减少每个指令所需的时钟周期数（CPI）、已经优化闪存访问以进一步降低功耗。

Cortex-M0+处理器不仅延续了易用性、C语言编程模型的优势，而且能够二进制兼容已有的Cortex-M0处理器工具和实时系统（RTOS）。作为Cortex-M处理器系列的一员，Cortex-M0+处理器同样能够获得ARM Cortex-M生态系统的全面支持，而其软件兼容性使其能够方便地移植到更高性能的Cortex-M3或Cortex-M4处理器。

NXP半导体等已经成为Cortex-M0+的首批授权客户。Cortex-M0+处理器具备已整合Keil μVision IDE、调试器和ARM汇编工具的ARM Keil微控制器开发套件的全面支持。作为全球公认的最受欢迎微控制器开发环境，MDK以及ULINK调试适配器系列均支持Cortex-M0+处理器的全新追踪功能。有了这些工具，ARM的合作伙伴能够获得紧密联系的应用开发环境的优势，并迅速了解Cortex-M0+处理器高性能和低功耗的特点。

这款处理器同时也拥有大量第三方工具和实时系统（RTOS）的支持，包括CodeSourcery、Code Red、Express Logic、IAR Systems、Mentor Graphics、Micrium和SEGGER。

ARM公司在成立25周年纪念活动上宣布免费开放Cortex-M0处理器IP，并以优惠的授权费帮助初创企业加快芯片开发进程。开发者可以通过ARM DesignStart网站免费获得Cortex-M0处理器相关的工具，其中包括Cortex-M0的SDK以及ARM Keil MDK开发工具。

1.6 NXP公司Cortex-M0/M0+系列处理器

NXP（恩智浦半导体）是2006年末从飞利浦公司独立出来的半导体公司，其业务已拥有

50 年的悠久历史，主要提供各种半导体产品与软件，为移动通信、消费类电子、安全应用、非接触式付费与连线，以及车内娱乐与网络等产品带来更优质的感知体验。2015 年 2 月，飞思卡尔与 NXP 达成合并协议，合并后整体市值 400 亿美金。2015 年 12 月 7 日，荷兰恩智浦半导体公司完成对美国飞思卡尔半导体公司的收购，成为全球最大的汽车电子半导体提供商。

目前，恩智浦是 ARM 在微处理器市场唯一一个基于 Cortex-M0/M0+、M3、M4 和 M7 处理器的合作伙伴，同时也是唯一一个对基于 32 位 ARM 处理器有发展蓝图的主要微控制器生产商。恩智浦基于 Cortex-M0/M0+、M3、M4 和 M7 处理器系列的微控制器产品组合有很多独有的特点，外围设备和存储器可有不同的选择。

基于高效能的 Cortex-M0 处理器的 LPC1100 系列产品是业内最低功耗及 5mm^2 微小封装技术的代表。同时，恩智浦还提供基于业内最高主频 Cortex-M3 的微控制器。恩智浦还为 Cortex-M4 处理器提供了独创的非对称双核数字信号控制器 LPC4300 和 LPC54100。

恩智浦公司推出的基于 Cortex-M0/M0+ 处理器的产品包括 LPC800、LPC1100、LPC1200 三个系列。收购飞思卡尔公司后，基于 ARM Cortex-M0+/M4/M7 内核的 32 位 Kinetis 系列低功耗微控制器也纳入到恩智浦半导体的产品线中。

1.6.1 LPC800 系列

LPC800 系列微控制器集成灵活的外设模块，包括硬件 CRC 计算及校验模块、1 路 I^{2}C 总线接口、多达 3 路 UART、2 路 SPI 接口、1 个多速率定时器、1 个自唤醒定时器、1 个状态可配置定时器（SCT）、1 个模拟比较器、独特的开关矩阵（可实现 I/O 端口的自由分配）以及多达 18 个通用 I/O 口。

LPC800 的主要特性如下：

1. 处理器内核

1）采用最新的 Cortex-M0+ 内核，运行频率高达 30MHz；

2）Cortex-M0+ 内核的动态能耗仅为 Cortex-M0 内核的 2/3；

3）支持 I/O 口单周期访问；

4）集成向量表重映射寄存器，可方便地重新映射异常向量；

5）内置嵌套向量中断控制器（NVIC）；

6）集成微跟踪缓冲区 MTB（Micro Trace Buffer）。

2. Boot ROM 应用函数接口 API

1）LPC800 系列微控制器片上集成了外设驱动 API，包括 UART/I^{2}C/功率管理等。

2）UART 驱动 API：可简单实现 USART 的配置和使用。

3）I^{2}C 驱动 API：包括 I^{2}C 驱动收发数据、主从模式下的查询收发数据、主从模式下的中断收发数据等。

4）功率管理 API：通过简单调用 API 接口函数，实现功耗和性能之间的动态选择。

5）ISP/IAP API：通过调用 ISP 或 IAP 的 API 接口函数，实现在系统编程和在应用编程。

3. 数字外设

1）GPIO：多达 18 个 GPIO 引脚连接到 ARM Cortex-M0+ 内核特有的 I/O 总线接口，I/O 可实现单周期操作。

2）开关矩阵（Switch Matrix，SWM）：LPC800 系列微控制器特有的开关矩阵模块使数字外设可以灵活地分配到外部的引脚。使用开关矩阵机制，数字外设对应的外部引脚不再固定，大大增强外部设备布局的灵活性。

3）状态可配置定时器（State Configurable Timer，SCT）：具有输入和输出功能（捕获和匹配）的状态可配置定时器，功能引脚通过开关矩阵分配到外部引脚。

4）多速率定时器（Multi-Rate Timer，MRT）：4个可编程且速率各自固定的通道，每个通道具有重复中断和单次中断两种模式。

5）自唤醒定时器（self Wake-up Timer，WKT）：从低功耗模式定时自唤醒功能硬件 CRC 计算及校验模块。

6）窗口看门狗定时器（WWDT）。

4．模拟外设

模拟比较器（ACMP）：外部输入电压作为基准电压源时，外部基准电压输入引脚可通过开关矩阵灵活分配，也可以选择使用内部基准电压源。

5．串行接口

1）3 路 UART：UART 功能引脚通过开关矩阵灵活分配。

2）2 路 SPI：SPI 功能引脚通过开关矩阵灵活分配。

3）1 路 I^2C：I^2C 功能引脚通过开关矩阵灵活分配。

6．时钟产生

1）12MHz 内部 *RC* 振荡器，±1%精度。

2）PLL 允许 CPU 在最大 CPU 速率下操作，而无需高频晶振，工作时钟可选为外部时钟输入、主振荡器输出或内部 RC 振荡器输出。

7．封装

支持 SO20、TSSOP20、TSSOP16、DIP8 四种封装。

LPC800 系列的内部结构如图 1-3 所示。LPC800 系列选型见表 1-2。

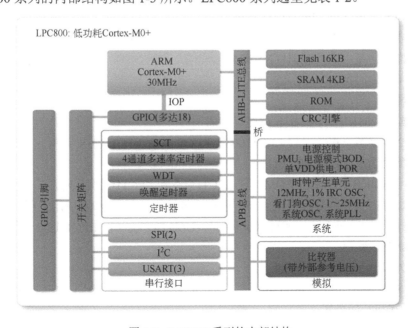

图 1-3　LPC800 系列的内部结构

表 1-2 LPC800 系列选型表

器件型号	Flash/KB	SRAM/KB	USART	I²C	SPI	比较器	GPIO	封装
LPC810M021FN8	4	1	2	1	1	1	6	DIP8
LPC811M001JDH16	8	2	2	2	1	1	1	TSSOP16
LPC812M101JDH16	16	4	3	1	2	1	14	TSSOP16
LPC812M101JD20	16	4	2	1	1	1	18	SO20
LPC812M101JDH20	16	4	3	1	2	1	18	TSSOP20

1.6.2 LPC1100/L 系列

LPC1100/L 系列是基于第二代内核 ARM Cortex-M0/M0+的微控制器，可用于高集成度和低功耗的嵌入式应用。LPC1100/L CPU 的工作频率高达 50MHz。LPC1100/L 系列每秒 4500 多万条指令的性能让 8 位（每秒不到 100 万条指令）及 16 位（每秒 300 万到 500 万条指令）微控制器相形见绌；LPC1100/L 不仅能执行基本的控制任务，进行繁复的运算，即便最复杂的任务也能轻松应付。执行效率的提高直接转化为能耗的降低，实现该性能水平的 LPC1100/L 运行速度高达 50MHz，其功耗也得到了很大程度的优化——仅需不到 10mA 的电流。

LPC1100/L 系列中基于 ARM Cortex-M0 内核的微控制器的外设组件最高配置包括256KB 片内 Flash 程序存储器、36KB 片内 SRAM、1 路 I²C（FM+）、1 路 RS-485/EIA-485 UART（LPC11E00/LPC11U00 系列为支持智能卡接口的 USART）、2 路 SSP、4 个通用定时器以及多达 54 个通用 I/O 口。

LPC1100/L 系列处理器有如下特性：

1. 处理器内核与系统

1）Cortex-M0/M0+内核，运行速度高达 50MHz；

2）带有 SWD 调试功能、支持 JTAG 调试功能（仅 LPC11U00 系列）；

3）支持边界扫描（仅 LPC11U00 系列）；

4）支持非屏蔽（NMI）中断（仅 LPC11U00 和 LPC1100XL 系列）；

5）内置嵌套向量中断控制器（NVIC）；

6）系统节拍定时器。

2. 存储器

1）最高配置 256KB 片内 Flash 程序存储器；

2）支持 256 字节页擦除（仅 LPC1100XL/LPC11U3X/LPC11U6X 系列）；

3）最高配置 36KB 片内 SRAM；

4）最高配置 4KB 片内 EEPROM（仅 LPC11E00 和 LPC11U00 系列）；

5）可通过片内引导装载程序软件来实现在系统编程（ISP）和在应用编程（IAP）；

6）可选择通过 CAN（仅 LPC11C00 系列）、USB Device（仅 LPC11U00 系列）或 UART 接口进行 Flash ISP 编程。

3. 数字外设

1）多达 80 个通用 I/O（GPIO）引脚，带可配置的上拉/下拉电阻，LPC11U00 系列还可配置为中继模式和开漏模式；

2）每个 GPIO 口均可配作边沿或电平中断（LPC11U00 可选择所有 GPIO 中的 8 个，每个 GPIO 中断占用独立 NVIC 通道）；

3）1 个引脚（PI00_7）支持 20mA 的高驱动电流；

4）I²C 总线引脚在 FM+模式下可支持 20mA 的灌电流；

5）4 个通用定时器/计数器，共有 4 路捕获输入和 13 路匹配输出；

6）2 个状态可配置定时器 SCT（仅 LPC11U6x 系列支持）；

7）可编程的看门狗定时器（WDT）（LPC11U00 为带窗看门狗 WWDT）；

8）4×40 段 LCD 驱动（仅 LPC11D14 支持）。

4. 模拟外设

1）8 通道 10 位 ADC；

2）1 个多达 8 通道的 12 位 ADC，支持多个内部和外部触发输入，支持 2 个独立转换序列，最大采样率为 2Mbit/s（仅 LPC112X 支持）；

3）1 个多达 12 通道输入的 12 位 ADC，支持多个内部和外部触发输入，支持 2 个独立转换序列，最大采样率为 2Mbit/s（仅 LPC11U6x 系列支持）；

4）内置温度传感器（仅 LPC11U6x/LPC11A00 系列支持）。

5. 串行接口

1）USB 2.0 全速接口，集成片上 PHY（仅 LPC11U00 系列）。

2）CAN 控制器（LPC11C12/C14/C22/C24 支持），内部 ROM 集成供 CAN 和 CANOpen 标准使用的初始化和通信的 API 函数，用户可直接调用；兼容 CAN2.0A/B，传输速率高达 1Mbit/s；支持 32 个消息对象，且每个消息对象有自己的掩码标识；提供可屏蔽中断、可编程 FIFO 模式。

3）集成片上高速 CAN 收发器（仅 LPC11C22/C24 支持）。

4）UART，可产生小数波特率，具有调制解调器、内部 FIFO，支持 RS-485/EIA-485 标准，支持 ISO7816-3 智能卡接口及 IrDA（仅 LPC11U00 系列）。

5）SSP 控制器，带 FIFO 和多协议功能。

6）I²C 总线接口，完全支持 I²C 总线规范和快速模式，数据速率为 1Mbit/s，具有多个地址识别功能和监控模式。

6. 时钟产生单元

1）12MHz 内部 RC 振荡器可调节到+1%精度，并可将其选择为系统时钟；

2）PLL 允许 CPU 在最大 CPU 速率下操作，而无需高频晶振，可从主振荡器、内部 *RC* 振荡器运行；

3）第二个专用 PLL 用于 USB 接口（仅 LPC11U00 系列）；

4）时钟输出功能可以反映主振荡器时钟、IRC 时钟、CPU 时钟和看门狗时钟；

5）片内 32kHz 的振荡器（仅 LPC11U6x 系列支持）。

7. 功率控制

1）具有 3 种低功耗模式：睡眠模式、深度睡眠模式和深度掉电模式（LPC11E00/LPC11U00 系列为 4 种，增加掉电模式）；

2）集成了 PMU（电源管理单元），可在睡眠、深度睡眠、掉电（仅 LPC11E00/LPC11U00 系列）和深度掉电模式中很大限度地减少功耗；

3）片内固化功耗管理文件，通过简单调用就能降低功耗（仅 LPC1100L、LPC1100XL、

LPC11E00 和 LPC11U00 系列）；

4）13 个拥有专用中断的 GPIO 可将 CPU 从深度睡眠模式中唤醒（LPC11E00 系列可通过复位、WDT 中断、BOD 中断唤醒，LPC11U00 系列还可通过 USB 活动唤醒）；

5）上电复位（POR）；

6）掉电检测，具有 4 个独立的阈值，用于中断和强制复位；

7）3.3V 单电源供电（1.8~3.6V）。

8. 封装

采用 SO20、TSSOP20、TSSOP28、DIP28、HQFN33（5mm×5mm）、HQFN33（7mm×7mm）、LQFP100、LQFP64、LQFP48、PLCC44、HVQFN24、HVQFN32、HVQFN33、TFBGA 或 WL-CSP（晶片级）封装。

LPC1100 系列选型见表 1-3。

表 1-3 LPC1100 系列选型表

型号	Flash	总 SRAM	UART	I^2C\Fast+	SSP	ADC	封装
LPC1102							
LPC1102UK	32KB	8KB	1	—	1	5	WLCSP16
LPC1104UK	32KB	8KB	1	—	1	5	WLCSP16
LPC1111							
LPC1111FHN33/101	8KB	2KB	1	1	1	8	HVQFN33
LPC1111FHN33/201	8KB	4KB	1	1	1	8	HVQFN33
LPC1112							
LPC1112FHN33/101	16KB	2KB	1	1	1	8	HVQFN33
LPC1112FHN33/102	16KB	4KB	1	1	1	8	HVQFN33
LPC1113							
LPC1113FHN33/201	24KB	4KB	1	1	1	8	HVQFN33
LPC1113FHN33/301	24KB	8KB	1	1	1	8	HVQFN33
LPC1113FHN48/301	24KB	8KB	1	1	2	8	LQFP48
LPC1114							
LPC1114FHN33/201	32KB	4KB	1	1	1	8	HVQFN33
LPC1114FHN33/201	32KB	8KB	1	1	1	8	HVQFN33
LPC1114FBD48/301	32KB	8KB	1	1	2	8	LQFP48
LPC1114FA44/301	32KB	8KB	1	1	2	8	PLCC44

LPC11C00 系列：LPC11C12/14 增加了 1 路 CAN 控制器，LPC11C22/24 在此基础上再增加了 1 路片上集成高速 CAN 收发器。

LPC11D00 系列：LPC11D14 可驱动静态或复合 LCD（高达 4 个背极和 40 段），可以很容易地级联多个 LCD 驱动器，最多驱动 2560 段，可应用在大型显示场合。

LPC11E00 系列：LPC11E1x 增加了片内 EEPROM，512B~4KB 可选，1 个 ISO7816-3 智能卡接口。LPC11E14 含有 10KB 片上 SRAM，可应用于带 EEPROM 的低成本方案。

LPC11U00 系列：LPC11U1x 增加了 1 个高度灵活可配置 USB 2.0 全速接口，1 个 ISO7816-3 智能卡接口，与 Cortex-M3 LPC134x 系列 Pin-to-Pin 兼容，支持免费的 HID、MSD 和 CDC USB 驱动。LPC11U2x 系列在 LPC11U1x 的基础上增加了 EEPROM，可支持 1~4KB EEPROM。

LPC1100LV 系列：LPC1100LV 系列的供电电压低至 1.65～1.95V，具有行业领先的低于 1.6μA 的深度睡眠模式和低至 5μs CPU 唤醒时间。LPC1101/02LV 拥有世界上最小的 32bit ARM 处理器封装（2mm×2mm 晶片级封装），支持双电压输入（CPU 1.8V、GPIO 3.3V）。

LPC1100XL 系列：LPC1100XL 具有行业领先的低于 2μA 的深度睡眠模式和业界最低 110μA/MHz 的运行功耗。LPC1100XL 采用 NXP 独有的嵌入式闪存解决方案，最大支持 64KB 片上 Flash，并且支持 256 字节页擦除，大大提高了使用效率和灵活性。

LPC11A00 系列：LPC11A00 系列推进了模拟一体化，片上集成了 DAC、模拟比较器、温度传感器、内部参考电压和低电压保护。除此之外，LPC11A00 系列片上最大集成 4KB EEPROM。拥有晶片级封装的 LPC11A02UK/04UK 为用户提供更多的应用空间。

LPC112X 系列：LPC112X 主频达 50MHz，包含片内 64KB Flash 和 8KB SRAM；带 12 位 ADC，转换速率高达 2Mbit/s；3 路串口，可作为 LPC111X 只有 1 路串口的补充。针对 8/16bit 微控制器应用市场专门设计的一款芯片，简单易用，功耗低，性价比高是其一大特色。

LPC1100 系列中基于 Cortex-M0+内核的微控制器有 LPC11U6x/E6x 系列。LPC11U6x 系列微控制器的片内集成外设包括 1 个 DMA 控制器、1 个 CRC 引擎模块、2 路 I²C 总线接口、多达 5 路 USART、2 路 SSP 接口、2 个 16 位定时器/计数器、2 个 32 位定时器/计数器、2 个状态可配置定时器（SCT）、1 个实时时钟（RTC）、1 个 12 位 ADC 模块、温度传感器、模式可配置的 I/O 端口以及多达 80 个通用 I/O 引脚。LPC11E6x 与 LPC11U6x 同封装的芯片引脚完全兼容，只是 LPC11E6x 没有 USB 功能模块，而 LPC11U6x 的 USB 功能引脚在 LPC11E6x 上变为 GPIO。

1.6.3　LPC1200 系列

LPC1200 系列 ARM 是基于 Cortex-M0 内核的微控制器，具有高集成度和低功耗等特性，可用于嵌入式应用。Cortex-M0 是第二代 ARM 内核，它可为系统提供更高的性能，如增强的调试特性和更高密度的集成。基于 Cortex-M0 的优势，LPC1200 可在相似应用中实现更低的平均功耗。

LPC1200 有如下特性：

1．处理器内核

1）ARM Cortex-M0 内核，运行速度高达 45MHz；

2）内置嵌套向量中断控制器（NVIC）；

3）SWD 调试接口；

4）系统节拍定时器。

2．片内存储器

1）高达 8KB SRAM；

2）高达 128KB 片内 Flash 存储器；

3）可通过片内引导装载程序软件实现在系统编程（ISP）和在应用编程（IAP）功能。

3．时钟产生单元

1）晶体振荡器工作频率为 1～25MHz；

2）12MHz 的内部 RC 振荡器精度为 1%，可选择作为系统时钟；

3）PLL 允许 CPU 在最大 CPU 速率下工作，而无需高频晶振，可从主振荡器、内部 RC

振荡器或看门狗振荡器运行；

4）时钟输出功能可反映主振荡器时钟、IRC 时钟、CPU 时钟和看门狗时钟；

5）实时时钟（RTC）。

4. 电源

1）3.3V 单电源供电（2.0～3.6V）；

2）具有 3 种低功耗模式：睡眠模式、深度睡眠模式和深度掉电模式；

3）12 个拥有专用中断的 GPIO 可将 CPU 从深度睡眠模式中唤醒；

4）掉电检测带 3 个独立阈值，每个阈值都可用于中断和强制复位；

5）上电复位（POR）；

6）集成了 PMU（电源管理单元），可在睡眠、深度睡眠和深度掉电模式中很大限度地减少功耗。

5. 数字外设

1）21 通道 Micro DMA 控制器；

2）硬件 CRC 计算及校验模块；

3）2 个带有小数波特率发生器和内部 FIFO 的 UART，其中 UART0 带 RS-485 并支持调制解调器，UART1 为带 IrDA 的标准 UART；

4）SSP 控制器，带 FIFO 和多协议功能；

5）I^2C 总线接口，完全支持 I^2C 总线规范和快速模式 Plus，数据速率为 1Mbit/s，具有多地址识别功能和监控模式；

6）4 个可编程的大驱动电流（16mA）引脚；

7）多达 55 个通用 I/O（GPIO）引脚，可编程为上拉、开漏模式，可编程的数字输入干扰滤波；

8）GPIO 均可配置为边沿或者电平中断；

9）4 个通用定时器/计数器，带有 4 个捕获输入和 4 个匹配输出（32 位定时器）或 2 个捕获输入和 2 个匹配输出（16 位定时器）；

10）窗看门狗定时器；

11）4×40 段 LCD 驱动（LPC12D27）。

6. 模拟外设

1）1 个 8 通道 10 位 ADC；

2）2 个高度灵活的模拟比较器，模拟比较器的输出可以编程为定时器的匹配信号，也可模拟 555 定时器。

7. 封装

LQFP100、LQFP64 和 LQFP48 封装。

LPC1200 系列的内部结构如图 1-4 所示。LPC1200 系列选型见表 1-4。

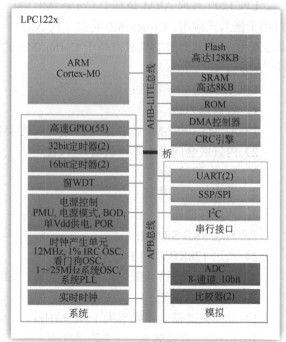

图 1-4　LPC1200 系列的内部结构

表 1-4 LPC1200 系列选型表

器件型号	Flash /KB	SRAM /KB	RTC	定时器 (16bit)	定时器 (32bit)	UART /RS-485	I²C /Fast+	SSP/SPI	ADC /(ch/bit)	GPIO /个	封装
LPC12D27FBD100/301	128	8	1	2	2	2/1	1	1	8/10	40	LQFP100
LPC1227FBD64/301	128	8	1	2	2	2/1	1	1	8/10	55	LQFP64
LPC1227FDB48/301	128	8	1	2	2	2/1	1	1	8/10	39	LQFP48
LPC1226FBD64/301	96	8	1	2	2	2/1	1	1	8/10	55	LQFP64
LPC1226FBD48/301	96	8	1	2	2	2/1	1	1	8/10	39	LQFP48
LPC1225FBD64/321	80	8	1	2	2	2/1	1	1	8/10	55	LQFP64
LPC1225FBD64/301	64	8	1	2	2	2/1	1	1	8/10	55	LQFP64
LPC1225FBD48/321	80	8	1	2	2	2/1	1	1	8/10	39	LQFP48
LPC1225FBD48/301	64	8	1	2	2	2/1	1	1	8/10	39	LQFP48
LPC1224FBD64/121	48	4	1	2	2	2/1	1	1	8/10	55	LQFP64
LPC1224FBD64/101	32	4	1	2	2	2/1	1	1	8/10	55	LQFP64
LPC1224FBD48/121	48	4	1	2	2	2/1	1	1	8/10	39	LQFP48
LPC1224FBD48/101	32	4	1	2	2	2/1	1	1	8/10	39	LQFP48

1.7 ARM Cortex-M 处理器开发工具

1.7.1 集成开发环境

Cortex-M 系列处理器的集成开发环境很多，有收费的也有免费的，如 ARM 公司的 MDK-ARM、IAR Systems 公司的 IAR Embedded Workbench for ARM 等开发套件具有完善的仿真功能和硬件仿真器的支持，但是价格也不菲；MCUXpresso 是恩智浦针对采用 ARM 处理器的 LPC 和 Kinetis 微控制器及 i.MX RT 跨界处理器推出的一款低成本在线开发工具平台；Coocox 是武汉理工大学 UP 团队开发的一个免费开源的 ARM Cortex-M 开发工具链，包括免费的 CoIDE 集成开发环境、免费的 ARM Cortex-M 外围设备图形化配置工具 CoSmart、一个独立的 Flash 编程软件 CoFlash、低成本硬件开源的仿真调试工具 CoLink/CoLinkEx。

1. RealView MDK-ARM

MDK-ARM（Micro controller Development Kit-ARM）是 ARM 公司目前最新推出的针对各种嵌入式处理器的软件开发工具。MDK-ARM 采用了 ARM 的最新技术编译工具 RVCT，集成了业内最领先的技术，包括 Keil μVision5 集成开发环境与 RealView 编译器，支持 ARM7、ARM9 和最新的 Cortex-M、Cortex-R4 内核处理器，具有自动配置启动代码、集成 Flash 烧写模块、强大的 Simulation 设备模拟、性能分析等功能，同时具备非常高的性能。MDK-ARM 的主要功能模块包括 Keil μVision5 IDE、启动代码生成向导、设备模拟器、性能分析器、RealView 编译器、MicroLib、RL-ARM、ULINKPro/ULINK2 仿真器等，它提供了完整的 C/C++ 开发环境。RealView MDK-ARM 软件界面如图 1-5 所示。

MDK-ARM 具有如下特性：

1）支持 ARM Cortex-M、Cortex-R4、ARM7 和 ARM9 全系列芯片；

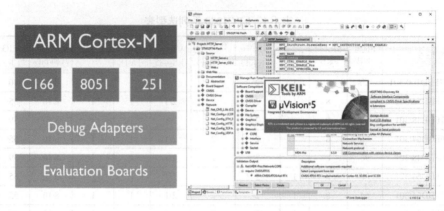

图 1-5　Keil MDK-ARM 软件界面

2）拥有行业领先的 ARM C/C++编译工具链；

3）包括了 Keil μVision5 集成开发环境（IDE）、调试器和仿真环境；

4）可运行 Keil RTX 确定性小体积实时操作系统（带源代码）；

5）TCP/IP 网络套件提供了多协议和多种应用；

6）为 USB 设备和 USB Host 协议栈提供了标准的驱动程序类；

7）ULINKpro 能对正在运行的应用程序进行即时分析并且记录每个执行的 Cortex-M 指令；

8）提供了完全的程序执行代码覆盖信息；

9）执行探测器和性能分析器使能程序优化；

10）兼容 CMSIS（Cortex 微处理器软件接口标准）。

MDK-ARM 无需寻求第三方编程软硬件支持，通过配套使用 ULINK2 仿真器（或另行选购更高性能的 ULINKPro 仿真器）与 Flash 编程工具，连接计算机的 USB 接口到目标板上，即可轻松实现对程序的运行进行控制，如单步运行、全速运行、查看资源断点等调试功能；可以实现 CPU 片内 Flash、外扩 Flash 烧写，并支持用户自行添加 Flash 编程算法，而且能支持 Flash 整片删除、扇区删除、编程前自动删除以及编程后自动校验等功能。ULINK 系列仿真器如图 1-6 所示。

2．IAR Embedded Workbench for ARM

IAR Systems 是全球领先的嵌入式系统开发工具和服务的供应商，其提供的产品和服务涉及嵌入式系统的设计、开发和测试的每一个阶段，包括带有 C/C++编译器和调试器的集成开发环境（IDE）、实时操作系统和中间件、开

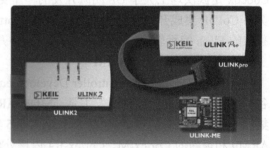

图 1-6　ULINK 系列仿真器

发套件、硬件仿真器以及状态机建模工具。Embedded Workbench for ARM 是 IAR Systems 公司为 ARM 微处理器开发的一个集成开发环境（下面简称 IAR EWARM）。和其他 ARM 开发环境比较，IAR EWARM 具有入门容易、使用方便和代码紧凑等特点。IAR EWARM 中包含一个全软件的模拟程序（Simulator），用户不需要任何硬件支持就可以模拟各种 ARM 内核、外部设备甚至中断的软件运行环境。IAR EWARM 开发包还包含 IAR PowerPac RTOS、文件

系统、USB 协议栈、TCP/IP 协议栈的评估版。IAR EWARM 的软件界面如图 1-7 所示。IAR EWARM 的主要特点如下：

1）支持 ARM7、ARM9、ARM9E、ARM10E、ARM11、SecurCore、Cortex-M0/M1/M3/M4/R4(F)/A5/A8/A9 和 XScale 等系列器件；

2）具有 IAR ARM Assembler 和高度优化的 IAR ARM C/C++ Compiler；

3）具有一个通用的 IAR XLINK Linker；

4）具有 IAR XAR 和 XLIB 建库程序和 IAR DLIB C/C++运行库；

5）具有功能强大的编辑器；

6）具有项目管理器；

7）用于开发命令行实用程序；

8）具有 IAR C-SPY 调试器（先进的高级语言调试器）。

图 1-7　IAR EWARM 的软件界面

IAR EWARM 可与 J-Link 仿真器无缝连接。J-Link 是 SEGGER 公司为支持仿真 ARM 内核芯片推出的 USB 2.0 接口 JTAG 仿真器，配合 IAR EWARM、ADS、KEIL、WINARM、RealView、Rowley 等集成开发环境，支持 ARM7/ARM9/ARM11/Cortex 系列内核芯片的仿真，通过 RDI 接口和各集成开发环境无缝连接，操作方便、连接方便、简单易学，是学习开发 ARM 最实用的开发工具。J-Link 仿真器如图 1-8 所示。

图 1-8　J-Link 仿真器

3．MCUXpresso 软件与工具

MCUXpresso 软件与工具是恩智浦公司推出的一系列密切相关的软件开发工具，专为 Kinetis 和 LPC 微控制器而开发，它将恩智浦最佳的软件支持整合到一个支持平台上，在更广泛的 Arm Cortex-M MCU 中共享软件体验，包括：MCUXpresso IDE、MCUXpresso SDK 和 MCUXpresso 配置工具。

MCUXpresso IDE 是基于功能强大的 Eclipse 集成开发环境（IDE）工具，适用于基于 Arm Cortex-M 内核的恩智浦 MCU，包括 LPC 和 Kinetis 微控制器和 i.MX RT 跨界处理器。MCUXpresso IDE 提供高级编辑、编译和调试功能，增加了 MCU 特定的调试视图、代码跟踪和分析、多核调试和集成配置工具。MCUXpresso IDE 调试连接采用来自恩智浦、P&E Micro 和 SEGGER 的业界领先的开源和商用硬件调试器，支持 Freedom、塔式系统、i.MX RT、LPCXpresso 和定制开发板。图 1-9 为 MCUXpresso IDE 界面。

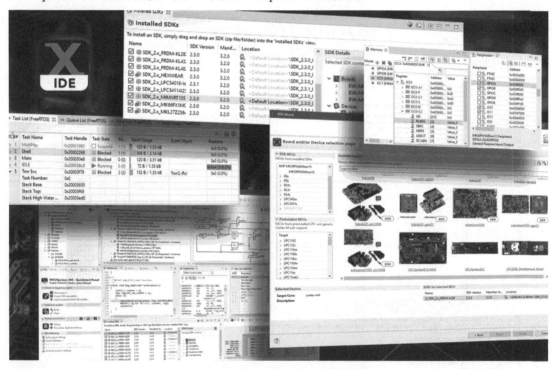

图 1-9 MCUXpresso IDE 界面

MCUXpresso SDK 是一个一个开源软件开发套件（SDK），专为处理器和评估板选择而构建，MCUXpresso SDK 是一个全面的软件支持包，旨在采用基于 Arm Cortex-M 内核的恩智浦 LPC 和 Kinetis 微控制器以及 i.MX RT 跨界处理器来简化和加速应用开发。MCUXpresso SDK 包括生产级软件以及集成实时操作系统（可选），集成协议栈和中间件、参考软件等。MCUXpresso SDK 强调了高质量，符合 MISRA 标准，并通过 Coverity 静态分析工具进行检查，而且，它可根据用户选择的 MCU、评估板和可选软件组件进行定制下载。图 1-10 为 MCUXpresso SDK。

MCUXpresso 配置工具是一套集成的配置工具，用户在使用基于 ARM Cortex-M 内核的恩智浦微控制器（包括 LPC 和 Kinetis MCU）进行设计时，此套工具有助于指导用户进行第

一次评估，直到开发生产软件。这些工具提供在线和桌面两个版本，允许开发人员快速构建定制 SDK，利用引脚、时钟和外设工具生成支持定制电路板的初始化 C 代码，评估系统功耗和电池寿命。图 1-11 为 MCUXpresso 配置工具。

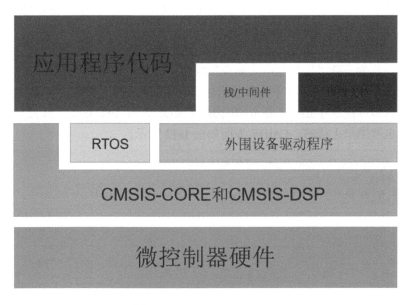

图 1-10　MCUXpresso SDK

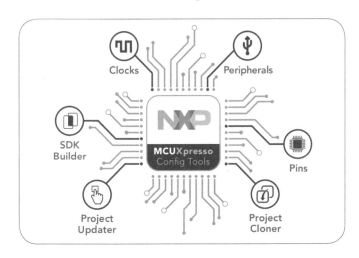

图 1-11　MCUXpresso 配置工具

　　NXP 网站除了提供最新版本 MCUXpresso 软件工具的下载，还包含了社区论坛、最新示例项目代码的应用资源页、在线培训模块、工具大全以及知识库等内容，为 MCUXpresso 平台提供了丰富的在线资源。

4. CooCox 开发套件

CooCox 起源于武汉理工大学 UP Team 的研究项目（成立于 2009 年初，致力于为 ARM 开发者提供免费和开源的嵌入式开发工具，专注于 ARM Cortex M 系列的开发）。CooCox 开发了大量基于网络的组件，让嵌入式开发如搭积木般简单。目前 CooCox 工具已支持大部分主流 Cortex M4、M3、M0 和 M0+芯片。派睿于 2011 年底收购了 CooCox 和英蓓特信息技术有限公司，并整合成一家公司：英蓓特科技。

CooCox 工具包括一整套的工具链软件开发环境 CoIDE、开源仿真器 Colink/CoLinkEx、编程软件 CoFlash、通过引脚配置自动生成代码工具 CoSmart、寄存器助手 CoAssistant 以及开源的嵌入式操作系统 CoOS，各部分简介如下。

1）CooCox CoIDE：基于 Eclipse 开发的全功能 IDE，采用 GCC 编译器，集成了 CoOS 和 CoAssistant。作为一款"傻瓜组态式编程"软件，CoIDE 将所有的启动代码、外围库、驱动、OS 等抽象为一个个组件，其中大部分组件都有相应的例程。使用时，用户只需通过勾选组件和添加例程即可快速建立一个基本的应用。CoIDE 含有 393 个组件和 327 个例程，既有官方提供的，也有用户上传的。CoIDE 界面如图 1-12 所示。

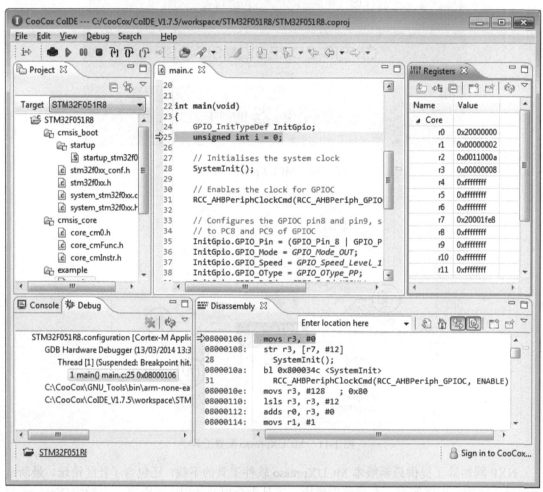

图 1-12 CoIDE 界面

2）CooCox Colink/CoLinkEx：两款硬件调试器，硬件信息全部公开，包括完整的电路原理图、PCB 图以及元件清单，用户可以轻易 DIY。其中 Colink 专用于 Cortex-M3 的 JTAG 调试，CoLinkEx 用于 Cortex-M3 和 Cortex-M0 的 SWD 和 JTAG 调试，两者均可方便地应用于 MDK 及 IAR（CooCox 提供相应驱动）、CoIDE 和 CoFlash 中。

3）CooCox CoFlash：一款 Flash 编程软件，可进行编程、校验、擦除及检查选定扇区是否为空。CoFlash 具有直观的图形用户界面及命令行两种模式，支持.bin 和.elf 文件的编程。用户还可以方便地自定义 Flash 编程算法以支持更多 Flash 设备。

4）CooCox CoSmart：CooCox 新成员，一款智能引脚配置和代码自动生成工具。用户动动鼠标即可轻松实现：配置复用引脚状态、提示引脚配置冲突、查看 I/O 引脚信息、一键生成可用的引脚配置 C 代码。

5）CooCox CoAssistant：寄存器助手，有 CoIDE 集成版和在线版两种版本。前者可单击 CoIDE 菜单栏的 View->Peripherals 查看，后者则可方便地在线使用。CoAssistant 直观地呈现了寄存器细节信息，用户可通过多种方式修改寄存器值，查阅修订历史记录，亦可多用户实时协同编辑。

6）CooCox CoOS：一款嵌入式实时多任务操作系统，最小系统内核小于 1KB，具有高度可裁剪性，支持优先级抢占和时间片轮转两种任务调度机制，自适应任务调度算法，中断延时时间几乎为 0，可检测堆栈溢出，支持信号量、邮箱、队列、事件标志、互斥等多种同步通信方式。CoOS 还支持 ICCARM、ARMCC、GCC 多种编译器，故不仅可以在 CoIDE 中通过勾选直接使用，还能独立应用于 MDK 和 IAR 中。官网提供了可直接使用的示例及应用代码。

CooCox 把所有的启动代码、外围库、驱动、OS 等抽象为一个个组件（Components），再搭配相应的例程（Examples）。事实上，从广义上讲，包括例程在内的所有可复用的源代码均可称为组件。这样一来就大大简化和加速了开发，让嵌入式开发如同"搭积木"一般简单。

1.7.2　Proteus Design Suite 仿真平台

1．Proteus 简介

Proteus 是英国 Labcenter Electronics 公司开发的电路分析与实物仿真软件，它运行于 Windows 操作系统上，是一个基于 ProSPICE 混合模型仿真的、完整的嵌入式系统软硬件设计仿真平台。从 8.0 版本开始，其改名为 Proteus Design Suite，将原理图设计仿真、PCB 设计、代码调试等模块集成到一个软件界面下。Proteus 是世界上著名的 EDA 工具（仿真软件），从原理图布图、代码调试到单片机与外围电路协同仿真，一键切换到 PCB 设计，真正实现了从概念到产品的完整设计，是现今世界上唯一将电路仿真软件、PCB 设计软件和虚拟模型仿真软件三合一的设计平台。Proteus 支持各种主流微处理器及其应用系统的仿真，如 8086、ARM7、Cortex-M3/M0、8051/52 系列、AVR 系列、PIC10/12/16/18/24 系列、HC11 系列以及 TMS320 系列 DSP 数字信号控制器等，并支持多种外围芯片。Proteus 实现了 CPU 仿真和 SPICE 电路仿真的结合，具有模拟电路仿真、数字电路仿真、CPU 及外围电路组成的系统仿真、RS-232 动态功能；提供软件调试，具有全速、单步、设置断点等调试功能，同时可以观察多种变量、寄存器等的当前状态；支持多家第三方编译软件，如 Keil C51、Keil MDK-ARM、IAR EWARM、PIC MPLAB 等；另外还提供各种虚拟仪器，如示波器、逻辑分析仪、信号发生器等，为用户带来极大的方便，极大地提高了应用系统的设计效率。Proteus 目前已有 20 多年的历史，在全球得到了广泛的应用，已经成为广大电子设计爱好者青睐的一款新型电子线路设计与仿真软件。Proteus 仿真软件界面如图 1-13 所示。

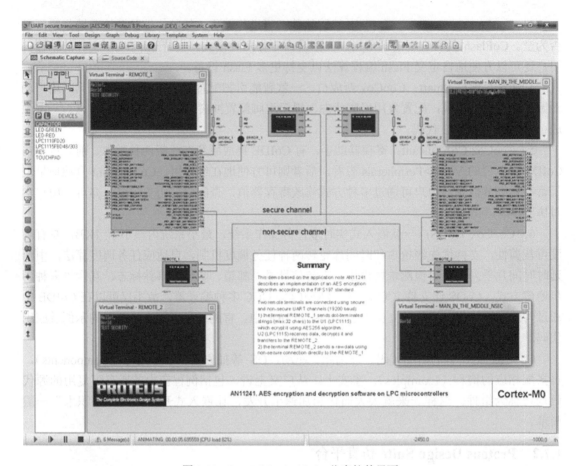

图 1-13　Proteus Design Suite 仿真软件界面

2. Proteus 支持的 ARM 仿真系统模型

Proteus VSM（Virtual System Modelling）的核心是 ProSPICE，这是一个组合了 SPICE3F5 模拟仿真器内核和基于快速事件驱动的数字仿真器的混合仿真系统，SPICE 内核的使用使用户能采用数目众多的制造厂商提供的 SPICE 模型，目前该软件包包含约 6000 个模型。Proteus VSM 包含大量的虚拟仪器，如示波器、逻辑分析仪、函数发生器、数字信号图案发生器、时钟计数器、虚拟终端，以及简单的电压计、电流计。

目前最新版本是 Proteus Design Suite Version 8.8，从 8.2sp2 版本开始，Proteus VSM 加入了 ARM Cortex-M0 处理器仿真模型 Proteus VSM for ARM Cortex-M0，包括之前的 Proteus VSM for ARM LPC2000 和 Proteus VSM for ARM Cortex-M3，支持以下 ARM 系列处理器的仿真。

（1）Proteus VSM for ARM LPC2000

1）LPC2104、LPC2105、LPC2106；

2）LPC2114、LPC2124；

3）LPC2131、LPC2132、LPC2134、LPC2136、LPC2138；

4）LPC2101、LPC2102、LPC2103；

5）ARM7TDMI and ARM7TDMI-S core models。

（2）Proteus VSM for ARM Cortex-M0

1）LPC1110FD20、LPC1111FDH20/002、LPC1111FHN33/101；

2）LPC1111FHN33/102、LPC1111FHN33/103、LPC1111FHN33/201；

3）LPC1111FHN33/202、LPC1111FHN33/203、LPC1112FD20/102；

4）LPC1112FDH20/102、LPC1112FDH28/102、LPC1112FHN24/202；

5）LPC1112FHN33/101、LPC1112FHN33/102、LPC1112FHN33/103；

6）LPC1112FHN33/201、LPC1112FHN33/202、LPC1112FHN33/203；

7）LPC1113FBD48/301、LPC1113FBD48/302、LPC1113FBD48/303；

8）LPC1113FHN33/201、LPC1113FHN33/202、LPC1113FHN33/203；

9）LPC1113FHN33/301、LPC1113FHN33/302、LPC1113FHN33/303；

10）LPC1114FBD48/301、LPC1114FBD48/302、LPC1114FBD48/303；

11）LPC1114FBD48/323、LPC1114FBD48/333、LPC1114FDH28/102；

12）LPC1114FHN33/201、LPC1114FHN33/202、LPC1114FHN33/203；

13）LPC1114FHN33/301、LPC1114FHN33/302、LPC1114FHN33/303；

14）LPC1114FHN33/333、LPC1114FN28/102、LPC1115FBD48/303；

15）LPC1115FET48/303。

（3）Proteus VSM for ARM Cortex-M3

1）LM3S300、LM3S301、LM3S308、LM3S310、LM3S315、LM3S316、LM3S317、LM3S328；（TI）

2）ATSAM3N00A、ATSAM3N00B、ATSAM3N0A、ATSAM3N0B、ATSAM3N0C、ATSAM3N1A、ATSAM3N1B、ATSAM3N1C、ATSAM3N2A、ATSAM3N2B、ATSAM3N2C、ATSAM3N4A、ATSAM3N4B、ATSAM3N4C；（Atmel）

3）LPC1311FHN33、LPC1313FHN33、LPC1313FBD48、LPC1342FHN33、LPC1342FBD48、LPC1343FHN33、LPC1343FBD48；（NXP）

4）STM32F103C4、STM32F103R4、STM32F103T4、STM32F103C6。（ST）

1.7.3　嵌入式操作系统支持

许多简单的应用程序不需要操作系统，但是在开发复杂度较高或者有高性能指标要求的系统时，常常需要使用嵌入式操作系统，尤其是实时操作系统 RTOS。许多操作系统已经被开发出来用于嵌入式产品，ARM Cortex-M0 处理器的架构尤其符合嵌入式操作系统的实时和确定性要求，并且在该处理器上实现 RTOS 具有以下优势。

1）24 位减法计数的系统节拍定时器可以产生有规律的时间间隔的系统节拍中断；

2）具有分组的堆栈指针，允许应用程序和操作系统内核分别使用单独的堆栈指针；

3）具有 SVC 异常和 SVC 指令，应用可以使用 SVC 指令通过异常机制访问操作系统服务；

4）PendSV 异常可以用于操作系统、设备驱动或应用中产生可被延迟的服务请求；

5）需要较少的代码量，从而使 RTOS 可在板载内存中运行；

6）快速中断响应可减少上下文切换开销；

7）睡眠模式可使功耗降至最低。

目前，能够在 ARM Cortex-M0 处理器上运行的部分嵌入式操作系统见表 1-5。

表 1-5 支持 Cortex-M0 的嵌入式操作系统

嵌入式操作系统	是否开源/免费	公司（网站）
RTX	源代码公开；免版税	ARM (www.keil.com)
FreeRTOS	开源（GPL）；免费	Real Time Engineers Ltd. (www.freertos.org)
CMX-RTX、CMX-TINY+		CMX Systems, Inc. (www.cmx.com)
Nucleus Plus	源代码公开；免版税	Mentor Graphics (www.mentor.com)
μVelOSity		Green Hills Software (www.ghs.com)
CoOS	开源；免费	英蓓特科技（http://www.coocox.org）
RT-Thread	开源（GPLv2+）；免费	上海睿赛德（http://www.rt-thread.org）

习题

1.1 什么是嵌入式系统，生活中有哪些设备属于嵌入式系统？

1.2 简述嵌入式处理器的分类。

1.3 常用的嵌入式实时操作系统有哪些，各有什么特点？

1.4 简要说明 ARM Cortex 内核处理器分为哪几个系列，各有什么特点？

1.5 简述 ARM Cortex-M0 内核的特性。

1.6 下载安装 Keil MDK-ARM 集成开发环境。

1.7 下载安装 Proteus 仿真软件。

1.8 ARM Cortex-M0 具有哪些特点适合嵌入式操作系统？举出几个能够在该处理器上运行的嵌入式操作系统。

第 2 章　ARM Cortex-M0 内核体系结构

本章主要介绍 ARM Cortex-M0 处理器的结构与特性，内核体系结构的介绍包括总线架构、编程模型、存储器模型、异常模型、电源管理和系统控制模块、嵌套向量中断控制器、系统节拍定时器等核内外设，结合 CMSIS 对内部函数和外设的操作进行讲解。

2.1　处理器结构与特性

Cortex-M0 处理器核心包括寄存器组、逻辑运算单元（ALU）、数据总线和控制逻辑。寄存器组包含 16 个 32 位寄存器，其中一些寄存器具有特殊的用途。

Cortex-M0 处理器的结构如图 2-1 所示。

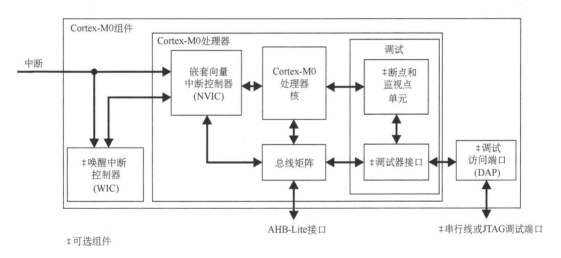

图 2-1　ARM Cortex-M0 处理器的结构

唤醒中断控制器（WIC）为可选的单元，在低功耗的应用中，在关闭了处理器大部分模块后，微处理器进入待机状态。此时，WIC 可以在 NVIC 和处理器处于休眠的情况下，执行中断屏蔽功能。当 WIC 检测到一个中断时，会通知电源管理部分给系统上电，让 NVIC 和处理器内核执行剩下的中断处理。

调试子系统包括多个功能模块，以处理调试控制、程序断点和数据监视点（Data Watchpoint）。当调试事件发生时，处理器内核会被置于暂停状态，这时开发人员可以检查当前的处理器状态。

JTAG（联合测试行动小组）和 SWD（串行线调试）提供了通向总线系统和调试功能的入口。JTAG 是通用的 5 针通信协议，一般用于测试。串行线协议为新扩展的，只需要两根线（时钟线和数据线）就可以了，而且可以实现和 JTAG 相同的调试功能。

Cortex-M0 处理器执行一个完整的硬件调试方案，带有大量的硬件断点和观察点选项。

通过一个非常适合微控制器和其他小型封装器件的 2 脚串行线调试（SWD）端口，提供了高系统透明度的处理器、存储器和外设执行。

Cortex-M0 内核外设有：

1）NVIC：嵌套向量中断控制器，支持低延迟的中断处理。

2）系统控制模块：系统控制模块（SCB）是到处理器的编程模型接口。它提供系统执行信息和系统控制，包括配置、控制和系统异常的报告。

3）系统节拍定时器：SysTick，是一个 24 位的递减定时器，可以将其用作一个实时操作系统（RTOS）的节拍定时器，或者用作一个简单的计数器。

Cortex-M0 处理器内核是单片机的中央处理单元（CPU），完整的基于 Cortex-M0 的 MCU 还需要很多其他组件。在芯片制造商得到 Cortex-M0 处理器内核的使用授权后，就可以把 Cortex-M0 内核用在自己的硅片设计中，然后添加存储器、外设、I/O 以及其他功能块。不同厂家设计出的单片机会有不同的配置，包括存储器容量、类型、外设等都各具特色。

Cortex-M0 处理器特性如下：

1）低门数处理器内核特性：

① ARMv6-M 架构仅支持 Thumb 指令集，包含 Thumb-2 技术。

② 可选，一个 ARMv6-M 兼容的 24 位系统节拍定时器（SysTick）。

③ 一个标准单周期的 32 位硬件乘法器。

④ 支持大端或小端存储器。

⑤ 具有确定的中断响应时间。

⑥ Load/Store 结构乘法器和多周期乘法器可供选择，便于快速中断处理。

⑦ 支持 C 语言，具有线程和处理两种模式。ARMv6-M 提供了兼容 C 语言程序接口（C-ABI）的异常模型，异常处理的整个应用程序都可以用 C 语言编写，而无需使用任何汇编代码。

⑧ 架构定义了休眠模式和进入休眠的指令，休眠特性可以使能量消耗极大降低。进入休眠状态使用了等待中断（WFI）或等待事件（WFE）指令，架构定义的休眠模式也提供了从中断退出休眠状态返回的功能。

2）NVIC 特性：

① 1、2、4、8、16、24 或 32 个外部中断可配置，每个中断具有 4 个优先级。

② 不可屏蔽中断（NMI）输入。

③ 支持电平触发中断和边沿触发中断。

④ 可选择的唤醒中断控制器（WIC），处理器可以在休眠状态下掉电以降低功耗，而 WIC 可以在中断发生时唤醒系统。

3）调试特性：

① 0~4 个硬件断点。

② 0~2 个监视点。

③ 在设置了至少一个硬件数据监视点的情况下可以使用程序计数采样寄存器对非侵入性代码进行分析。

④ 支持单步和向量捕捉。

⑤ 支持无限个软件断点。设置软件断点可以使用 BKPT 指令。

⑥ 通过紧凑总线矩阵可以实现对核心外设和存储器的零等待非侵入性访问。调试器可以在没有停止处理器的情况下操作存储器和外设。

⑦ 停止模式调试，处理器可以完全停止，此时寄存器可以被访问和修改，而且这样不会带来代码空间和栈空间的开销。

⑧ 可选，使用 CoreSight 技术，支持 JTAG 和 SWD（Serial Wire Debug）调试接口。

4）总线接口：

① 一个 32 位 AMBA-3 AHB-Lite 系统接口，为所有的集成外设和存储器提供了统一的系统接口。

② 一个 32 位的支持 DAP 的 Slave 端口。

2.2　总线架构

Cortex-M0 处理器基于 ARMv6-M 架构，采用 3 段流水线的冯·诺依曼总线结构交叉存取指令和数据，与独立的指令和数据总线存取方式相比，这种方式不会产生明显的性能下降。Cortex-M0 处理器包含专为嵌入式应用而设计的 Cortex-M0 内核、紧耦合的可嵌套向量中断微控制器 NVIC、系统节拍定时器和可选的唤醒中断控制器 WIC，对外提供了基于 AMBA（Advanced Microcontroller Bus Architecture）结构的 AHB-lite 总线和基于 CoreSight 技术的 SWD 或 JTAG 调试接口，使用 AMBA 技术来提供高速、低延迟的存储器访问。

内部总线系统、处理器内核的数据通路以及 AHB-Lite 总线接口都是 32 位的。AHB-Lite 是片上总线协议，已应用于多款 ARM 处理器。AMBA 是 ARM 开发的总线构架，已经广泛应用于 IC 设计领域。

AMBA 是 ARM 公司研发的一种总线规范，主要包括 AHB 系统总线和 APB 外围设备总线。在 AMBA 2.0 规范里，AHB 是在 ARM 片上系统中用于连接处理器、内外存储控制器以及其他高速设备的，该总线规范最多可以有 16 个主模块，如果主模块数目大于 16，则需再加一层结构。

AHB-Lite 是 AMBA 3.0 规范的一部分，它是纯 AHB 规范的子集，用于只有单主模块总线设计。该规范通过去掉 AHB 的多主模块协议大大地简化了接口设计。

APB 是本地二级总线（Local Secondary Bus），通过桥和 AHB/ASB 相连。它主要是为了满足不需要高性能流水线接口或不需要高带宽接口的设备的互连。APB 的总线信号经改进后全和时钟上升沿相关，这种改进的主要优点如下：

1）更易达到高频率的操作；

2）性能和时钟的占空比无关；

3）STA 单时钟沿简化了；

4）无需对自动插入测试链做特别考虑；

5）更易与基于周期的仿真器集成。

APB 只有一个 APB 桥，它将来自 AHB/ASB 的信号转换为合适的形式以满足挂在 APB 上的设备的要求，如串口、定时器等。桥要负责锁存地址、数据以及控制信号，同时要进行二次译码以选择相应的 APB 设备。

2.3　编程模型

2.3.1　操作模式和状态

　　Cortex-M0 处理器包含两种操作模式和两种工作状态。处理器的两种操作模式：

　　1）线程（Thread）模式：用来执行应用软件。处理器在退出复位时进入线程模式。

　　2）处理器（Handler）模式：用来处理异常。处理器在完成所有的异常处理后返回到线程模式。

　　处理器的两种工作状态：

　　1）Thumb 状态：处理器在运行时处于 Thumb 状态，在这种状态下处理器可以处在线程模式，也可以处在处理器模式下。在 ARMv6-M 的体系结构里，线程模式和处理器模式的系统模型几乎完全一样，唯一不同在于，线程模式通过配置 CONTROL 特殊寄存器，可以使用分组的堆栈指针。

　　2）调试状态：调试状态仅用于调试操作，暂停处理器内核后，指令将不再执行，这时也就进入了调试状态。在这种状态下，调试器可以读取甚至改变内核寄存器的值。在 Thumb 状态或者调试状态下，调试器都可以访问系统存储器空间。

　　系统上电复位之后，默认处在 Thumb 状态和线程模式。Cortex-M0 处理器操作模式和工作状态的切换如图 2-2 所示。

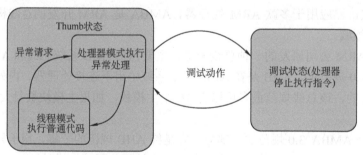

图 2-2　Cortex-M0 处理器操作模式和工作状态

2.3.2　堆栈

　　处理器使用一个满递减堆栈。这就意味着堆栈指针指向堆栈存储器中的最后一个堆栈项。当处理器将一个新的项压入堆栈时，堆栈指针递减，然后将该项写入新的存储器单元。

　　处理器执行两个堆栈，主堆栈（MSP）和进程堆栈（PSP），两个堆栈有自己独立的堆栈指针副本。

　　在线程模式下，CONTROL 寄存器控制着处理器使用主堆栈还是进程堆栈；在处理器模式下，处理器总是使用主堆栈。处理器操作模式和堆栈使用的选择见表 2-1。

表 2-1　处理器操作模式和堆栈使用的选择

处理器操作模式	用来执行	使用的堆栈
线程模式	应用程序	主堆栈或进程堆栈，由寄存器 CONTROL[1]决定
处理器模式	异常处理程序	主堆栈

2.3.3　内核寄存器

Cortex-M0 内核包括 13 个通用寄存器、3 个特殊功能寄存器，以及 SP 堆栈指针寄存器 R13、LR 链接寄存器 R14 和 PC 程序计数器 R15。各寄存器的名称如图 2-3 所示。

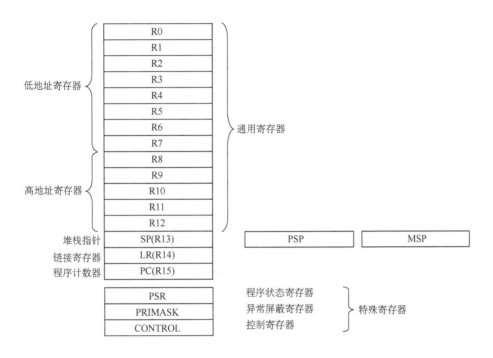

图 2-3　处理器内核寄存器组

1．通用寄存器

R0～R12 是供数据操作使用的 32 位通用寄存器。其中，R0～R7 为低地址寄存器，R8～R12 为高地址寄存器。

2．堆栈指针

堆栈指针（SP）是寄存器 R13。在线程模式中，CONTROL[1]指示了堆栈指针的使用情况：

1）0 = 主堆栈指针（MSP），复位值。

2）1 = 进程堆栈指针（PSP）。

复位时，处理器将地址 0x00000000 的值加载到 MSP 中。

3．链接寄存器

链接寄存器（LR）是寄存器 R14。它保存子程序、函数调用和异常的返回信息。复位时，LR 的值不可知。

4．程序计数器

程序计数器（PC）是寄存器 R15。它包含当前的程序地址。复位时，处理器将复位向量（地址：0x00000004）的值加载到 PC。复位向量的第[0]位复位时被加载到 EPSR 的 T 位，必须为 1。

5. 程序状态寄存器

程序状态寄存器（PSR）由应用程序状态寄存器（APSR）、中断程序状态寄存器（IPSR）、执行程序状态寄存器（EPSR）3 个寄存器组合而成。在 32 位的 PSR 中，这 3 个寄存器的位域分配互斥。PSR 的位域分配如图 2-4 所示。

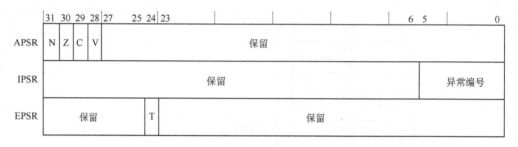

图 2-4　APSR、IPSR、EPSR 寄存器的位分配

这 3 个寄存器可以单独访问，也可以 2 个一组或 3 个一组进行访问，访问时，将寄存器名称作为 MSR 或 MRS 指令的一个变量。例如：

使用寄存器名称 PSR，用 MRS 指令来读所有寄存器；

使用寄存器名称 APSR，用 MSR 指令来写 APSR。

PSR 的组合和属性见表 2-2。

表 2-2　PSR 寄存器组合

寄存器	类型	组合
PSR	R/W[1][2]	APSR、EPSR 和 IPSR
IEPSR	RO	EPSR 和 IPSR
IAPSR	R/W[1]	APSR 和 IPSR
EAPSR	R/W[2]	APSR 和 EPSR

[1]处理器忽略对 IPSR 位的写操作。

[2]读 EPSR 位时返回零，处理器忽略对 EPSR 位的写操作。

1）应用程序状态寄存器：APSR 包含执行完前面的指令后条件标志的当前状态。APSR 的位分配见表 2-3。

表 2-3　APSR 的位分配

位	名称	功能
31	N	负值标志
30	Z	零值标志
29	C	进位或借位标志
28	V	溢出标志
27:0	—	保留

2）中断程序状态寄存器：IPSR 包含当前中断服务程序（ISR）的异常编号。IPSR 的位分配见表 2-4。

表 2-4　IPSR 的位分配

位	名称	功能
31:6	—	保留
5:0	异常编号	当前异常的编号： 0 = 线程模式 1 = 保留 2 = NMI 3 = HardFault 4~10 = 保留 11 = SVCall 12,13 = 保留 14 = PendSV 15 = SysTick 16 = IRQ0 ⋮ 47 = IRQ31 48~63 = 保留

3）执行程序状态寄存器：EPSR 包含 Thumb 状态位。EPSR 的位分配见表 2-5。

表 2-5　EPSR 的位分配

位	名称	功能
31:25	—	保留
24	T	Thumb 状态位
23:0	—	保留

如果应用软件使用 MRS 指令直接读取 EPSR 将始终返回零。利用 MSR 指令来写 EPSR 的操作会被忽略。

可中断-可重启的指令有 LDM 和 STM。如果在执行这两条中的其中一条指令的过程中出现中断，处理器就终止指令的执行。在处理完中断后，处理器再从头开始重新执行指令。

6. 异常屏蔽寄存器

异常屏蔽寄存器禁止处理器处理异常。当异常可能影响到实时任务或要求连续执行的代码序列时，异常就被禁能。可以使用 MSR 和 MRS 指令或 CPS 指令改变 PRIMASK 的值来禁能或重新使能异常。

异常屏蔽寄存器 PRIMASK 阻止优先级可配置的所有异常被激活。PRIMASK 寄存器的位分配见表 2-6。

表 2-6　PRIMASK 寄存器的位分配

位	名称	功能
31:1	—	保留
0	PRIMASK	0 = 无影响 1 = 阻止优先级可配置的所有异常被激活

7. CONTROL 寄存器

CONTROL 寄存器控制着处理器处于线程模式时所使用的堆栈。CONTROL 寄存器的位分配见表 2-7。

表 2-7　CONTROL 寄存器的位分配

位	名称	功能
31:2	—	保留
1	有效堆栈指针	定义当前的堆栈： 0 = MSP 是当前的堆栈指针 1 = PSP 是当前的堆栈指针 在处理器模式中，这个位读出为零，写操作被忽略
0	—	保留

处理器模式始终使用 MSP，因此，在处理器模式下，处理器忽略对 CONTROL 寄存器的有效堆栈指针位执行的明确的写操作。异常进入和返回机制会将 CONTROL 寄存器更新。

在一个 OS 环境中，推荐运行在线程模式中的线程使用进程堆栈，内核和异常处理器使用主堆栈。默认情况下，线程模式使用 MSP。要将线程模式中使用的堆栈指针切换成 PSP，只需要使用 MSR 指令将有效堆栈位设置为 1。

注：当更改堆栈指针时，软件必须在 MSR 指令后立刻使用一个 ISB 指令。这样来保证 ISB 之后的指令执行时使用新的堆栈指针。

2.3.4　内部函数

ISO/IEC C 代码不能直接访问某些 Cortex-M0 指令。本小节对可以产生这些指令的内部函数进行了描述，内部函数可由 CMSIS 或有可能由 C 编译器提供。若 C 编译器不支持相关的内部函数，则用户可能需要使用内联汇编程序来访问相关的指令。CMSIS 提供表 2-8 中的内部函数来产生 ISO/IEC C 代码不能直接访问的指令。

表 2-8　产生某些 Cortex-M0 指令的 CMSIS 内部函数

指令	CMSIS 函数
CPSIE i	void __enable_irq(void)
CPSID i	void __disable_irq(void)
ISB	void __ISB(void)
DSB	void __DSB(void)
DMB	void __DMB(void)
NOP	void __NOP(void)
REV	uint32_t __REV(uint32_t int value)
REV16	uint32_t __REV16(uint32_t int value)
REVSH	uint32_t __REVSH(uint32_t int value)
SEV	void __SEV(void)
WFE	void __WFE(void)
WFI	void __WFI(void)

CMSIS 还提供使用 MRS 和 MSR 指令来访问特殊寄存器的函数，见表 2-9。

表 2-9　访问特殊寄存器的内部函数

特殊寄存器	访问	CMSIS 函数
PRIMASK	读	uint32_t __get_PRIMASK (void)
	写	void __set_PRIMASK (uint32_t value)
CONTROL	读	uint32_t __get_CONTROL (void)
	写	void __set_CONTROL (uint32_t value))
MSP	读	uint32_t __get_MSP (void)
	写	void __set_MSP (uint32_t value))
PSP	读	uint32_t __get_PSP (void)
	写	void __set_PSP (uint32_t value))

2.4　存储器模型

本节描述处理器存储器映射以及存储器访问的行为。处理器有一个固定的存储器映射,提供有高达 4GB 的可寻址存储空间。存储器映射分成多个区域,每个区域有一个定义好的存储器类型,某些区域还有附加的存储器属性。存储器类型和属性决定了各个区域的访问行为。处理器为内核外设寄存器保留了专用外设总线(PPB)地址范围空间。

存储器映射如图 2-5 所示。

2.4.1　存储区、类型和属性

存储器映射分成多个区域,每个区域有一个定义好的存储器类型,某些区域还有附加的存储器属性。存储器类型和属性决定了各个区域的访问行为。

1. 存储器类型

1)常规存储器:处理器为了提高效率,可以重新对交易进行排序,或者刻意地进行读取。

2)Device 存储器:处理器保护与 Device 或强秩序存储器(Strong-ordered Memory)的其他交易相关的交易秩序。

3)强秩序存储器:处理器保护与所有其他交易相关的交易秩序。

Device 存储器和强秩序存储器的不同秩序要求意味着,存储器系统可以缓冲一个对 Device 存储器的写操作,但不准缓冲对强秩序存储器的写操作。

2. 附加的存储器属性

永不执行(XN):表示处理器阻止指令访问。当执行从存储器的 XN 区提取出来的指令

图 2-5　Cortex-M0 存储器映射

时，产生一个 HardFault 异常。

2.4.2　存储器访问秩序

对于大多数由明确的存储器访问指令引发的存储器访问，存储器系统都不保证访问秩序与指令的编写顺序完全一致，只要所有访问秩序的重新安排不影响指令序列的操作就行。一般情况下，如果两个存储器访问的顺序必须与两条存储器访问指令编写的顺序完全一致程序才能正确执行，软件就必须在两条存储器访问指令之间插入一条内存屏障指令。

但是，存储器系统不保证 Device 存储器和强秩序存储器的一些访问秩序。对于两条存储器访问指令 A1 和 A2，如果 A1 的编写顺序在前，两条指令所引发的存储器访问顺序见表 2-10。

表 2-10　存储器排序限制

A2＼A1	常规访问	器件访问		强秩序访问
		不可共享	可共享	
常规访问	-	-	-	-
器件访问，不可共享	-	<	-	<
器件访问，可共享	-	-	<	<
强秩序访问	-	<	<	<

在表 2-10 中，"-"表示存储器系统不保证访问秩序；"<"表示观察到访问顺序与指令编写顺序一致，即 A1 总是在 A2 之前。

程序流程的指令顺序不能担保相应的存储器交易顺序，原因如下：

1）为了提高效率，处理器可以将一些存储器访问的顺序重新安排，只要不影响指令序列的操作就行；

2）存储器映射中的存储器或设备可能有不同的等待状态；

3）某些存储器访问被缓冲，或者是刻意为之的。

存储器系统在某些情况下能保证存储器访问的秩序。但是，如果存储器访问的秩序十分重要，软件就必须插入一些内存屏障指令来强制保持存储器访问的秩序。处理器提供了以下内存屏障指令：

1）DMB：数据存储器屏障（DMB）指令保证先完成未处理的存储器交易，再执行后面的存储器交易。

2）DSB：数据同步屏障（DSB）指令保证先完成未处理的存储器交易，再执行后面的指令。

3）ISB：指令同步屏障（ISB）保证所有已完成的存储器交易的结果后面的指令都能辨认出来。

下面是内存屏障指令使用的一些例子。

1）向量表：如果程序改变了向量表中的一项，然后又使能了相应的异常，那么就在两个操作之间插入一条 DMB 指令。这就确保了异常在被使能后立刻被采纳，处理器能使用新的异常向量。

2）自修改代码：如果一个程序包含自修改代码，代码修改之后在程序中立刻使用一条 ISB 指令。这就确保了后面的指令执行使用的是更新后的程序。

3）存储器映射切换：如果系统包含一个存储器映射切换机制，在切换存储器映射之后使用一条 DSB 指令。这就确保了后面的指令执行使用的是更新后的存储器映射。

对强秩序存储器（如系统控制块）执行的存储器访问不需要使用 DMB 指令。处理器保护与所有其他交易相关的交易秩序。

2.4.3 存储器访问的行为

存储器映射中每个区域的访问行为见表 2-11。

表 2-11 存储器访问的行为

地址范围	存储区域	存储器类型	XN	描述
0x00000000～0x1FFFFFFF	Code	常规存储器		程序代码的可执行区域。也可以把数据保存到这里
0x20000000～0x3FFFFFFF	SRAM	常规存储器		数据的可执行区域。也可以把代码保存到这里
0x40000000～0x5FFFFFFF	外设	Device 存储器	XN	外部设备存储器
0x60000000～0x9FFFFFFF	外部 RAM	常规存储器		数据的可执行区域
0xA0000000～0xDFFFFFFF	外部设备	Device 存储器	XN	外部设备存储器
0xE0000000～0xE00FFFFF	专用外设总线	强秩序存储器	XN	这个区域包括 NVIC、系统节拍定时器和系统控制模块。这个区域只能使用字访问
0xE0100000～0xFFFFFFFF	Device	Device 存储器	XN	厂商提供的特定存储器

注：Code、SRAM 和外部 RAM 区域可以保存程序。

2.4.4 存储器的字节存储顺序

Cortex-M0 处理器将存储器看作从 0 开始向上编号的字节的线性集合。例如，字节 0～3 存放第一个被保存的字，字节 4～7 存放第二个被保存的字。

Cortex-M0 处理器只能以小端格式（Little-endian）访问存储器中的数据，访问代码时始终使用小端格式。小端格式是 ARM 处理器默认的存储器格式。在小端格式中，一个字中最低地址的字节为该字的最低有效字节，最高地址的字节为最高有效字节，存储器系统地址 0 的字节与数据线 7～0 相连。在大端格式中，一个字中最低地址的字节为该字的最高有效字节，而最高地址的字节为最低有效字节，存储器系统地址 0 的字节与数据线 31～24 相连。图 2-6、图 2-7 所示为小端格式和大端格式的区别。

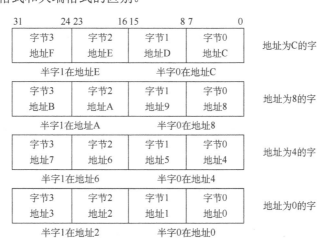

图 2-6 存储器的小端格式

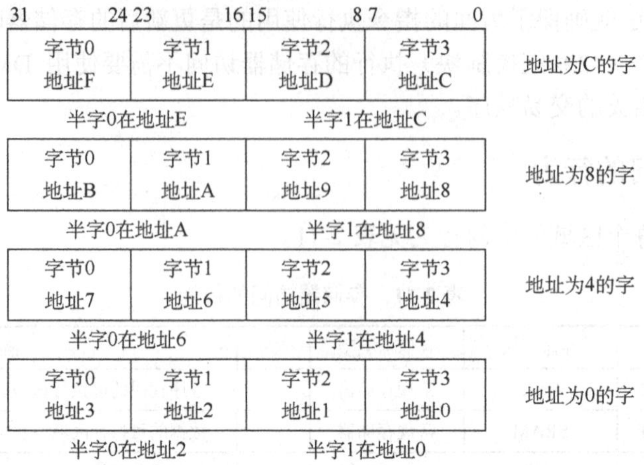

31 24	23 16	15 8	7 0	
字节0 地址F	字节1 地址E	字节2 地址D	字节3 地址C	地址为C的字

半字0在地址E　　　　　　半字1在地址C

字节0 地址B	字节1 地址A	字节2 地址9	字节3 地址8	地址为8的字

半字0在地址A　　　　　　半字1在地址8

字节0 地址7	字节1 地址6	字节2 地址5	字节3 地址4	地址为4的字

半字0在地址6　　　　　　半字1在地址4

字节0 地址3	字节1 地址2	字节2 地址1	字节3 地址0	地址为0的字

半字0在地址2　　　　　　半字1在地址0

图 2-7　存储器的大端格式

2.4.5　数据类型

Cortex-M0 处理器支持下列数据类型：

1）32 位字；

2）16 位半字；

3）8 位字节。

2.5　异常模型

Cortex-M0 处理器支持中断和系统异常。处理器和嵌套向量中断控制器（NVIC）划分所有异常的优先级，并对所有异常进行处理。一个中断或异常会改变软件控制的正常流程。处理器使用处理器模式来处理除复位之外的所有异常。NVIC 控制中断处理。

2.5.1　异常状态

每个异常都处于下面其中一种状态。

1）无效：异常无效，未挂起。

2）挂起：异常正在等待处理器处理。一个外设或软件的中断请求可以改变相应的挂起中断的状态。

3）有效：一个异常正在被处理器处理，但处理尚未结束。一个异常处理程序可以中止另一个异常处理程序的执行，在这种情况下，两个异常都处于有效状态。

4）有效和挂起：异常正在被处理器处理，而且有一个来自同一个异常源的异常正在等待处理。

2.5.2　异常类型

1．复位

复位在上电或热复位时启动。异常模型将复位当作一种特殊形式的异常来对待。当复位产生时，处理器的操作停止（可能停止在一条指令的任何一点上）。当复位撤销时，从向量表中复位项提供的地址处重新启动执行。执行在线程模式下重新启动。

2. NMI

一个不可屏蔽中断（NMI）可以由外设产生，也可以由软件来触发。这是除复位之外优先级最高的异常。NMI 永远使能，优先级固定为–2。

NMI 不能被屏蔽，它的执行也不能被其他任何异常中止；NMI 不能被除复位之外的任何异常抢占。

注：LPC111x 没有 NMI。

3. HardFault

HardFault 是由于在正常操作过程中或在异常处理过程中出错而出现的一个异常。HardFault 的优先级固定为–1，表明它的优先级要高于任何优先级可配置的异常。

4. SVCall

管理程序调用（SVCall）异常是一个由 SVC 指令触发的异常。在 OS 环境下，应用程序可以使用 SVC 指令来访问 OS 内核函数和器件驱动。

5. PendSV

PendSV 是一个中断驱动的系统级服务请求。在 OS 环境下，当没有其他异常有效时，使用 PendSV 来进行任务切换。

6. SysTick

SysTick 是一个系统节拍定时器到达零时产生的异常。软件也可以产生一个 SysTick 异常。在 OS 环境下，处理器可以将这个异常用作系统节拍。

7. 中断（IRQ）

中断（或 IRQ）是外设发出的一个异常，或者是由软件请求产生的一个异常。所有中断都与指令执行不同步。在系统中，外设使用中断来与处理器通信。

各种异常类型的特性见表 2-12。

表 2-12　各种异常类型的特性

异常编号[1]	IRQ 编号[1]	异常类型	优先级	向量地址[2]
1	—	复位	–3，优先级最高	0x00000004
2	–14	NMI	–2	0x00000008
3	–13	HardFault	–1	0x0000000C
4～10	—	保留	—	—
11	–5	SVCall	可配置	0x0000002C
12～13	—	保留	—	—
14	–2	PendSV	可配置	0x00000038
15	–1	SysTick	可配置	0x0000003C
≥16 的值	≥0 的值	中断（IRQ）	可配置	0x00000040 以及更高的地址

[1]为了简化软件层，CMSIS 只使用 IRQ 编号，因此，对除中断外的其他异常都使用负值。

[2]地址值以 4 为步长，逐次递增。

对于除复位之外的异步异常，在异常被触发和处理器进入异常处理程序之间，处理器可以执行条件指令。

2.5.3　向量表

向量表包含堆栈指针的复位值以及所有向量处理程序的起始地址（也称为异常向量）。图 2-8 显示了异常向量在向量表中的放置顺序。每个向量的最低有效位必须为 1，表明异常处理程序都是用 Thumb 代码编写的。向量表的地址固定为 0x00000000。

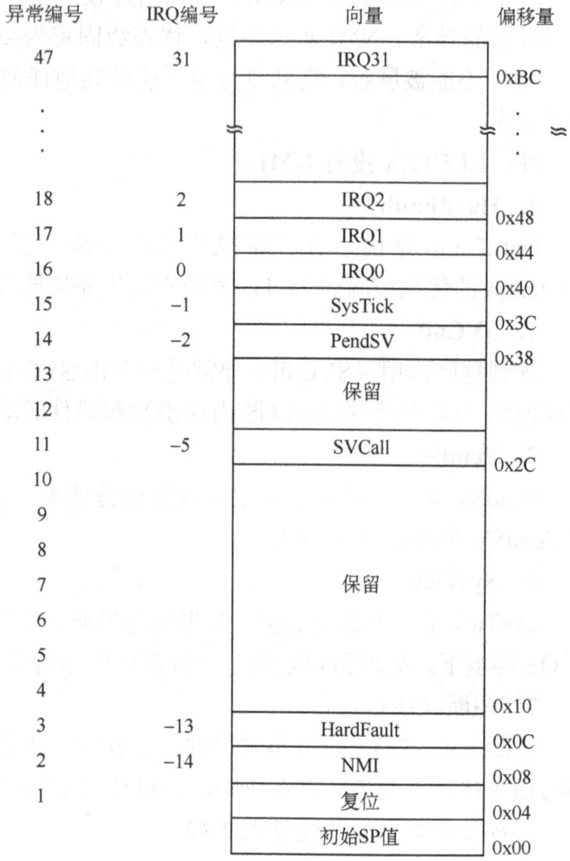

2.5.4　异常优先级

见表 2-12，每个异常都有对应的优先级：

1）越小的优先级值指示一个更高的优先级；

2）除复位、HardFault 和 NMI 之外，所有异常的优先级都是可配置的。

如果软件不配置任何优先级，那么，所有优先级可配置的异常的优先级就都为 0。

优先级值的配置范围为 0～192，各值以 64 为间距。复位、HardFault 和 NMI 这些有固定的负优先级值的异常的优先级高于任何其他异常。

给 IRQ[0] 分配一个高优先级值、

异常编号	IRQ编号	向量	偏移量
47	31	IRQ31	0xBC
⋮			⋮
18	2	IRQ2	0x48
17	1	IRQ1	0x44
16	0	IRQ0	0x40
15	−1	SysTick	0x3C
14	−2	PendSV	0x38
13		保留	
12			
11	−5	SVCall	0x2C
10			
9			
8			
7		保留	
6			
5			
4			0x10
3	−13	HardFault	0x0C
2	−14	NMI	0x08
1		复位	0x04
		初始SP值	0x00

图 2-8　向量表

给 IRQ[1] 分配一个低优先级值就意味着 IRQ[1] 的优先级高于 IRQ[0]。如果 IRQ[1] 和 IRQ[0] 都有效，先处理 IRQ[1]。

如果多个挂起的异常具有相同的优先级，异常编号越小的挂起异常优先处理。例如，如果 IRQ[0] 和 IRQ[1] 正在挂起，并且两者的优先级相同，那么先处理 IRQ[0]。

当处理器正在执行一个异常处理程序时，如果出现一个更高优先级的异常，那么这个异常就被抢占。如果出现的异常的优先级和正在处理的异常的优先级相同，这个异常就不会被抢占，与异常的编号大小无关。但是，新中断的状态就变为挂起。

2.5.5　异常的进入和返回

描述异常处理时使用了下列术语：

1）抢占：当处理器正在执行一个异常处理程序时，如果一个异常的优先级比正在处理的异常的优先级更高，那么低优先级的异常就被抢占。

当一个异常抢占另一个异常时，这些异常就称为嵌套异常。

2）返回：当异常处理程序结束，并且满足以下条件时，异常就返回。

① 没有优先级足够高的挂起异常要处理；

② 已结束的异常处理程序没有在处理一个迟来的异常，处理器弹出堆栈，处理器状态恢复到中断出现之前的状态。

3）末尾连锁：这个机制加速了异常的处理。当一个异常处理程序结束时，如果一个挂起的异常满足异常进入的要求，就跳过堆栈弹出，控制权移交给新的异常处理程序。

4）迟来（Late-arriving）：这个机制加速了抢占的处理。如果一个高优先级的异常在前一个异常正在保存状态的过程中出现，处理器就转去处理更高优先级的异常，开始提取这个异常的向量。状态保存不受迟来异常的影响，因为两个异常保存的状态相同。从迟来异常的异常处理程序返回时，要遵守正常的末尾连锁规则。

1. 异常的进入

当有一个优先级足够高的挂起异常存在，并且满足下面的任何一个条件时，就进入异常处理。

1）处理器处于线程模式。

2）新异常的优先级高于正在处理的异常，这时，新异常就抢占了正在处理的异常。当一个异常抢占了另一个异常时，异常就被嵌套。

优先级足够高的意思是该异常的优先级比屏蔽寄存器中所限制的任何一个异常组的优先级都要高。优先级比这个异常要低的异常被挂起，但不被处理器处理。当处理器处理异常时，除非异常是一个末尾连锁异常或迟来的异常，否则，处理器都把信息压入到当前的堆栈中。这个操作称为入栈（Stacking），8 个数据字的结构称为栈帧（Stack Frame）。栈帧包含图 2-9 所示信息。

入栈后，堆栈指针立刻指向栈帧的最低地址单元。栈帧按照双字地址对齐。

栈帧包含返回地址。这是被中止的程序中下条指令的地址。这个值在异常返回时返还给 PC，使被中止的程序恢复执行。

处理器执行一次向量提取，从向量表中读出异常处理程序的起始地址。当入栈结束时，处理器开始执行异常处理程序。同时，处理器向 LR 写入一个 EXC_RETURN 值。这个值指示了栈帧对应哪个堆栈指针以及在异常出现之前处理器处于什么工作模式。

如果在异常进入的过程中没有更高优先级的异常出现，处理器就开始执行异常处理程序，并自动将相应的挂起中断的状态变为有效。

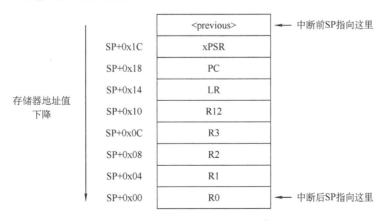

图 2-9　异常进入时堆栈的内容

如果在异常进入的过程中有另一个优先级更高的异常出现，处理器就开始执行这个高优先级异常的异常处理程序，且不改变前一个异常的挂起状态。这是一个迟来异常的情况。

2．异常返回

当处理器处于处理器模式并且执行下面其中一条指令尝试将 PC 设为 EXC_RETURN 值时，出现异常返回。

1）POP 指令，用来加载 PC。

2）BX 指令，用来使用任意的寄存器。

在异常进入时处理器将一个 EXC_RETURN 值保存到 LR 中。异常机制依靠这个值来检测处理器何时执行完一个异常处理程序。EXC_RETURN 值的 bit[31:4]为 0xFFFFFFF。当处理器将一个相应的这种形式的值加载到 PC 时，它将检测到这个操作并不是一个正常的分支操作，此时异常已经结束。因此，处理器启动异常返回序列。EXC_RETURN 的[3:0]位指出了所需的返回堆栈和处理器模式，见表 2-13。

表 2-13 异常返回的行为

EXC_RETURN	描述
0xFFFFFFF1	返回到处理器模式 异常返回获得主堆栈的状态 返回后执行使用 MSP
0xFFFFFFF9	返回到线程模式 异常返回获得 MSP 的状态 返回后执行使用 MSP
0xFFFFFFFD	返回到线程模式 异常返回获得 PSP 的状态 返回后执行使用 PSP
所有其他值	保留

2.5.6 中断输入及挂起行为

Cortex-M0 处理器允许两种形式的中断请求：电平触发和边沿触发。这一特性涉及包括 NMI 在内的终端输入对应的多个寄存器。每一个中断输入都对应着一个挂起状态寄存器，且每个寄存器只有 1 位，用于保存中断请求，而不管这个请求有没有得到确认（例如，通过 I/O 引脚相连的外部硬件产生一个中断脉冲）。当处理器开始处理这个异常时，硬件将自动清除挂起状态。

NMI 的情况也基本上是一样的，只是由于 NMI 的优先级最高，当它产生后几乎能立即得到响应。除此之外，NMI 与 IRQ 相类似：NMI 的挂起状态也可以由软件产生，如果处理器仍然在处理之前的 NMI 请求，新的 NMI 则会保持最佳的挂起状态。

当中断输入引脚被外部信号或者软件拉高后，该中断就被挂起，即使后来中断取消了中断请求，已经被标记成挂起的中断也会被记录下来，到了系统判断它的优先级为最高的时候，就会得到响应，如图 2-10 所示。

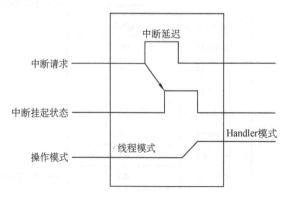

图 2-10 中断挂起示意图

但是，如果在某个中断得到响应之前，其挂起状态被清除了（例如，在 PRIMASK 或 FAULTMASK 置位时软件清除了挂起状态标志），则中断被取消，如图 2-11 所示。

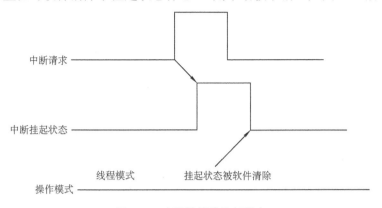

图 2-11　中断被清除挂起状态

当中断的服务例程开始执行时，就称此中断进入了"活跃状态"，并且其挂起位会被硬件自动清除，如图 2-12 所示。当一个中断活跃后，直到其服务例程执行完毕，并且返回以后才能对该中断的新请求予以响应。新请求的响应也是由硬件自动清零挂起标志位。中断服务例程也可以在执行过程中把自己对应的中断重新挂起。

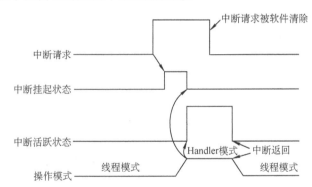

图 2-12　处理器进入服务例程后对中断活跃状态的设置

如果中断源的中断请求信号一直保持，该中断就会在其上次服务例程返回后再次被置为挂起状态，如图 2-13 所示。

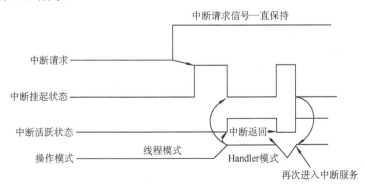

图 2-13　一直维持的中断请求信号导致服务例程返回后再次挂起该中断

如果中断请求过快，在中断得到响应之前进行了多次请求，则会导致一部分请求会被忽略，直至中断返回后才能继续响应，如图 2-14 所示。

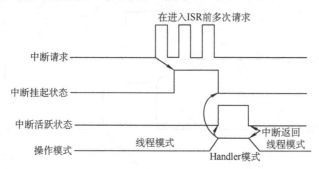

图 2-14　中断请求过快导致一部分请求错失的情况

2.5.7　故障处理

故障是异常的一个子集。所有的故障都导致 HardFault 异常被处理，或者，如果故障在 NMI 或 HardFault 处理程序中出现，会导致锁定。发生以下情况会导致出现故障：

1）在一个优先级等于或高于 SVCall 的地方执行 SVC 指令；

2）在没有调试器的情况下执行 BKPT 指令；

3）在加载或存储时出现一个系统产生的总线错误；

4）执行一个 XN 存储器地址中的指令；

5）从系统产生了一个总线故障的地址单元中执行指令；

6）在提取向量时出现了一个系统产生的总线错误；

7）执行一个未定义的指令；

8）由于 T 位之前被清零而导致不再处于 Thumb 状态的情况下执行一条指令；

9）尝试对一个不对齐的地址执行加载或存储操作。

只有复位和 NMI 可以抢占优先级固定的 HardFault 处理程序。HardFault 可以抢占除复位、NMI 或其他硬故障之外的任何异常。

锁定：如果在执行 NMI 或 HardFault 处理程序时出现故障，或者，在一个使用 MSP 的异常返回时出栈的却是 PSR 的时候系统产生一个总线错误，处理器进入一个锁定状态。当处理器处于锁定状态时，它不执行任何指令。处理器保持处于锁定状态，直到下面任何一种情况出现。

1）出现复位；

2）调试器将锁定状态终止；

3）出现一个 NMI，以及当前的锁定处于 HardFault 处理程序中。

如果锁定状态出现在 NMI 处理程序中，后面的 NMI 就无法使处理器离开锁定状态。

2.5.8　异常处理程序

处理器使用以下处理程序来处理异常。

1）中断服务程序（ISR）：中断 IRQ0～IRQ31 是由 ISR 来处理的异常。

2）故障处理程序：HardFault 是唯一一个由故障处理程序来处理的异常。

3）系统处理程序：NMI、PendSV、SVCall 和 SysTick 是由系统处理程序来处理的全部异常。

一般来讲，在启动文件 startup_LPC11xx.s 中已经事先对系统异常和故障处理程序进行了声明并定义了入口地址，表达如下：

```
; Vector Table Mapped to Address 0 at Reset
                AREA       RESET, DATA, READONLY
                EXPORT     __Vectors
__Vectors       DCD        __initial_sp              ; Top of Stack
                DCD        Reset_Handler             ; Reset Handler
                DCD        NMI_Handler               ; NMI Handler
                DCD        HardFault_Handler         ; Hard Fault Handler
                DCD        0                         ; Reserved
                DCD        0                         ; Reserved
                DCD        0                         ; Reserved
                DCD        0                         ; Reserved
                DCD        0                         ; Reserved
                DCD        0                         ; Reserved
                DCD        0                         ; Reserved
                DCD        SVC_Handler               ; SVCall Handler
                DCD        0                         ; Reserved
                DCD        0                         ; Reserved
                DCD        PendSV_Handler            ; PendSV Handler
                DCD        SysTick_Handler           ; SysTick Handler
                ......                               //中断 IRQ0～IRQ31
; Reset Handler
Reset_Handler   PROC
                EXPORT     Reset_Handler             [WEAK]
                IMPORT     SystemInit
                IMPORT     __main
                LDR        R0, =SystemInit
                BLX        R0
                LDR        R0, =__main
                BX         R0
                ENDP
; Dummy Exception Handlers (infinite loops which can be modified)
NMI_Handler     PROC
                EXPORT     NMI_Handler               [WEAK]
                B          .
                ENDP
HardFault_Handler\
                PROC
                EXPORT     HardFault_Handler         [WEAK]
                B          .
                ENDP
SVC_Handler     PROC
                EXPORT     SVC_Handler               [WEAK]
                B          .
                ENDP
PendSV_Handler  PROC
                EXPORT     PendSV_Handler            [WEAK]
```

```
                    B               .
                    ENDP
SysTick_Handler     PROC
                    EXPORT   SysTick_Handler        [WEAK]
                    B               .
                    ENDP
```

只需在用户程序中加入按以上规则命名的函数，即为异常处理程序，例如：

```
void SysTick_Handler(void) {
        // Write your code here
}
```

2.6　电源管理

Cortex-M0 处理器内核集成了睡眠模式和深度睡眠模式两种低功耗模式，本节将描述进入睡眠模式的机制和将器件从睡眠模式唤醒的条件。

2.6.1　进入睡眠模式

本小节描述了软件可以用来使处理器进入睡眠模式的一种机制。系统可以产生伪唤醒事件，如一个调试操作唤醒处理器。因此，软件必须能够在这样的事件之后使处理器重新回到睡眠模式。程序中可以有一个空闲循环使得器件回到睡眠模式。

1．等待中断

等待中断（WFI）指令使器件立刻进入睡眠模式。当执行一个 WFI 指令时，处理器停止执行指令，进入睡眠模式。

2．等待事件

等待事件（WFE）指令根据一个一位的事件寄存器的值来进入睡眠模式。处理器执行一个 WFE 指令时检查事件寄存器的值：

0：处理器停止执行指令，进入睡眠模式；

1：处理器将寄存器的值设为 0，并继续执行指令，不进入睡眠模式。

如果事件寄存器的值为 1，表明处理器在执行 WFE 指令时不必进入睡眠模式。通常的原因是出现了一个外部事件，或者系统中的另一个处理器已经执行了 SEV 指令。软件不能直接访问这个寄存器。

注：WFE 指令不能在 LPC111x 上使用。

3．Sleep-on-exit

如果 SCR 的 SLEEPONEXIT 位被设为 1，当处理器完成一个异常处理程序的执行并返回到线程模式时，处理器立刻进入睡眠模式。如果应用只要求处理器在中断出现时运行，就可以使用这种机制。

2.6.2　从睡眠模式唤醒

处理器的唤醒条件取决于使处理器进入睡眠模式所采用的机制。

1．从 WFI 或 Sleep-on-exit 唤醒

通常，只有当检测到一个优先级足够高的异常导致进入异常处理时，处理器才唤醒。某些嵌入式系统在处理器唤醒之后可能必须先执行系统恢复任务，然后再执行中断处理程序。通过将 PRIMASK 位置位来实现这个操作。如果到来的中断被使能，并且优先级高于当前的异常优先级，处理器就唤醒，但不执行中断处理程序，直至处理器将 PRIMASK 设为 0。

2. 从 WFE 唤醒

如果出现以下情况，处理器就唤醒。

1）处理器检测到一个优先级足够高的异常导致进入异常处理。

2）在一个多处理器的系统中，系统中的另一个处理器执行了 SEV 指令。

另外，如果 SCR 的 SEVONPEND 位被设为 1，那么任何新的挂起中断都能触发一个事件和唤醒处理器，即使这个中断被禁能，或者这个中断的优先级不够高而导致无法进入异常处理。

2.6.3　电源管理编程提示

ISO/IEC C 不能直接产生 WFI、WFE 和 SEV 指令。CMSIS 为这些指令提供了以下内在函数：

```
void __WFE(void)                    /* 等待事件 */
void __WFI(void)                    /* 等待中断 */
void __SEV(void)                    /* 发送事件 */
```

2.7　核内外设

ARM Cortex-M0 内核外设包括系统控制模块 SCB、嵌套向量中断控制器 NVIC 和系统节拍定时器 SysTick，它们在私有外设总线（PPB）的地址映射见表 2-14。

表 2-14　内核外设寄存器区

地址	内核外设
0xE000 E008～0xE000 E00F	系统控制模块
0xE000 E010～0xE000 E01F	系统节拍定时器
0xE000 E100～0xE000 E4EF	嵌套向量中断控制器
0xE000 ED00～0xE000 ED3F	系统控制模块
0xE000 EF00～0xE000 EF03	嵌套向量中断控制器

在 CMSIS（core_cm0.h）中的表示方式如下：

```
/* Memory mapping of Cortex-M0 Hardware */
#define SCS_BASE           (0xE000E000UL)
#define SysTick_BASE       (SCS_BASE +   0x0010UL)
#define NVIC_BASE          (SCS_BASE +   0x0100UL)
#define SCB_BASE           (SCS_BASE +   0x0D00UL)
#define SCB                ((SCB_Type      *)      SCB_BASE      )
#define SysTick            ((SysTick_Type  *)      SysTick_BASE  )
#define NVIC               ((NVIC_Type     *)      NVIC_BASE     )
```

2.7.1　系统控制模块

系统控制模块（SCB）提供了系统执行信息和系统控制，包括配置、控制和系统异常的报告。SCB 寄存器小结见表 2-15。

表 2-15　SCB 寄存器小结

地址	名称	类型	复位值
0xE000 ED00	CPUID	RO	0x410C C200
0xE000 ED04	ICSR	R/W	0x0000 0000
0xE000 ED0C	AIRCR	R/W	0xFA05 0000
0xE000 ED10	SCR	R/W	0x0000 0000
0xE000 ED14	CCR	RO	0x0000 0204
0xE000 ED1C	SHPR2	R/W	0x0000 0000
0xE000 ED20	SHPR3	R/W	0x0000 0000

1. Cortex-M0 SCB 寄存器的 CMSIS 映射

为了提高软件效率，CMSIS 简化了 SCB 寄存器的表现形式，数组 SHP[2U]对应寄存器 SHPR2～SHPR3。CMSIS 中 SCB 寄存器的表示形式如下：

```
typedef struct
{
    __IM   uint32_t CPUID;
    __IOM uint32_t ICSR;
          uint32_t RESERVED0;
    __IOM uint32_t AIRCR;
    __IOM uint32_t SCR;
    __IOM uint32_t CCR;
          uint32_t RESERVED1;
    __IOM uint32_t SHP[2U];
    __IOM uint32_t SHCSR;
} SCB_Type;
```

2. CPUID 寄存器

CPUID 寄存器包含处理器的型号、版本和实现信息。CPUID 的位分配见表 2-16。

表 2-16　CPUID 寄存器的位分配

位	名称	功能
31:24	Implementer	实现代码：0x41 = ARM
23:20	Variant	更新编号，产品版本标识符 *rnpn* 中 r 的值：0x0 = 版本 0
19:16	Constant	定义处理器结构的常量；读取的结果：0xC = ARMv6-M 结构
15:4	Partno	处理器的型号：0xC20 = Cortex-M0
3:0	Revision	修订编号，产品版本标识符 *rnpn* 中 p 的值：0x0 = Patch 0

3. 中断控制和状态寄存器 ICSR

ICSR 为不可屏蔽中断（NMI）异常提供了一个设置-挂起位；为 PendSV 和 SysTick 异常提供了设置-挂起位和清除-挂起位。

ICSR 指明了：

1）正在处理的异常的异常编号；

2）是否有被抢占的有效异常；

3）最高优先级挂起异常的异常编号；

4）是否有任何异常正在挂起。

ICSR 的位分配见表 2-17。

表 2-17　ICSR 的位分配

位	名称	类型	功能
31	NMIPENDSET	R/W	NMI 设置-挂起位（NMI 不能在 LPC111x 上实现） 写：0 = 无影响 　　1 = 将 NMI 异常的状态变为挂起 读：0 = NMI 异常未挂起 　　1 = NMI 异常正在挂起 由于 NMI 是优先级最高的异常，因此，一般情况下，处理器一旦检测到向该位写 1 就立刻进入 NMI 异常处理程序。处理器进入处理程序后将该位清零。这就表示，只有当 NMI 信号在处理器正在执行 NMI 异常处理程序的过程中再次有效，通过异常处理程序读取这个位才返回 1
30:29	—	—	保留
28	PENDSVSET	R/W	PendSV 设置-挂起位 写：0 = 无影响 　　1 = 将 PendSV 异常的状态变为挂起 读：0 = PendSV 异常未挂起 　　1 = PendSV 异常正在挂起 向该位写 1 是将 PendSV 异常状态设为挂起的唯一方法
27	PENDSVCLR	WO	PendSV 清除-挂起位 写：0 = 无影响 　　1 = 撤销 PendSV 异常的挂起状态
26	PENDSTSET	R/W	SysTick 异常设置-挂起位 写：0 = 无影响 　　1 = 将 SysTick 异常的状态变为挂起 读：0 = SysTick 异常未挂起 　　1 = SysTick 异常正在挂起
25	PENDSTCLR	WO	SysTick 异常清除-挂起位 写：0 = 无影响 　　1 = 撤销 SysTick 异常的挂起状态该位只可写。当对这个寄存器执行读操作时，该位读出的值不可知
24:23	—	—	保留
22	ISRPENDING	RO	除 NMI 和故障之外的中断的挂起标志： 0 = 中断未挂起 1 = 中断正在挂起
21:18	—	—	保留
17:12	VECTPENDING	RO	指示优先级最高的、正在挂起的并且使能的异常的异常编号： 0 = 没有正在挂起的异常 非零 = 优先级最高的、正在挂起的并且使能的异常的异常编号
11:6	—	—	保留
5:0	VECTACTIVE	RO	包含有效的异常编号（与 IPSR 位[5:0]的值相同）： 0 = 线程模式 非零 = 当前有效异常的异常编号 备注：这个值减去 16 得到 CMSIS IRQ 编号，编号标识出对应在中断清除-使能、设置-使能、清除-挂起、设置-挂起以及优先级寄存器中的位

写 ICSR 时, 如果执行下列操作, 结果将不可知。

1) 写 1 到 PENDSVSET 位和写 1 到 PENDSVCLR 位;

2) 写 1 到 PENDSTSET 位和写 1 到 PENDSTCLR 位。

4. 应用中断和复位控制寄存器 AIRCR

AIRCR 提供了数据访问的字节顺序状态和系统的复位控制信息。如果要写这个寄存器, 必须先向 VECTKEY 域写入 0x05FA; 否则, 处理器会将写操作忽略。

AIRCR 的位分配见表 2-18。

表 2-18　AIRCR 的位分配

位	名称	类型	功能
31:16	读: 保留 写: VECTKEY	R/W	寄存器码: 读出的值不可知。执行写操作时将 0x05FA 写入 VECTKEY, 否则写操作被忽略
15	ENDIANESS	RO	采用的数据字节存储顺序: 0 = 小端 1 = 大端
14:3	—	—	保留
2	SYSRESETREQ	WO	系统复位请求: 0 = 无影响 1 = 请求一个系统级复位 这个位读出为 0
1	VECTCLRACTIVE	WO	保留供调试使用。这个位读出为 0。当写这个寄存器时, 必须向这个位写 0, 否则操作将不可预知
0	—	—	保留

5. 系统控制寄存器 SCR

SCR 控制着低功耗状态的进入和退出特性。SCR 的位分配见表 2-19。

表 2-19　SCR 的位分配

位	名称	功能
31:5	—	保留
4	SEVONPEND	挂起时发送事件位: 0 = 只有使能的中断或事件能够唤醒处理器。不接受禁能中断的唤醒 1 = 使能的事件和包括禁能中断在内的所有中断都能唤醒处理器 当一个事件或中断进入挂起状态时, 事件信号将处理器从 WFE 唤醒。如果处理器并未在等待一个事件, 事件被记录, 影响下个 WFE。处理器也可以在执行 SEV 指令时唤醒
3	—	保留
2	SLEEPDEEP	控制处理器是将睡眠模式还是深度睡眠模式作为低功耗模式: 0 = 睡眠 1 = 深度睡眠
1	SLEEPONEXIT	指示当从处理器模式返回到线程模式时 Sleep-on-exit (退出时进入睡眠): 0 = 处理器返回到线程模式时不进入睡眠 1 = 处理器从 ISR 返回到线程模式时进入睡眠或深度睡眠。将该位设为 1 允许一个中断驱动的应用程序, 避免返回到一个空的主应用程序
0	—	保留

6．配置和控制寄存器 CCR

CCR 是一个只读寄存器，指出了 Cortex-M0 处理器行为的一些情况。CCR 的位分配见表 2-20。

表 2-20　CCR 的位分配

位	名称	功能
31:10	—	保留
9	STKALIGN	该位读出总是为 0，指示进入异常时堆栈按 8B 对齐。进入异常时，处理器使用入栈的 PSR 的 bit[9]来指示栈对齐。从异常中返回时，处理器使用这个入栈的位来恢复正确的栈对齐
8:4	—	保留
3	UNALIGN_TRP	该位读出总是为 0，指示所有未对齐的访问产生一个 HardFault
2:0	—	保留

7．系统处理程序优先级寄存器 SHPR

SHPR2～SHPR3 寄存器设置优先级可配置的异常处理程序的优先级级别（0～192，以 64 为间距）。

SHPR2～SHPR3 是字可访问的。保证软件使用对齐的 32 位字大小传输来访问所有的 SCB 寄存器。

利用 CMSIS 访问系统异常的优先级级别要用到以下 CMSIS 函数：

— uint32_t NVIC_GetPriority(IRQn_Type IRQn)
— void NVIC_SetPriority(IRQn_Type IRQn, uint32_t priority)

系统故障处理程序、优先级域以及每个处理程序的寄存器见表 2-21。

表 2-21　系统故障处理程序优先级域

处理程序	域	寄存器
SVCall	PRI_11	SHPR2
PendSV	PRI_14	SHPR3
SysTick	PRI_15	SHPR3

每个 PRI_N 域 8 位宽，但处理器只使用每个域的 bit[7:6]；bit[5:0]读出为 0，写操作被忽略。

1）系统处理程序优先级寄存器 SHPR2：该寄存器的位分配见表 2-22。

表 2-22　SHPR2 寄存器的位分配

位	名称	功能
31:24	PRI_11	系统处理程序 11（SVCall）的优先级
23:0	—	保留

2）系统处理程序优先级寄存器 SHPR3：该寄存器的位分配见表 2-23。

表 2-23　SHPR3 寄存器的位分配

位	名称	功能
31:24	PRI_15	系统处理程序 15（SysTick 异常）的优先级
23:16	PRI_14	系统处理程序 14（PendSV）的优先级
15:0	—	保留

2.7.2 嵌套向量中断控制器

Cortex-M0 处理器紧密集成了一个可配置的嵌套向量中断控制器（NVIC），最多可以处理 32 个中断请求和一个不可屏蔽中断（NMI）输入。NVIC 需要比较正在执行中断和处于请求状态中断的优先级，然后自动执行高优先级中断。如果要处理一个中断，NVIC 会和处理器进行通信，通知处理器执行正确的中断处理。处理器内核和 NVIC 的紧密结合使得中断服务程序（ISR）可以快速执行，极大地缩短了中断延迟。这是通过寄存器的硬件堆栈以及加载-乘和存储-乘操作的停止和重启来获得的。中断处理程序不需要任何汇编封装代码，不用消耗任何 ISR 代码。末尾连锁的优化还极大地降低了一个 ISR 切换到另一个 ISR 时的开销。

为了优化低功耗设计，NVIC 还与睡眠模式相结合，提供一个深度睡眠功能，使整个器件迅速掉电。

Cortex-M0 嵌套向量中断控制器 NVIC 支持：

1）32 个中断。

2）每个中断的优先级可编程为 0、64、128 和 192 四种级别，级别越高对应的优先级越低。因此，级别 0 是最高的中断优先级。

3）中断信号的电平和脉冲检测。

4）中断末尾连锁。

5）一个外部不可屏蔽中断（NMI）。LPC111x 没有 NMI。

处理器在异常进入时自动将状态入栈，在异常退出时自动将状态出栈，无需采用任何指令。这就实现了低延迟的异常处理。NVIC 的硬件寄存器见表 2-24。

表 2-24　NVIC 的硬件寄存器

地址	名称	类型类型	复位值
0xE000 E100	ISER	R/W	0x00000000
0xE000 E180	ICER	R/W	0x00000000
0xE000 E200	ISPR	R/W	0x00000000
0xE000 E280	ICPR	R/W	0x00000000
0xE000 E400～0xE000 E41C	IPR0～IPR7	R/W	0x00000000

1. 使用 CMSIS 访问 Cortex-M0 NVIC 寄存器

CMSIS 函数允许在不同的 Cortex-M 系列中进行软件移植。

当利用 CMSIS 来访问 NVIC 寄存器时要用到的函数见表 2-25。

表 2-25　CMSIS 访问 NVIC 函数

CMSIS 函数[1]	描述
Void NVIC_EnableIRQ(IRQn_Type IRQn)	使能 IRQn
void NVIC_DisableIRQ(IRQn_Type IRQn)	禁能 IRQn
uint32_t NVIC_GetPendingIRQ (IRQn_Type IRQn)	如果 IRQn 正在挂起，返回值为 1
void NVIC_SetPendingIRQ (IRQn_Type IRQn)	设置 IRQn 挂起状态
void NVIC_ClearPendingIRQ (IRQn_Type IRQn)	清除 IRQn 挂起状态
void NVIC_SetPriority (IRQn_Type IRQn, uint32_t priority)	设置 IRQn 的优先级
uint32_t NVIC_GetPriority (IRQn_Type IRQn)	读取 IRQn 的优先级
void NVIC_SystemReset (void)	复位系统

[1]CMSIS 函数中输入参数 IRQn 是 IRQ 编号。

2.中断设置-使能寄存器 ISER

ISER 使能中断，并显示哪些中断被使能。该寄存器的位分配见表 2-26。

表 2-26　ISER 的位分配

位	名称	功能
31:0	SETENA	中断设置-使能位 写：0 = 无影响 　　　1 = 使能中断 读：0 = 中断被禁能 　　　1 = 中断被使能

如果一个挂起中断被使能，NVIC 就根据它的优先级来激活该中断。如果一个中断未被使能，使该中断的中断信号有效可将中断的状态变成挂起，但是，不管这个中断的优先级如何，NVIC 都不会激活该中断。

3.中断清除-使能寄存器 ICER

ICER 禁能中断，并显示哪些中断被使能。这个寄存器的位分配见表 2-27。

表 2-27　ICER 的位分配

位	名称	功能
31:0	CLRENA	中断清除-使能位 写：0 = 无影响 　　　1 = 禁能中断 读：0 = 中断被禁能 　　　1 = 中断被使能

4.中断设置-挂起寄存器 ISPR

ISPR 强制中断进入挂起状态，并显示哪些中断正在挂起。这个寄存器的位分配见表 2-28。

表 2-28　ISPR 的位分配

位	名称	功能
31:0	SETPEND	中断设置-挂起位 写：0 = 无影响 　　　1 = 将中断状态变为挂起 读：0 = 中断没有挂起 　　　1 = 中断正在挂起

注：向 ISPR 位写 1 相当于下面两种情况。
　1. 正在挂起的中断不会有任何影响；
　2. 被禁能的中断会将中断的状态设置成挂起。

5.中断清除-挂起寄存器 ICPR

ICPR 使中断离开挂起状态，并显示哪些中断正在挂起。这个寄存器的位分配见表 2-29。

表 2-29　ICPR 的位分配

位	名称	功能
31:0	CLRPEND	中断清除-挂起位 写：0 = 无影响 　　　1 = 清除中断的挂起状态 读：0 = 中断没有挂起 　　　1 = 中断正在挂起

注：向 ICPR 位写 1 不影响相应中断的有效状态。

6. 中断优先级寄存器 IPR0～IPR7

IPR0～IPR7 寄存器为每个中断提供了一个两位的优先级域。这些寄存器只能字访问。每个寄存器包含 4 个优先级域，如图 2-15 所示。IPR 的位分配见表 2-30。

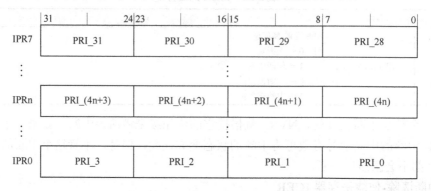

图 2-15　IPR 寄存器

表 2-30　IPR 的位分配

位	名称	功能
31:24	优先级，字节偏移量 3	每个优先级域保存一个优先级值（0～192）。值越小，对应中断的优先级越高。处理器只使用每个域的 bit[7:6]，bit[5:0] 读出为 0，写操作被忽略
23:16	优先级，字节偏移量 2	
15:8	优先级，字节偏移量 1	
7:0	优先级，字节偏移量 0	

使用下面的方法为中断 M 找出 IPR 编号和字节偏移量。

相应的 IPR 编号 N，通过等式 $N = N/4$ 得出。这个寄存器中所需优先级域的字节偏移量是 M MOD 4（M 除以 4 取余），在这里：

1）字节偏移量 0 指的是寄存器位[7:0]；

2）字节偏移量 1 指的是寄存器位[15:8]；

3）字节偏移量 2 指的是寄存器位[23:16]；

4）字节偏移量 3 指的是寄存器位[31:24]。

7. 电平有效的中断和边沿触发中断

处理器支持电平有效的中断和边沿触发中断。一个电平有效的中断一直保持有效，直至外设将中断信号撤销。通常，发生这种情况的原因是 ISR 访问外设导致外设将中断请求清除。边沿触发中断是在处理器时钟的上升沿同时采样到的一个中断信号。为了确保 NVIC 检测到中断，外设必须使中断信号至少在一个时钟周期内保持有效，在这段时间内 NVIC 检测脉冲并锁存中断。

当处理器进入 ISP 时，它自动消除中断的挂起状态。对于一个电平有效的中断，如果在处理器从 ISR 返回之前中断信号未被撤销，中断就再次变成挂起，处理器必须再次执行 ISR。这就表示，外设可以一直使中断信号保持有效，直到它不再需要服务为止。

Cortex-M0 锁存所有的中断。外设中断会由于下面的其中一个原因而变为挂起。

1）NVIC 检测到中断信号有效，而相应的中断无效。

2）NVIC 检测到中断信号的一个上升沿。

3）软件向相应的中断设置-挂起寄存器位写入值。

4）挂起的中断一直保持挂起，直到出现以下其中一种情况。

处理器进入中断的 ISR。这就使中断的状态从挂起变为有效，而且：

① 对于电平有效的中断，当处理器从 ISR 返回时，NVIC 采样中断信号。如果中断信号有效，中断的状态变回挂起，这可能使得处理器立刻再次进入 ISR；否则，中断的状态变为无效。

② 对于边沿触发中断，NVIC 继续检测中断信号，如果这个中断信号一直处于脉冲状态，中断的状态就变成挂起和有效。在这种情况下，当处理器从 ISR 返回时，中断的状态变为挂起，这可能使得处理器立刻重新进入 ISR。如果当处理器在处理 ISR 时中断信号的脉冲就不存在了，那么，当处理器从 ISR 返回时中断的状态变为无效。

利用软件向相应的中断清除-挂起寄存器位写入值。对于电平有效的中断，如果中断信号仍然有效，中断的状态不改变；否则，中断的状态变为无效。

对于边沿触发中断，中断的状态变为：

1）无效（如果中断之前的状态是挂起）；

2）有效（如果中断之前的状态是有效和挂起）。

8. NVIC 的使用提示和技巧

保证软件正确使用对齐的寄存器访问。处理器不支持非对齐的 NVIC 寄存器访问。

中断即使被禁能也可以进入挂起状态。禁能一个中断只阻止处理器处理中断。软件使用 CPSIE i 指令来使能和禁能中断。CMSIS 为这些指令提供以下内在函数：

```
void __disable_irq(void)            // 禁能中断
void __enable_irq(void)             // 使能中断
```

2.7.3　系统节拍定时器

系统节拍定时器 SysTick 是 ARM Cortex-M0 内核提供的一个 24 位递减定时器，当计数值达到 0 时产生中断，可以为操作系统或其他系统管理软件提供固定 10ms 的中断。系统节拍定时器结构如图 2-16 所示。

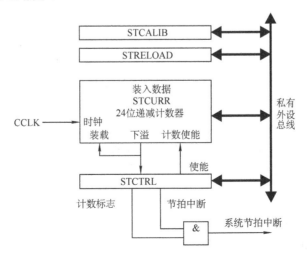

图 2-16　系统节拍定时器结构图

系统节拍定时器包括控制和状态寄存器（STCTRL）、重载值寄存器（STRELOAD）、当前值寄存器（STCURR）和校准值寄存器（STCALIB），见表 2-31。当系统节拍定时器被使能时，定时器从重装值开始递减计数到 0，产生中断，下个时钟周期再将 STRELOAD 的值重新加载到定时器，然后在后面的时钟周期下继续开始递减计数。向 STRELOAD 写 0 会使计数器在下个回合禁能。当计数器跳变到 0 时，STCTRL 寄存器的 COUNTFLAG 状态位被设为 1。读 STCTRL 会将 COUNTFLAG 位清零。

写 STCURR 会将该寄存器和 COUNTFLAG 状态位都清零。这个写操作不触发 SysTick 异常逻辑。读取 STCURR 寄存器返回的是读取操作执行当前的寄存器值。

表 2-31　系统节拍定时器寄存器

名称	描述	访问	复位值	地址偏移量
STCTRL	系统定时器控制和状态寄存器	R/W	0x4	0xE000 E010
STRELOAD	系统定时器重载值寄存器	R/W	0	0xE000 E014
STCURR	系统定时器当前值寄存器	R/W	0	0xE000 E018
STCALIB	系统定时器校准值寄存器	R/W	待定	0xE000 E01C

1. 系统定时器控制和状态寄存器 STCTRL

STCTRL 寄存器包含系统节拍定时器的控制信息和状态标志，见表 2-32。

表 2-32　系统定时器控制和状态寄存器位功能描述

位	符号	描述	复位值
0	ENABLE	系统节拍计数器使能。为 1 时，计数器使能；为 0 时，计数器禁能	0
1	TICKINT	系统节拍中断使能。为 1 时，系统节拍中断使能；为 0 时，系统节拍中断禁能。使能时，在系统节拍计数器倒计数到 0 时产生中断	0
2	—	保留	1
15:3	—	保留。用户软件不应向保留位写 1，从保留位读出的值未定义	NA
16	COUNTFLAG	系统节拍计数器标志。当系统节拍计数器倒计数到 0 时该标志置位，读取该寄存器时该标志清零	0
31:17	—	保留。用户软件不应向保留位写 1，从保留位读出的值未定义	NA

2. 系统定时器重载值寄存器 STRELOAD

系统节拍定时器倒计数到 0 时，STRELOAD 寄存器设置为将要装入系统节拍定时器的值。使用软件将该值装入寄存器，作为定时器初始化的一部分。如果 CPU 或外部时钟运行频率适合用 STCALIB 值，则可读取 STCALIB 寄存器的值并用作 STRELOAD 的值。STRELOAD 的位描述见表 2-33。

表 2-33　系统定时器重载值寄存器位描述

位	符号	描述	复位值
23:0	RELOAD	该值在系统节拍计数器倒计数到 0 时装入该计数器	0
31:24	—	保留。用户软件不应向保留位写 1，从保留位读出的值未定义	NA

STRELOAD 值可以是 0x00000001～0x00FFFFFF 范围内的任何值。可以将 STRELOAD 的值设为 0，这不会产生任何影响，因为计数值从 1 变为 0 时 SysTick 异常请求和 COUNTFLAG

都被激活了。

如果要产生一个周期为 N 个处理器时钟周期的多次触发定时器，就可以将 STRELOAD 值设为 $N–1$。例如，如果要求每隔 100 个时钟脉冲触发一次 SysTick 中断，STRELOAD 就被设为 99。

3．系统定时器当前值寄存器 STCURR

当软件读系统节拍计数器值时，STCURR 寄存器将返回系统节拍计数器的当前计数值。STCURR 的位描述见表 2-34。

表 2-34　系统定时器当前值寄存器位描述

位	符号	描述	复位值
23:0	CURRENT	读该寄存器会返回系统节拍计数器的当前值。写任意位都可清零系统节拍计数器和 STCTRL 中的 COUNTFLAG 位	0
31:24	—	保留。用户软件不应向保留位写 1，从保留位读出的值未定义	NA

4．系统定时器校准值寄存器 STCALIB

SysTick 校准值寄存器 STCALIB 指明了 SysTick 的校准特性。STCALIB 的位描述见表 2-35。

表 2-35　系统定时器校准值寄存器位描述

位	符号	描述	复位值
23:0	TENMS	该域读出为 0。该域指明校准值不可知	待定
29:24	—	保留	NA
30	SKEW	该位读出为 0。由于 TENMS 不可知，因此，10ms 不精确计时的校准值不能确定。这会影响 SysTick 作为软件实时时钟的适用性	0
31	NOREF	该位读出为 0。该位指明不提供独立的基准时钟	0

5．SysTick 的使用提示和技巧

系统节拍定时器要想在规定的时间点上产生中断（循环产生），就必须先将指定的时间间隔值装入 STRELOAD。默认时间间隔保存在寄存器 STCALIB 中，软件可修改该值。定时时间计算公式如下：

$$T = \frac{RELOAD+1}{FCCLK}（秒）$$

如果 CPU 的频率 FCCLK 为 100MHz，默认时间间隔为 10ms，那么 RELOAD 的值就应该为 RELOAD=T×FCCLK–1=0.01×100×10^6–1=999999。

如果在复位时没有定义 SysTick 计数器的重装值和当前值，正确的 SysTick 计数器初始化序列如下：

第 1 步：设置重装值；

第 2 步：清除当前值；

第 3 步：设置控制和状态寄存器。

在 CMSIS 文件 core_cm0.h 中定义了 SysTick 的配置函数：

```
__STATIC_INLINE uint32_t SysTick_Config(uint32_t ticks)
{
```

```
    if ((ticks - 1) > SysTick_LOAD_RELOAD_Msk)   return (1);        /* Reload value impossible */
    SysTick->LOAD    = ticks - 1;                                   /* set reload register */
  NVIC_SetPriority (SysTick_IRQn, (1<<__NVIC_PRIO_BITS) - 1);       /* set Priority for Systick Interrupt */
    SysTick->VAL     = 0;                                           /* Load the SysTick Counter Value */
    SysTick->CTRL    = SysTick_CTRL_CLKSOURCE_Msk |
                       SysTick_CTRL_TICKINT_Msk   |
                       SysTick_CTRL_ENABLE_Msk;                     /* Enable SysTick IRQ and SysTick Timer */
    return (0);                                                     /* Function successful */
}
```

使用时在主程序适当位置加入以下语句（斜体）即可。

```
int main (void) {                                        /* Main Program              */
  if (SysTick_Config(SystemCoreClock / 100)) { /* Setup SysTick Timer for 10 msec interrupts   */
     while (1);                                          /* Capture error */
  }
  while (1) {                                            /* Loop forever              */
    }
  }
```

其中 SystemCoreClock / 100 为 RELOAD+1，可定时 10ms。SysTick 中断服务子程序如下：

```
void SysTick_Handler(void)
{
        // Write your code here
}
```

习题

2.1   ARM Cortex-M0 处理器有几种操作模式，作用分别是什么？

2.2   利用 SysTick 定时器定时 10ms，在中断子程序中执行任务一，函数名称 Task1（），编写 C 语言代码进行实现。写出配置子程序、中断服务子程序和主程序。在中断子程序中设置断点，观察是否能产生中断。利用 Keil 的软件模拟功能进行调试。

2.3   ARM Cortex-M0 处理器内核包括哪些寄存器，分为几类，作用是什么？

第3章　LPC1100 系列处理器基础

本章主要介绍 LPC1100 系列处理器的基础部分,包括基本结构、存储器管理、时钟与 PLL、引脚描述与 I/O 配置、GPIO、中断和串行线调试接口,在此基础上讲解 LPC1100 最小系统的设计方法,并给出一个 LPC1114 开发板的设计实例。

3.1　LPC1100 系列处理器基本结构

基于 ARM Cortex-M0 的 LPC1100 系列微控制器具有高性能、低功耗、简单指令集、统一编址寻址等优点,工作频率可高达 50MHz,外围组件包括高达 32KB 的 Flash 存储器、8KB 的数据存储器、一个增强快速模式(FM+)I^2C 接口、一个 RS-485/EIA-485 标准的通用异步串行收发器、两个具有 SSP 特性的 SPI 接口、4 个通用定时器、一个 10 位 ADC 和 42 个 GPIO 引脚,还有一个看门狗定时器 WDT。片上 C_CAN 驱动器和闪存的系统编程工具通过 C_CAN 连接在 LPC11Cxx 里,此外 LPC11C2x 还包含一个片上 CAN 收发器。LPC1100L 包含了对系统功耗进行优化的 Power Profile 功能。

LPC1100 系列系统框图如图 3-1 所示。

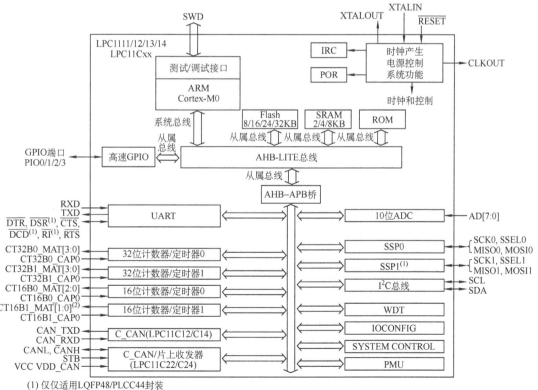

(1) 仅仅适用 LQFP48/PLCC44 封装
(2) 不适用 LPC11C22/C24

图 3-1　LPC1100 系列系统框图

3.2 存储器管理

3.2.1 LPC1100 系列处理器存储器映射

LPC1100 系列的存储器和外设地址空间如图 3-2 所示。AHB 外设区的大小为 2MB，可分配多达 128 个外设，对于 LPC1110 系列，GPIO 端口是唯一的 AHB 外设。APB 外设区的大小为 512KB，可分配多达 32 个外设，任何类型的外设空间的大小都为 16KB，从而简化了每个外设的地址译码。

存储器本身不具有地址的信息，它们在芯片中的地址是由芯片厂商或用户分配的，所以给存储器分配地址的过程称为存储器映射。LPC1100 系列 Cortex-M0 存储器空间由几个不同的存储区域组成，所有外设寄存器不管规格大小，都按照字地址（32 位边界）进行分配。这意味着字和半字寄存器是一次性访问。例如，不能对一个字寄存器的最高字节执行单独的读或写操作。

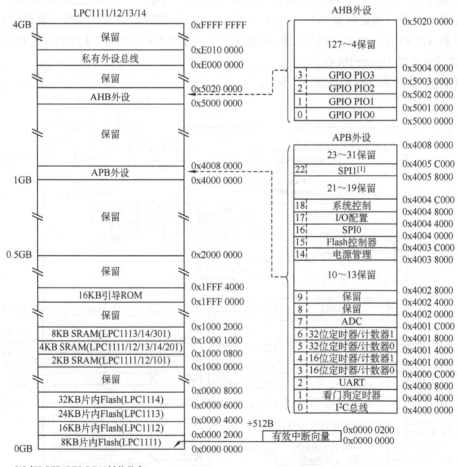

[1] 仅 LQFP48/PLCC44 封装具有

图 3-2 LPC1111/12/13/14 系统存储器映射

AHB 外设是挂接在芯片内部 AHB 总线上的外设部件，具有较高的速度。LPC1100 系列 Cortex-M0 中 AHB 外设地址映射见表 3-1。APB 外设是挂接在芯片内部 APB 总线上的外设部件，速度通常比 AHB 外设要低。LPC1100 系列 Cortex-M0 中 APB 外设地址映射见表 3-2。

表 3-1　AHB 外设地址映射表

AHB 外设	基址	外设名称
0	0x5000 0000	GPIO PIO0
1	0x5001 0000	GPIO PIO1
2	0x5002 0000	GPIO PIO2
3	0x5003 0000	GPIO PIO3
4~127	0x5004 0000~0x501F FFFF	未使用

表 3-2　APB 外设地址映射表

APB 外设	基址	外设名称
0	0x4000 0000	I^2C
1	0x4000 4000	看门狗定时器
2	0x4000 8000	UART
3	0x4000 C000	16 位定时器/计数器 0
4	0x4001 0000	16 位定时器/计数器 1
5	0x4001 4000	32 位定时器/计数器 0
6	0x4001 8000	32 位定时器/计数器 1
7	0x4001 C000	ADC
8	0x4002 0000	未使用
9	0x4002 4000	未使用
10~13	0x4002 8000~0x4003 7FFF	未使用
14	0x4003 8000	电源管理
15	0x4003 C000	Flash 控制器
16	0x4004 0000	SSP0
17	0x4004 4000	I/O 配置
18	0x4004 8000	系统控制
19~21	0x4004 C000~0x4005 7FFF	未使用
22	0x4005 8000	SSP1
22~31	0x4005 C000~0x4007 FFFF	未使用

3.2.2　异常向量表及其重映射

由 Cortex-M0 体系结构可知，Cortex-M0 的异常向量表位于 Flash 的起始地址 0x0000 0000 处，如图 3-3 所示。当发生异常事件时，硬件将自动从向量表中取出对应中断服务程序的入口地址。

LPC1100 系列 Cortex-M0 含有片内 Flash、片内 SRAM、Boot ROM 等，通过存储器的重映射机制对异常向量表进行重映射，可以实现在不同的存储器中处理异常事件。

向量表的重映射是通过 NVIC 中的向量表偏移量寄存器（VTOR）实现的，VTOR 寄存器地址为 0xE000 ED08，描述见表 3-3。

向量表的重映射对起始地址（TBLBASE）的取值有严格的要求，用户必须先计算出系统中异常向量的个数，然后将这个数字增大到 2 的整数次幂，向量表的起始地址需与后者对齐。

LPC1100 系列 Cortex-M0 支持 32 个中断，则可得出向量总数为 48（32 个中断+16 个系统异常），然后向上增大到 2 的整数次幂后即 64，由于每个向量占用 4B，所以起始地址必须能被 256（64×4）整除，因此，合法的向量表起始地址有 0x00、0x100 和 0x200 等。

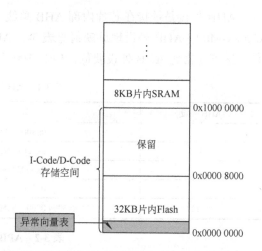

图 3-3　异常向量表存储空间

表 3-3　向量表偏移量寄存器（VTOR）

位段	名称	类型	复位值	描述
29	TBLOFF	R	—	0：向量表处于代码区
				1：向量表位于 RAM 区
7~28	TBLBASE	R/W	复位值	向量表的起始地址

在应用中若需动态修改向量表，向量表中至少要包含以下 4 个向量：

1）主堆栈指针（MSP）的初始值；

2）复位向量；

3）NMI 向量；

4）HardFault 向量。

以上 4 个向量都是必需的，是因为在引导过程中有可能发生 NMI 和 HardFault 异常，而其他异常在使能前不可能发生。

3.2.3　Boot ROM

Boot ROM 是 LPC1100 系列处理器存储系统从 0x1FFF0000 开始的一块特殊功能存储区域，芯片设计厂家在其内部固化了一段代码 Boot Block，用户无法对其进行修改或者删除，这段代码在芯片复位后首先运行，执行初始化操作，并提供对 Flash 存储器编程的方法。

Boot Block 的功能包括：

1. 判断用户代码是否有效

Boot Block 在把芯片的控制权交给用户程序之前，要先判断用户程序是否有效，否则将不运行用户程序，这样可以避免在现场设备中的芯片因为代码损坏而导致程序跑飞引起事故。而向量表中第 7 个单元是一个保留字（位于 0x001C），它保存的数据是向量表前 7 个字校验和的补数，Boot Block 就是利用这个保留字来判断用户的程序是否有效的。当一场向量表前 8 个字校验和为 0 时，Boot Block 认为用户代码有效，否则为无效。当代码无效时，Boot Block 将令 CPU 进入 ISP 状态。

2．芯片是否加密

芯片可加密是 LPC1100 系列 Cortex-M0 的一个重要的特性，该功能可以保护芯片用户的知识产权不受侵害。加密后的芯片是无法使用 JTAG 接口进行调试的，也无法使用 ISP 工具对存储器进行代码下载和读取，而只有对芯片整片擦除后才能做进一步的操作。

对芯片加密的步骤也很简单，只需在芯片 Flash 的 0x0000 02FC 地址处放置加密数据。当 Boot Block 检测到该地址存在加密标志字时，就对芯片的 JTAG 和 ISP 操作进行限制，达到加密效果。

3．在应用编程（IAP）

在用户程序运行时，LPC1100 系列 Cortex-M0 内部的 Flash 是无法从外部直接擦写的，这些功能必须通过 IAP 代码来实现。IAP 可以实现片内 Flash 的擦除、插孔、将数据从 RAM 写入指定 Flash 空间、校验和读器件 ID 等功能。

4．在系统编程（ISP）

ISP 功能是一种非常有用的片内 Flash 烧写方式。LPC1100 系列 Cortex-M0 通过 UART0 使用约定的协议与计算机上的 ISP 软件进行通信，并按照用户的操作要求，调用内部的 IAP 代码实现各种功能，如把用户代码下载到片内 Flash 中。

有两种情况可以使芯片进入 ISP 状态：

1）当复位芯片时将芯片的 PIO0_1 引脚拉低，可进入 ISP 状态；

2）芯片内部无有效用户代码时，Boot Block 令 CPU 进入 ISP 状态。

一旦处理器进入 ISP 模式，Boot Block 将片内 RC 振荡器作为 PLL 的输入时钟源，并产生 14.748MHz 系统时钟。

3.2.4　Flash 存储器访问

根据系统时钟频率，通过写入位于 0x4003 C010 地址的 FLASHCFG 寄存器，可以对 Flash 存储器访问时间作出多种不同的配置，见表 3-4。

注：若此寄存器设置不当，将导致 **LPC111x 的 Flash 存储器的不正确运行**。

表 3-4　Flash 配置寄存器（FLASHCFG，地址 0x4003 C010）各个位的描述

位	标识	值	描述	复位值
1:0	FLASHTIM		Flash 存储器访问时间。FLASHTIM+1 等于 Flash 访问所占用的系统时钟数目	10
		00	1 个系统时钟的 Flash 访问时间（用于高达 20MHz 的系统时钟）	
		01	2 个系统时钟的 Flash 访问时间（用于高达 40MHz 的系统时钟）	
		10	3 个系统时钟的 Flash 访问时间（用于高达 50MHz 的系统时钟）	
		11	保留	
31:2	—		保留。用户软件不可更改这些位的值。位[31:2]必须以所读取的原值写回	—

3.3　系统控制模块

3.3.1　系统控制模块概述

系统控制模块包括一些系统特性和控制寄存器，它们的许多功能与特定的外设无关，这

些功能包括复位、掉电检测、各种系统控制和状态、代码安全与调试。

为了满足将来扩展的需要，每种类型的功能都有其对应寄存器，不需要的位被定义为保留位。不同的功能不共用相同的寄存器地址。

3.3.2 引脚描述

系统控制模块的相关引脚见表3-5。

表 3-5　系统控制模块引脚汇总

引脚名	引脚方向	引脚描述
CLKOUT	O	时钟输出引脚
PIO0_0～PIO0_11	I	起始逻辑唤醒引脚端口 0
PIO1_0	I	起始逻辑唤醒引脚端口 1

3.3.3 系统控制模块寄存器

LPC1100 系列 Cortex-M0 的所有寄存器无论大小，都按字地址边界对齐。LPC1100 系列系统控制模块（SYSCON）寄存器见表3-6。

表 3-6　系统控制模块寄存器总览

名称	访问	地址	描述	复位值
SYSMEMREMAP	R/W	0x4004 8000	系统存储器重映射寄存器	0x0000 0000
PRESETCTRL	R/W	0x4004 8004	外设复位控制寄存器	0x0000 0000
SYSPLLCTRL	R/W	0x4004 8008	系统 PLL 控制寄存器	0x0000 0000
SYSPLLSTAT	R/W	0x4004 800C	系统 PLL 状态寄存器	0x0000 0000
SYSOSCCTRL	R/W	0x4004 8020	系统振荡器控制寄存器	0x0000 0000
WDTOSCCTRL	R/W	0x4004 8024	WDT 振荡器控制寄存器	0x0000 0000
IRCCTRL	R/W	0x4004 8028	IRC 控制寄存器	0x0000 0080
SYSRSTSTAT	R	0x4004 8030	系统复位状态寄存器	0x0000 0000
SYSPLLCLKSEL	R/W	0x4004 8040	系统 PLL 时钟源选择寄存器	0x0000 0000
SYSPLLCLKUEN	R/W	0x4004 8044	系统 PLL 时钟源更新使能寄存器	0x0000 0000
MAINCLKSEL	R/W	0x4004 8070	主时钟源选择寄存器	0x0000 0000
MAINCLKUEN	R/W	0x4004 8074	主时钟源更新使能寄存器	0x0000 0000
SYSAHBCLKDIV	R/W	0x4004 8078	系统 AHB 时钟分频寄存器	0x0000 0001
SYSAHBCLKCTRL	R/W	0x4004 8080	系统 AHB 时钟控制寄存器	0x0000 001F
SSP0CLKDIV	R/W	0x4004 8094	SSP0 时钟分频寄存器	0x0000 0000
UARTCLKDIV	R/W	0x4004 8098	UART 时钟分频寄存器	0x0000 0000
SSP1CLKDIV	R/W	0x4004 809C	SSP1 时钟分频寄存器	0x0000 0000
WDTCLKSEL	R/W	0x4004 80D0	WDT 时钟源选择寄存器	0x0000 0000
WDTCLKUEN	R/W	0x4004 80D4	WDT 时钟源更新使能寄存器	0x0000 0000
WDTCLKDIV	R/W	0x4004 80D8	WDT 时钟分频寄存器	0x0000 0000
CLKOUTCLKSEL	R/W	0x4004 80E0	CLKOUT 时钟源选择寄存器	0x0000 0000
CLKOUTUEN	R/W	0x4004 80E4	CLKOUT 时钟源更新使能寄存器	0x0000 0000

（续）

名称	访问	地址	描述	复位值
CLKOUTCLKDIV	R/W	0x4004 80E8	CLKOUT 时钟分频寄存器	0x0000 0000
PIOPORCAP0	R	0x4004 8100	POR 捕获 PIO 状态寄存器 0	由用户决定
PIOPORCAP1	R	0x4004 8104	POR 捕获 PIO 状态寄存器 1	由用户决定
BODCTRL	R/W	0x4004 8150	BOD 控制寄存器	0x0000 0000
SYSTCKCAL	R/W	0x4004 8154	系统节拍定时器校准寄存器	0x0000 0000
STARTAPRP0	R/W	0x4004 8200	起始逻辑边沿控制寄存器 0	0x0000 0000
STARTERP0	R/W	0x4004 8204	起始逻辑信号使能寄存器 0	0x0000 0000
STARTRSRP0CLR	W	0x4004 8208	起始逻辑复位寄存器 0	NA
STARTSRP0	R/W	0x4004 820C	起始逻辑状态寄存器 0	NA
PDSLEEPCFG	R/W	0x4004 8230	Deep-sleep 模式掉电状态	0x0000 0000
PDAWAKECFG	R/W	0x4004 8234	唤醒后掉电状态	0x0000 FDF0
PDRUNCFG	R/W	0x4004 8238	掉电配置寄存器	0x0000 FDF0
DEVICE_ID	R	0x4004 83F4	Device ID	—

1．系统存储器重映射寄存器（SYSMEMREMAP 地址）

系统存储器重映射寄存器决定了 ARM 中断向量是否从 Boot ROM、Flash 或 SRAM 读取，其位描述见表 3-7。

表 3-7　系统存储器重映射寄存器（SYSMEMREMAP 地址）位描述

位	符号	值	描述	复位值
1:0	MAP		系统存储器重映射	0x00
		00	BootLoader 模式。中断向量被重新映射到 Boot ROM	
		01	用户 RAM 模式。中断向量被重新映射到静态 RAM	
		10 或 11	用户 Flash 模式。中断向量不会被映射，一直位于 Flash	
31:2	—	—	保留	0x00

2．外设复位控制寄存器（PRESETCTRL）

软件可以利用外设复位控制寄存器来复位 SSP 和 I²C。向位 SSP0/1_RST_N 或 I2C_RST_N 写 0 可以复位 SSP0/1 或 I²C，写 1 就取消复位，见表 3-8。在使用 SSP 和 I²C 前必须在相应的复位控制位写 "1" 来取消其复位，才可以正常操作。

表 3-8　外设复位控制寄存器（PRESETCTRL）位描述

位	符号	值	描述	复位值
0	SSP0_RST_N	0	复位 SSP0	0
		1	SSP0 复位取消	
1	I2C_RST_N	0	复位 I²C	0
		1	I²C 复位取消	
2	SSP1_RST_N	0	复位 SSP1	0
		1	SSP1 复位取消	
31:3	—	—	保留	0x00

3．系统 PLL 控制寄存器（SYSPLLCTRL）

系统 PLL 控制寄存器连接并使能系统 PLL，配置 PLL 倍频器和分频值。PLL 可从内部振荡器或主振荡器中接收高达 10～25MHz 的输入频率，然后将输入频率倍频为较高的频率，再进行分频提供给 CPU、外设和存储器子系统实际使用的时钟。PLL 可产生 CPU 允许的最大频率。LPC1100 系列 Cortex-M0 的 CPU 允许最大频率为 50MHz。系统 PLL 控制寄存器的位描述见表 3-9。

表 3-9　系统 PLL 控制寄存器（SYSPLLCTRL）位描述

位	符号	值	描述	复位值
4:0	MSEL		反馈分频器值。分频值 M 为 MSEL+1	0x00
		00000	除数 M=1	
		⋮	⋮	
		11111	除数 M=32	
6:5	PSEL		后置分频器速率 P。分频率为 2×P	0x00
		00	P=1	
		01	P=2	
		10	P=4	
		11	P=8	
31:7	—	—	保留	0x00

4．系统 PLL 状态寄存器（SYSPLLSTAT）

系统 PLL 状态寄存器是只读寄存器，提供 PLL 锁定状态，其位描述见表 3-10。

表 3-10　系统 PLL 状态寄存器（SYSPLLSTAT）位描述

位	符号	值	描述	复位值
0	LOCK		PLL 锁定状态	0
		0	PLL 未锁定	
		1	PLL 锁定	
31:1	—	—	保留	0x00

5．系统振荡器控制寄存器（SYSOSCCTRL）

系统振荡器控制寄存器用于配置系统振荡器的频率范围，其位描述见表 3-11。

表 3-11　系统振荡器控制寄存器（SYSOSCCTRL）位描述

位	符号	值	描述	复位值
0	BYPASS		旁路系统振荡器	0
		0	振荡器未被旁路	
		1	振荡器被旁路。PLL 输入（sys_osc_clk）直接由引脚 XTALIN 和 XTALOUT 提供	
1	FREQRANGE		决定低功耗振荡器的频率范围	0
		0	1～20MHz 频率范围	
		1	15～25MHz 频率范围	
31:2	—	—	保留	0x00

6．看门狗振荡器控制寄存器（WDTOSCCTRL）

看门狗振荡器控制寄存器用于配置看门狗振荡器。看门狗振荡器分为以下两个部分：

模拟部分：含有振荡器的功能，它可以产生一个模拟时钟信号 Fclkana；

数字部分：可以将 Fclkana 时钟信号进行分频，产生所需的输出时钟频率 wdt_osc_clk。

用户应用程序可以利用位 FREQSEL 对 Fclkana 时钟信号进行调节，并可以利用位 DIVSEL 对 Fclkana 时钟信号进行分频。Fclkana 时钟信号的调节范围和可分频值见表 3-12。

看门狗振荡器的输出时钟频率的计算公式如下：

$$wdt\_osc\_clk = Fclkana/[2\times(1+DIVSEL)]$$

当看门狗振荡控制器复位时，看门狗振荡器的输出时钟频率为

$$wdt\_osc\_clk = 1.6MHz/2\times(1+0)=800kHz$$

看门狗振荡器模拟输出频率 Fclkana 值的误差为±25%，即 Fclkana 值会在表 3-12 所列值的±25%左右波动。

表 3-12　看门狗振荡器控制寄存器（WDTOSCCTRL）位描述

位	符号	值	描述	复位值
4:0	DIVSEL		选择将 Fclkana 分频成 wdt_osc_clk 的分频器	0x00
		00000	2	
		00001～11111	4～64	
8:5	FREQSEL		选择看门狗振荡器模拟输出频率（Fclkana）	0x05
		0001	0.5MHz	
		0010	0.8MHz	
		0011	1.1MHz	
		0100	1.4MHz	
		0101	1.6MHz（复位值）	
		0110	1.8MHz	
		0111	2.0MHz	
		1000	2.2MHz	
		1001	2.4MHz	
		1010	2.6MHz	
		1011	2.7MHz	
		1100	2.9MHz	
		1101	3.1MHz	
		1110	3.2MHz	
		1111	3.4MHz	
31:9	—	—	保留	0x00

7．内部振荡器 IRC 控制寄存器（IRCCTRL）

内部振荡器 IRC 控制寄存器对片内 12MHz 振荡器进行调整，该调整值由厂商制定，由引导代码写入。IRC 控制寄存器的位描述见表 3-13。

表 3-13　内部共振晶体控制寄存器（IRCCTRL）位描述

位	符号	值	描述	复位值
7:0	TRIM		调整值	0x1000 0000，Flash 对其重新编程
31:9	—	—	保留	0x00

8. 系统复位状态寄存器（SYSRSTSTAT）

系统复位状态寄存器记录最近一个复位事件的来源，这些标志可通过写"1"清除，5个复位源的分配见表3-14。上电复位的优先级最高，可清除其他复位标志；而看门狗复位优先级最低，其他任意一类复位都可清除它的复位标志；掉电检测复位、外部复位和系统复位优先级相同，因而不能清除对方的复位标志。

表 3-14 系统复位状态寄存器（SYSRSTSTAT）位描述

位	符号	值	描述	复位值
0	POR		POR 复位状态	0
		0	POR 清除	
		1	POR 有效	
1	EXTRST		外部引脚 RESET 的状态	0
		0	RESET 清除	
		1	RESET 有效	
2	WDT		看门狗复位的状态	0
		0	WDT 清除	
		1	WDT 有效	
3	BOD		掉电检测复位的状态	0
		0	BOD 复位清除	
		1	BOD 复位有效	
4	SYSRST		系统复位的状态	0
		0	系统复位清除	
		1	系统复位有效	
31:5	—	—	保留	0x00

9. 系统 PLL 时钟源选择寄存器（SYSPLLCLKSEL）

系统 PLL 时钟源选择寄存器为系统 PLL 选择时钟源，在选择 PLL 的输入时钟源之后，必须向 SYSPLLCLKUEN 先写 0 再写 1，新的时钟源才能生效。系统 PLL 时钟源选择寄存器的位描述见表3-15。

表 3-15 系统 PLL 时钟源选择寄存器（SYSPLLCLKSEL）位描述

位	符号	值	描述	复位值
1:0	SEL		系统 PLL 时钟源	0x00
		00	IRC 振荡器	
		01	系统振荡器	
		10	保留	
		11	保留	
31:2	—	—	保留	0x00

10. 系统 PLL 时钟源更新使能寄存器（SYSPLLCLKUEN）

系统 PLL 时钟源更新使能寄存器可以更新系统 PLL 的时钟源，新的输入时钟源由时钟源选择寄存器决定。为了使更新有效，必须向系统 PLL 时钟源更新使能寄存器先写 0 再写 1。系统 PLL 时钟源更新使能寄存器的位描述见表 3-16。

表 3-16　系统 PLL 时钟源更新使能寄存器（SYSPLLCLKUEN）位描述

位	符号	值	描述	复位值
0	ENA		使能系统 PLL 时钟源更新	0
		0	时钟源不变	
		1	更新时钟源	
31:1	—	—	保留	0x00

11. 主时钟源选择寄存器（MAINCLKSEL）

主时钟源选择寄存器用于选择主系统的时钟，系统 PLL 的输入时钟、PLL 的输出时钟、看门狗振荡器时钟或 IRC 振荡器输出时钟均可以作为主系统的时钟。主系统时钟为内核、外设以及存储器提供时钟。主时钟源选择寄存器的位描述见表 3-17。

注：必须向 MAINCLKUEN 先写 0 再写 1 新的时钟源才能生效。

表 3-17　主时钟源选择寄存器（MAINCLKSEL）位描述

位	符号	值	描述	复位值
1:0	SEL		主时钟的时钟源	0
		00	IRC 振荡器	
		01	输入时钟到系统 PLL	
		10	WDT 振荡器	
		11	系统 PLL 时钟输出	
31:2	—	—	保留	0x00

12. 主时钟源更新使能寄存器（MAINCLKUEN）

主时钟源更新使能寄存器用于更新主时钟的时钟源，新的输入时钟源由主时钟源选择寄存器来决定。为了使更新有效，必须先向主时钟源更新使能寄存器写 0 然后再写 1。主时钟源更新使能寄存器的位描述见表 3-18。

表 3-18　主时钟源更新使能寄存器（MAINCLKUEN）位描述

位	符号	值	描述	复位值
0	ENA		使能主时钟源更新	0
		0	时钟源不变	
		1	更新时钟源	
31:1	—	—	保留	0x00

13. 系统 AHB 时钟分频寄存器（SYSAHBCLKDIV）

系统 AHB 时钟分频寄存器对主时钟进行分频，并向内核、存储器和外设提供时钟，向该寄存器写"0"将彻底关闭系统 AHB 的时钟。其位描述见表 3-19。

表 3-19　系统 AHB 时钟分频寄存器（SYSAHBCLKDIV）位描述

位	符号	值	描述	复位值
7:0	DIV		系统 AHB 时钟分频器值	0x01
		0	系统 AHB 时钟关闭	
		1～255	用 1～255 除	
31:8	—	—	保留	0x00

14. 系统 AHB 时钟控制寄存器（SYSAHBCLKCTRL）

系统 AHB 时钟控制寄存器用于控制系统和外设的时钟是否使能，该寄存器的位描述见表 3-20。系统 AHB 时钟控制寄存器的位 0 为 AHB 矩阵、Cortex-M0 内核以及 PMU 提供时钟，该位是只读位，用户应用程序不能对该位写 "0"。

表 3-20　系统 AHB 时钟控制寄存器（SYSAHBCLKCTRL）位描述

位	符号	值	描述	复位值
0	SYS		AHB 矩阵、Cortex-M0 内核和 PMU 时钟使能位，该位是只读位，不能进行写 "0" 操作	1
		0	保留	
		1	使能	
1	ROM		ROM 时钟使能位	1
		0	禁能	
		1	使能	
2	RAM		RAM 时钟使能位	1
		0	禁能	
		1	使能	
3	FLASHREG		Flash 寄存器时钟使能位	1
		0	禁能	
		1	使能	
4	FLASHARRAY		Flash 矩阵时钟使能位	1
		0	禁能	
		1	使能	
5	I2C		I²C 时钟使能位	0
		0	禁能	
		1	使能	
6	GPIO		GPIO 时钟使能位	0
		0	禁能	
		1	使能	
7	CT16B0		16 位计数器/定时器 0 时钟使能位	0
		0	禁能	
		1	使能	
8	CT16B1		16 位计数器/定时器 1 时钟使能位	0
		0	禁能	
		1	使能	

（续）

位	符号	值	描述	复位值
9	CT32B0		32 位计数器/定时器 0 时钟使能位	0
		0	禁能	
		1	使能	
10	CT32B1		32 位计数器/定时器 1 时钟使能位	0
		0	禁能	
		1	使能	
11	SSP0		SSP0 时钟使能位	0
		0	禁能	
		1	使能	
12	UART		UART 时钟使能位。使能 UART 时钟之前必须将 UART 引脚配置好	0
		0	禁能	
		1	使能	
13	ADC		ADC 时钟使能位	0
		0	禁能	
		1	使能	
14	—	—	保留	0
15	WDT		WDT 时钟使能位	0
		0	禁能	
		1	使能	
16	IOCON		I/O 配置块时钟使能位	0
		0	禁能	
		1	使能	
17	—	—	保留	0
18	SSP1		SSP1 时钟使能位	0
		0	禁能	
		1	使能	
31:19	—	—	保留	0x00

15．SSP0 时钟分频寄存器（SSP0CLKDIV）

SSP0 时钟分频寄存器用于配置 SSP0 时钟的分频值，向该寄存器写"0"将彻底关闭 SSP0 的时钟。在使用 SSP0 前必须设置 SSP0 的时钟，即必须向 SSP0 时钟分频寄存器写一个非"0"值。SSP0 时钟分频寄存器的位描述见表 3-21。

表 3-21　SSP0 时钟分频寄存器（SSP0CLKDIV）位描述

位	符号	值	描述	复位值
7:0	DIV		SSP0_PCLK 时钟分频器值	0x00
		0	禁能 SSP0_PCLK	
		1～255	用 1～255 除	
31:8	—	—	保留	0x00

16. UART 时钟分频寄存器（UARTCLKDIV）

UART 时钟分频寄存器用于配置 UART 时钟的分频值，向该寄存器写"0"将彻底关闭 UART 的时钟。使能 UART 时钟之前必须将 UART 引脚配置好，并且必须向该寄存器写一个非"0"值。UART 时钟分频寄存器的位描述见表 3-22。

表 3-22　UART 时钟分频寄存器（UARTCLKDIV）位描述

位	符号	值	描述	复位值
7:0	DIV		UART_PCLK 时钟分频器值	0x00
		0	禁能 UART_PCLK	
		1~255	用 1~255 除	
31:8	—	—	保留	0x00

17. SSP1 时钟分频寄存器（SSP1CLKDIV）

SSP1 时钟分频寄存器用于配置 SSP1 时钟的分频值，向该寄存器写"0"将彻底关闭 SSP1 的时钟。在使用 SSP1 前必须设置 SSP1 的时钟，即必须向 SSP1 时钟分频寄存器写一个非"0"值。SSP1 时钟分频寄存器的位描述见表 3-23。

表 3-23　SSP1 时钟分频寄存器（SSP1CLKDIV）位描述

位	符号	值	描述	复位值
7:0	DIV		SSP1_PCLK 时钟分频器值	0x00
		0	禁能 SSP1_PCLK	
		1~255	用 1~255 除	
31:8	—	—	保留	0x00

18. WDT 时钟源选择寄存器（WDTCLKSEL）

WDT 时钟源选择寄存器为看门狗定时器选择时钟源，在选择 WDT 的时钟源后，必须向 WDTCLKUEN 先写 0 再写 1 新的时钟源才能生效。该寄存器的位描述见表 3-24。

表 3-24　WDT 时钟源选择寄存器（WDTCLKSEL）位描述

位	符号	值	描述	复位值
1:0	SEL		WDT 定时器的时钟源	0x00
		00	IRC 振荡器	
		01	主时钟	
		10	看门狗振荡器	
		11	保留	
31:2	—	—	保留	0x00

19. WDT 时钟源更新使能寄存器（WDTCLKUEN）

WDT 时钟源更新使能寄存器用于更新 WDT 的时钟源，新的输入时钟源由 WDT 时钟源选择寄存器来决定。为了使更新有效，必须先向 WDT 时钟源更新使能寄存器写 0 然后再写 1。该寄存器的位描述见表 3-25。

表 3-25　**WDT 时钟源更新使能寄存器（WDTCLKUEN）位描述**

位	符号	值	描述	复位值
0	ENA		使能 WDT 时钟源更新	0
		0	不改变时钟源	
		1	更新时钟源	
31:1	—	—	保留	0x00

20．WDT 时钟分频寄存器（WDTCLKDIV）

WDT 时钟分频寄存器用于配置 WDT 时钟的分频值，向该寄存器写"0"将彻底关闭 WDT 的时钟。其位描述见表 3-26。

表 3-26　**WDT 时钟分频寄存器（WDTCLKDIV）位描述**

位	符号	值	描述	复位值
7:0	DIV		WDT 时钟分频器值	0x00
		0	禁能 wdt_clk	
		1～255	用 1～255 除	
31:8	—	—	保留	0x00

21．CLKOUT 时钟源选择寄存器（CLKOUTCLKSEL）

CLKOUT 时钟源选择寄存器可将 IRC 振荡器、系统振荡器、看门狗振荡器或主时钟配置为 CLKOUT 引脚的输出。必须向 CLKOUTUEN 先写 0 再写 1 新的时钟源才能生效。该寄存器的位描述见表 3-27。

表 3-27　**CLKOUT 时钟源选择寄存器（CLKOUTCLKSEL）位描述**

位	符号	值	描述	复位值
1:0	SEL		CLKOUT 时钟源	0x00
		00	IRC 振荡器	
		01	系统振荡器	
		10	看门狗振荡器	
		11	主时钟	
31:2	—	—	保留	0x00

22．CLKOUT 时钟源更新使能寄存器（CLKOUTUEN）

CLKOUT 时钟源更新使能寄存器用于更新 CLKOUT 的时钟源，新的输入时钟源由 CLKOUT 时钟源选择寄存器来决定。为了使更新有效，必须先向 CLKOUT 时钟源更新使能寄存器写 0 然后再写 1。该寄存器的位描述见表 3-28。

表 3-28　**CLKOUT 时钟源更新使能寄存器（CLKOUTUEN）位描述**

位	符号	值	描述	复位值
0	ENA		使能 CLKOUT 时钟源更新	0
		0	不改变时钟源	
		1	更新时钟源	
31:1	—	—	保留	0x00

23．CLKOUT 时钟分频寄存器（CLKOUTCLKDIV）

CLKOUT 时钟分频寄存器用于配置 CLKOUT 时钟的分频值，向该寄存器写"0"将彻底关闭 CLKOUT 的时钟。其位描述见表 3-29。

表 3-29　CLKOUT 时钟分频寄存器（CLKOUTCLKDIV）位描述

位	符号	值	描述	复位值
7:0	DIV		时钟分频器值	0x00
		0	CLKOUT 时钟禁能	
		1~255	用 1~255 除	
31:8	—	—	保留	0x00

24．POR 捕获 PIO 状态寄存器 0（PIOPORCAP0）

PIOPORCAP0 寄存器用于在系统上电复位时捕获端口 0、1、2（引脚 PIO2_0 到 PIO2_7）上的 GPIO 引脚状态（高电平或低电平）。该寄存器是只读状态寄存器，其位描述见表 3-30。

表 3-30　POR 捕获 PIO 状态寄存器 0（PIOPORCAP0）位描述

位	符号	描述	复位值
0	CAPPIO0_0	原始复位状态输入 PIO0_0	依赖于用户执行
1	CAPPIO0_1	原始复位状态输入 PIO0_1	依赖于用户执行
11:2	CAPPIO0_11 到 CAPPIO0_2	原始复位状态输入 PIO0_11 到 PIO0_2	依赖于用户执行
23:12	CAPPIO1_11 到 CAPPIO1_0	原始复位状态输入 PIO1_11 到 PIO1_0	依赖于用户执行
31:24	CAPPIO2_7 到 CAPPIO2_0	原始复位状态输入 PIO2_7 到 PIO2_0	依赖于用户执行

25．POR 捕获 PIO 状态寄存器 1（PIOPORCAP1）

PIOPORCAP1 寄存器用于在系统上电复位时捕获端口 2（引脚 PIO2_8 到 PIO2_11）和端口 3 上的 GPIO 引脚状态（高电平或低电平）。该寄存器是只读状态寄存器，其位描述见表 3-31。

表 3-31　POR 捕获 PIO 状态寄存器 1（PIOPORCAP1）位描述

位	符号	描述	复位值
0	CAPPIO2_8	原始复位状态输入 PIO2_8	依赖于用户执行
1	CAPPIO2_9	原始复位状态输入 PIO2_9	依赖于用户执行
2	CAPPIO2_10	原始复位状态输入 PIO2_10	依赖于用户执行
3	CAPPIO2_11	原始复位状态输入 PIO2_11	依赖于用户执行
4	CAPPIO3_0	原始复位状态输入 PIO3_0	依赖于用户执行
5	CAPPIO3_1	原始复位状态输入 PIO3_1	依赖于用户执行
6	CAPPIO3_2	原始复位状态输入 PIO3_2	依赖于用户执行
7	CAPPIO3_3	原始复位状态输入 PIO3_3	依赖于用户执行
8	CAPPIO3_4	原始复位状态输入 PIO3_4	依赖于用户执行
9	CAPPIO3_5	原始复位状态输入 PIO3_5	依赖于用户执行
31:10	—	保留	—

26. BOD 控制寄存器（BODCTRL）

BOD 控制寄存器用于配置向 NVIC 发送 BOD 中断和引发系统复位所需的 4 个电压阈值，其位描述见表 3-32。

表 3-32　BOD 控制寄存器（BODCTRL）位描述

位	符号	值	描述	复位值
1:0	BODRSTLEV		BOD 复位电平	0x00
		00	能引起复位的阈值电压为 1.46V；能使复位无效的阈值电压为 1.63V	
		01	能引起复位的阈值电压为 2.06V；能使复位无效的阈值电压为 2.15V	
		10	能引起复位的阈值电压为 2.35V；能使复位无效的阈值电压为 2.43V	
		11	能引起复位的阈值电压为 2.63V；能使复位无效的阈值电压为 2.71V	
3:2	BODINTVAL		BOD 中断电平	0x00
		00	能引起中断的阈值电压为 1.65V；能使中断无效的阈值电压为 1.80V	
		01	能引起中断的阈值电压为 2.22V；能使中断无效的阈值电压为 2.35V	
		10	能引起中断的阈值电压为 2.52V；能使中断无效的阈值电压为 2.66V	
		11	能引起中断的阈值电压为 2.80V；能使中断无效的阈值电压为 2.90V	
4	BODRSTENA		BOD 复位使能	0
		0	禁止复位功能	
		1	使能复位功能	
31:5	—	—	保留	0x00

27. 系统节拍定时器校准寄存器（SYSTCKCAL）

SYSTCKCAL 存有一个厂商编程值，由 Boot 代码初始化，用于系统节拍定时器的时钟频率为 50MHz 时每隔 10ms 产生一个中断。该寄存器的位描述见表 3-33。

表 3-33　系统节拍定时器校准寄存器（SYSTCKCAL）位描述

位	符号	值	描述	复位值
25:0	CAL		系统节拍校准值	待定
31:26	—	—	保留	0x00

28. 起始逻辑边沿控制寄存器 0（STARTAPRP0）

STARTAPRP0 寄存器用于控制端口 0（PIO0_0 到 PIO0_11）和端口 1（PIO1_0）的起始逻辑输入，该寄存器为起始逻辑选择对应 PIO 输入的下降沿或上升沿来分别产生下降或上升时钟沿中断。

STARTAPRP0 寄存器的每一位控制一个端口输入，并连接到 NVIC 中的一个唤醒中断。STARTAPRP0 寄存器中的位 0 对应中断 0、位 1 对应中断 1 等（见表 3-34），最多有 13 个中断。

如果某个引脚被配置为从深度睡眠中唤醒 CPU，则使用前必须在 NVIC 中将其使能。

表3-34　起始逻辑边沿控制寄存器0（STARTAPRP0）位描述

位	符号	值	描述	复位值
11:0	APRPIO0_11 到 APRPIO0_0		起始逻辑输入 PIO0_11 到 PIO0_0 的边沿选择位	0x00
		0	下降沿	
		1	上升沿	
12	APRPIO1_0		起始逻辑输入 PIO1_0 的边沿选择位	0
		0	下降沿	
		1	上升沿	
31:13	—	—	保留	0x0

29. 起始逻辑信号使能寄存器0（STARTERP0）

STARTERP0 寄存器用于使能或禁止起始逻辑中的起始信号，其位描述见表3-35。

表3-35　起始逻辑信号使能寄存器0（STARTERP0）位描述

位	符号	值	描述	复位值
11:0	ERPIO0_11 到 ERPIO0_0		起始逻辑输入 PIO0_11 到 PIO0_0 的起始信号使能位	0x00
		0	禁能	
		1	使能	
12	ERPIO1_0		起始逻辑输入 PIO1_0 的起始信号使能位	0
		0	禁能	
		1	使能	
31:13	—	—	保留	0x00

30. 起始逻辑复位寄存器0（STARTRSRP0CLR）

STARTRSRP0CLR 寄存器内对一个位写1则复位起始逻辑信号。为了记录起始信号，启动逻辑会利用输入信号产生一个时钟边沿来实现。时钟边沿（上升沿或下降沿）可以设置从深度睡眠模式唤醒的中断。所以，启动逻辑的状态必须在它使用之前清除。STARTRSRP0CLR 寄存器的位描述见表3-36。

表3-36　起始逻辑复位寄存器0（STARTRSRP0CLR）位描述

位	符号	值	描述	复位值
11:0	RSRPIO0_11 到 RSRPIO0_0		起始逻辑输入 PIO0_11 到 PIO0_0 的起始信号复位	NA
		0	—	
		1	写：复位起始信号	
12	RSRPIO1_0		起始逻辑输入 PIO1_0 的起始信号复位	NA
		0	—	
		1	写：复位起始信号	
31:13	—	—	保留	NA

31. 起始逻辑状态寄存器0（STARTSRP0）

STARTSRP0 寄存器反映了使能起始信号的状态。每一位在使能的情况下都能反映起始逻辑的状态，即可反映已知引脚是否接收到了唤醒信号。该寄存器的位描述见表3-37。

表 3-37　起始逻辑状态寄存器 0（STARTSRP0）位描述

位	符号	值	描述	复位值
11:0	SRPIO0_11 到 SRPIO0_0		起始逻辑输入 PIO0_11 到 PIO0_0 的起始信号状态	NA
		0	没有收到起始信号	
		1	起始信号挂起	
12	SRPIO1_0		起始逻辑输入 PIO1_0 的起始信号状态	NA
		0	没有收到起始信号	
		1	起始信号挂起	
31:13	—	—	保留	NA

32．深度睡眠模式配置寄存器（PDSLEEPCFG）

深度睡眠模式配置寄存器用于配置在芯片进入深度睡眠后，哪些外设模块掉电。当芯片进入睡眠模式时，PDSLEEPCFG 寄存器会自动更新 PDRUNCFG 寄存器的值。该寄存器的位描述见表 3-38。

表 3-38　深度睡眠配置寄存器（PDSLEEPCFG）位描述

位	符号	值	描述	复位值
0	IRCOUT_PD		深度睡眠模式下的 IRC 振荡器输出掉电控制位	0
		1	掉电	
		0	上电	
1	IRC_PD		深度睡眠模式下的 IRC 振荡器掉电控制位	0
		1	掉电	
		0	上电	
2	FLASH_PD		深度睡眠模式下的 Flash 掉电控制位	0
		1	掉电	
		0	上电	
3	BOD_PD		深度睡眠模式下的 BOD 掉电控制位	0
		1	掉电	
		0	上电	
4	ADC_PD		深度睡眠模式下的 ADC 掉电控制位	0
		1	掉电	
		0	上电	
5	SYSOSC_PD		深度睡眠模式下的系统振荡器掉电控制位	0
		1	掉电	
		0	上电	
6	WDT_PD		深度睡眠模式下的 WDT 掉电控制位	0
		1	掉电	
		0	上电	
7	SYSPLL_PD		深度睡眠模式下的系统 PLL 掉电控制位	0
		1	掉电	
		0	上电	
8	—	—	保留	0
9	—	—	保留	0

（续）

位	符号	值	描述	复位值
10	—	—	保留	0
11	—	—	保留	1
12	—	—	保留	0
31:13	—	—	保留	0x00

33．唤醒配置寄存器（PDAWAKECFG）

唤醒配置寄存器中的位表示当芯片从深度睡眠模式唤醒后，哪些外设模块需要上电。该寄存器的位描述见表3-39。

表 3-39　唤醒配置寄存器（PDAWAKECFG）位描述

位	符号	值	描述	复位值
0	IRCOUT_PD		IRC 振荡器输出唤醒配置位	0
		1	掉电	
		0	上电	
1	IRC_PD		IRC 振荡器掉电唤醒配置位	0
		1	掉电	
		0	上电	
2	FLASH_PD		Flash 唤醒配置位	0
		1	掉电	
		0	上电	
3	BOD_PD		BOD 唤醒配置位	0
		1	掉电	
		0	上电	
4	ADC_PD		ADC 唤醒配置位	1
		1	掉电	
		0	上电	
5	SYSOSC_PD		系统振荡器唤醒配置位	1
		1	掉电	
		0	上电	
6	WDT_PD		WDT 唤醒配置位	1
		1	掉电	
		0	上电	
7	SYSPLL_PD		系统 PLL 唤醒配置位	1
		1	掉电	
		0	上电	
8	—	—	保留	待定
9	—	0	保留。在运行模式下该位必须为 0	0
10	—	—	保留	待定
11	—	1	保留。在运行模式下该位必须为 1	0
12	—	0	保留。在运行模式下该位必须为 0	0
31:13	—	—	保留	0x00

34. 掉电配置寄存器（PDRUNCFG）

掉电配置寄存器中的位用于控制各个外设模块是否上电，用户应用程序可以在任何时刻写该寄存器。除 IRC 的掉电信号外，其他外设模块在掉电配置控制位写"0"，相应的模块会立即掉电。IRC 振荡器输出掉电控制位写"0"后，IRC 时钟会延时一段时间后自动关断，这样即可避免 IRC 在掉电的时候产生干扰。掉电配置寄存器的位描述见表 3-40。

表 3-40　掉电配置寄存器（PDRUNCFG）位描述

位	符号	值	描述	复位值
0	IRCOUT_PD		IRC 振荡器输出掉电控制位	0
		1	掉电	
		0	上电	
1	IRC_PD		IRC 振荡器掉电控制位	0
		1	掉电	
		0	上电	
2	FLASH_PD[1]		Flash 掉电控制位	0
		1	掉电	
		0	上电	
3	BOD_PD		BOD 掉电控制位	0
		1	掉电	
		0	上电	
4	ADC_PD		ADC 掉电控制位	1
		1	掉电	
		0	上电	
5	SYSOSC_PD		系统振荡器掉电控制位	1
		1	掉电	
		0	上电	
6	WDT_PD		WDT 掉电控制位	1
		1	掉电	
		0	上电	
7	SYSPLL_PD		系统 PLL 掉电控制位	1
		1	掉电	
		0	上电	
8	—	—	保留	待定
9	—	0	保留。在运行模式下该位必须为 0	0
10	—	—	保留	待定
11	—	1	保留。在运行模式下该位必须为 1	0
12	—	0	保留。在运行模式下该位必须为 0	0
31:13	—	—	保留	0x00

[1]从深度睡眠模式中唤醒的 Flash 上电序列需要 100μs。注意不需要在这种情况下初始化 Flash。如果 Flash 掉电，用户必须在继续 Flash 操作之前等待这个时期。复位后的上电要花稍微多的时间来进行 Flash 初始化。

35. 器件 ID 寄存器（DEVICE_ID）

器件 ID 寄存器为只读寄存器，存有所有 LPC111x 系列器件的 ID。该寄存器只能通过

ISP/IAP 命令读取，其位描述见表 3-41。

表 3-41 器件 ID 寄存器（DEVICE_ID）位描述

位	符号	值	描述	复位值
31:0	DEVICE_ID		LPC111x 系列器件的 ID	由器件而定
		0x041E 502B	LPC1111FHN33/101	
		0x0416 502B	LPC1111FHN33/201	
		0x042D 502B	LPC1112FHN33/101	
		0x0425 502B	LPC1112FHN33/201	
		0x0434 502B	LPC1113FHN33/201	
		0x0434 102B	LPC1113FHN33/301	
		0x0434 102B	LPC1113FBD48/301	
		0x0444 502B	LPC1114FHN33/201	
		0x0444 102B	LPC1114FHN33/301	
		0x0444 102B	LPC1114FBD48/301	
		0x0444 102B	LPC1114FA44/301	

3.3.4 复位

LPC1100 系列 Cortex-M0 有 4 个复位源：RESET 引脚、看门狗复位、上电复位（POR）和掉电检测复位（BOD）。除了这 4 个复位源以外还有一个软复位。

RESET 引脚为施密特触发式输入引脚。芯片复位可以由任意一个复位源引起，只要工作电压达到规定值，就会启动 IRC（可引起复位）来保持芯片复位状态，直到外部复位无效为止，同时振荡器运行，Flash 控制器完成初始化。

当 Cortex-M0 CPU 外部复位源（POR、BOD 复位、外部复位和看门狗复位）有效时，IRC 启动。IRC 启动最多 6μs 以后，就会输出稳定的时钟信号。

芯片上电后，ROM 中的引导代码首先启动。引导代码的作用就是执行引导任务，也可以跳转到 Flash。Flash 大约需要 100μs 的时间上电，之后 Flash 进行初始化，初始化需要大约 250 个时钟周期。

当内部复位移除时，处理器就在地址 0 处运行，这里是最先从引导模块映射来的复位向量。这时，所有处理器和外部寄存器已初始化为默认值。

3.3.5 掉电检测

LPC1100 系列 Cortex-M0 设有 4 个电平值来监控 VDD（3.3V）引脚上的电压。当 VDD（3.3V）引脚上的电压低于任何一个选定的电平值时，BOD 就会向 NVIC 发出一个中断信号。如果在 NVIC 中使能 BOD 中断信号，则可以产生一个 CPU 中断；如果不使能中断信号，软件可以通过读取专门的状态寄存器来监控该信号。还有 4 个电平值可以用于对芯片产生强制复位，当 VDD（3.3V）引脚上的电压低于设定值时，便可使芯片复位。

3.3.6 代码安全与调试——代码安全保护寄存器

LPC1100 系列 Cortex-M0 的代码读保护机制允许用户使能系统中的不同安全级别以便访

问片内 Flash 和限制 ISP 的使用，以此实现控制应用代码是被调试还是被保护，以防盗用。需要时，可通过在 Flash 地址单元 0x0000 02FC 编程特定的格式来调用 CRP。IAP 命令不受代码读保护的影响。代码安全选项详细说明见表 3-42。Boot Loader3.2 版可执行 3 个级别的 CRP，较早的 Boot Loader 仅执行 CRP2。当芯片经过一个电源周期后，CRP 的改变才有效。

表 3-42　代码读保护选项

名称	在 0x0000 02FC 处编程的格式	描述
NO_ISP	0x4E69 7370	禁止对 PIO0_1 引脚进行采样而进入 ISP 模式。PIO0_1 引脚可作为其他用途
CRP1	0x1234 5678	禁止 JTAG 访问。该模式允许使用下列 ISP 命令来更新部分 Flash： - 依据 ISP 代码使用 RAM 的情况，写 RAM 命令不能访问在 0x1000 0300 以下的 RAM，详见表 3-43 - 禁止读存储器命令和禁止转移命令 - 可以运行将 RAM 内容复制到 Flash 命令但不能写扇区 0 - 仅当选择所有扇区要擦除时，擦除命令才能擦除扇区 0 - 比较命令禁止 当需要 CRP 且要更新 Flash 字段时可使用该模式，但是不能擦除所有扇区。由于在该模式下比较命令被禁止，所以要更新部分 Flash 的话，第二个装载程序应执行校验和机制来验证 Flash 的完整性
CRP2	0x8765 4321	除 CRP1 级别被禁止的访问命令外，添加以下被禁止命令： - 禁止写 RAM 命令 - 将 RAM 内容复制到 Flash - 使能 CRP2 时，ISP 擦除命令仅允许擦除所有扇区内容
CRP3	0x4321 8765	除 CRP1 和 CRP2 级别被禁止的访问命令外，添加以下保护说明。如果 Flash 扇区 0 中有有效用户代码，用户程序可通过重新调用 ISP 命令再次进入 ISP。该模式禁止通过拉低 PIO0_1 引脚进入 ISP。用户的应用程序可决定是调用 IAP 来进行 Flash 更新还是通过 UART0 重新调用 ISP 命令来进行 Flash 更新 注：如果选择了 **CRP3**，则不再对器件执行更多的厂商测试

表 3-43　代码读保护硬件/软件的相互作用

是否采用 CRP	用户代码是否有效	复位时 PIO0_1 引脚电平	JTAG 是否使能	是否进入 ISP 模式	在 ISP 模式中部分 Flash 是否更新
否	无效	×	是	是	是
否	有效	高	是	否	NA
否	有效	低	是	是	是
CRP1	有效	高	否	否	NA
CRP1	有效	低	否	是	是
CRP2	有效	高	否	否	NA
CRP2	有效	低	否	是	否
CRP3	有效	×	否	否	NA
CRP1	无效	×	否	是	是
CRP2	无效	×	否	是	否
CRP3	无效	×	否	是	否

3.4 时钟系统

3.4.1 时钟系统结构

LPC1100 系列的时钟产生单元（CGU）如图 3-4 所示。LPC1100 含有 3 个独立的振荡器：系统振荡器、内部 RC 振荡器（IRC）和看门狗振荡器。

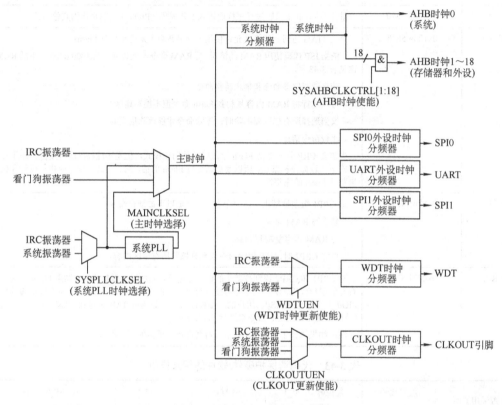

图 3-4 LPC1100 时钟产生单元

复位之后，LPC1100 会根据内部 RC 振荡器的频率运行，直到频率被软件切换。这样，系统就无需根据外部晶体的频率运行，Boot Block 代码的运行频率可知。

系统 AHB 时钟控制寄存器 SYSAHBCLKCTRL 控制着各种外设和存储器的系统时钟。UART、SSP0/1 和 SysTick 定时器都有单独的时钟分频器，可以从主时钟衍生出外设所需的时钟频率。主时钟以及从 IRC、系统振荡器和看门狗振荡器输出的时钟均可以直接在 CLKOUT 引脚上观察到。

3.4.2 振荡器

复位后，LPC1100 系列 Cortex-M0 自动选择内部 RC 振荡器作为系统的时钟源，这使得系统能在没有外部晶振的情况下运行。在 ISP 模式中，BootLoader 程序也是使用内部 RC 振荡器作为时钟源。

用户可以通过软件方式修改时钟源选择寄存器，从而选择 3 种振荡器中的一种作为系统主时钟源。但需要注意，在切换前必须保证即将使用的时钟源已经可用。

所有振荡器在用作 CPU 时钟源时，可以通过 PLL 获得较高的 FCCLK 值（必须小于或等于 50MHz）。

1．内部 RC 振荡器

内部 RC 振荡器（IRC）可用作看门狗定时器的时钟源，也可用作驱动 PLL 和 CPU 的时钟源。由于 IRC 的标称频率为 12MHz（精度为±1%），所以在一些特殊的应用场合（如需要定时器定时特定的时间）则需要使用精度更高的外部晶体振荡器作为系统时钟源。

在上电或任何片上复位时，LPC1100 系列 Cortex-M0 使用 IRC 作为时钟源。此后，用户可通过编程切换到另一种可用的时钟源。

2．主振荡器

主振荡器（外部晶体振荡器）可作为 CPU 的时钟源（不管是否使用 PLL）。主振荡器工作在 10～25MHz 下，用户可通过 PLL 来提高 CPU 的工作频率。主振荡器的输出称为 OSC_CLK，可被选择用作 PLL 输入时钟 PLLCLKIN。在本书中，Cortex-M0 处理器的工作频率称为 CCLK，在 PLL 无效或还未连接时，PLLCLKIN 和 CCLK 的值是相同的。

3．看门狗振荡器

看门狗振荡器（WDT）可用作看门狗定时器的时钟源，也可用作 CPU 的时钟源。由于看门狗振荡器的频率为 500kHz～3.4MHz（精度为±25%，不是太高），所以在一些特殊的应用场合（如使用串口）则需要使用 IRC 振荡器或精度更高的外部晶体振荡器作为系统时钟源。

用户可以通过设置时钟源选择寄存器 SYSPLLCLKSEL，在主振荡器和内部 RC 振荡器二者间选择一个作为 PLL 时钟源。只有在 PLL 断开连接时，才可更换 PLL 输入时钟源。在更换完时钟源后必须在系统时钟源更新使能寄存器先写 0 然后再写 1。

可用来驱动系统的时钟源包括 IRC 振荡器、系统 PLL 输入时钟、WDT 振荡器和系统 PLL 时钟输出，用户可通过主时钟源选择寄存器 MAINCLKSEL 进行选择。

3.4.3　多路选择输出外部时钟

为了便于系统测试和开发，LPC1100 系列 Cortex-M0 的任何一个内部时钟均可作为外部时钟源输出，引出 CLKOUT（PIO0_1 引脚）功能，如图 3-5 所示。

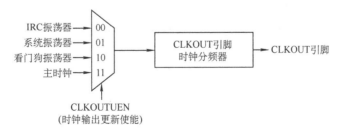

图 3-5　CLKOUT 输出选择

用户可以通过 CLKOUTCLKSEL 来选择用作输出的内部时钟，并允许对时钟进行分频（最大为 255），产生一个与片内时钟相关的系统时钟。大多数时钟源都可不分频，但选择 CPU 主时钟作为外部时钟输出时，CPU 输出必须经过分频。

CLKOUT 多路选择输出时钟主要用于在可能的时钟源之间完全切换而不受短时钟脉冲干扰。分频器也可用来改变分频值而不受短时钟脉冲干扰。改变时钟输出源后，必须先向 CLKOUTUEN 写 0 再写 1 新的时钟源才能生效。

3.4.4　PLL 工作原理与使用

LPC1100 系列 Cortex-M0 利用 PLL 来为内核以及外设提供时钟信号，PLL 的框图如图 3-6 所示。

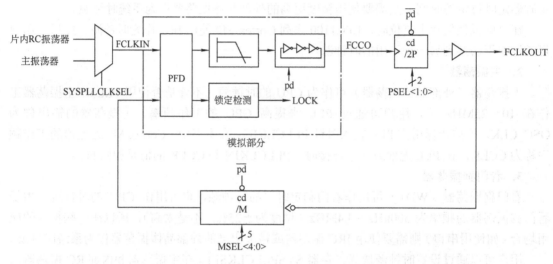

图 3-6　系统 PLL 框图

1. PLL 工作原理

PLL 时钟源的选择在 SYSPLLCLKSEL 寄存器中设置，PLL 将输入时钟升频，然后再分频以提供 CPU 及芯片外设所使用的实际时钟。PLL 可产生的时钟频率最高可达 50MHz，这也是 CPU 的最高工作频率。

PLL 接收的输入时钟频率范围为 10～25MHz，输入时钟直接馈送到"相位频率检测"部件，该部件会比较两个输入信号的相位和频率，并根据误差输出不同的电流值来控制 CCO 的振荡频率。这样的环路可以保证"相位频率检测"的两路输入信号非常接近（可认为一样）。

通常 CCO 的输出频率是有限的，超出这个范围则无法输出预期的时钟信号。LPC1100 系列 Cortex-M0 内部的 CCO 可工作在 156～320MHz。图 3-6 中所示的"2P 分频"和"M 分频"就是为了保证 CCO 工作在正常范围内而设计的。

前面我们了解到 CCO 的输出频率受到"相位频率检测"部件的控制，但实际上将 CCO 的输出控制在某一预期频率的过程不是一蹴而就的，而是一个反复拉锯的过程。"相位频率检测"部件测量输入和反馈时钟上升沿之间的相位差异，只有在超过 8 个连续输入时钟周期这个差别都小于"锁定标准"时，锁定输出才从低电平转换到高电平。若有一个大的相位差别则立即复位计数器，并造成锁定信号下降（如果为高电平）。要求连续 8 个相位测量都低于一个指定数字能保证锁定检测器不锁定，直到输入和反馈时钟的相位和频率都排列好。这样便能防止错误的锁定显示，从而保证无干扰的锁定信号。该过程可简单地用图 3-7 来表示，在图中可以发现 CCO 的输出频率在高低起伏一段时间后渐渐稳定在了预期的频率值，该过程称为 PLL 锁定，输出频率稳定后即"锁定"成功。锁定之前的频率是不稳定的，还不能用于处理器，只有锁定之后的时钟信号才能使用。

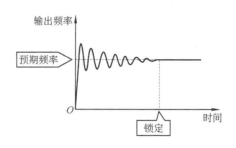

图 3-7　PLL 的锁定过程

需要特别注意的是，PLL 作为时钟系统中的一个重要模块，它为系统的内核以及所有部件（包括看门狗定时器）提供时钟，如果操作不当将会引起非常严重的后果。所以为了避免程序对 PLL 正在使用的相关参数意外修改，芯片厂商从硬件上提供了保护，该保护是由一个类似于操作看门狗定时器的代码序列来实现的。

PLL 在芯片复位和进入掉电模式时会被关闭并从时钟系统中切换出去。芯片从掉电模式被唤醒后，PLL 并不会自动使能和连接，只能通过软件使能。程序必须在配置并激活 PLL 后等待其锁定，然后再连接 PLL。

2．PLL 和掉电控制

在不使用 PLL 的场合下，可以使 PLL 进入掉电模式以降低器件的动态功耗。使 PLL 掉电可通过设置掉电配置寄存器中的 SYS_PLL_PD 位实现。当 PLL 进入掉电模式后，PLL 会关断内部电流参考，振荡器和相位频率检测器都将停止，分频器恢复为复位值。PLL 掉电后，锁定输出也将一直输出低电平，以表示 PLL 未锁定。对 SYS_PLL_PD 位写"0"操作会结束 PLL 的掉电状态，PLL 重新上电后将恢复其普通操作，等待一段时间后 PLL 重新获得锁定，锁定后的时钟便可以正常使用。

PLL 进入掉电模式和芯片进入掉电模式不是同一个概念，请读者注意区分。芯片进入掉电模式后会自动关闭并断开 PLL，即 PLL 也会进入掉电模式，但是芯片在正常操作时，如果不使用 PLL，也可以使 PLL 进入掉电模式，以节省芯片的动态功耗。

3．PLL 频率计算中的参数

在 PLL 计算过程中，会用到一些参数，见表 3-44。

表 3-44　PLL 频率参数

参数	系统 PLL
FCLKIN	从 SYSPLLCLKSEL 多路复用器输出的 sys_pllclkin 的频率（系统 PLL 的输入时钟）
FCCO	CCO 的频率，范围在 156～320MHz 之间
FCLKOUT	sys_pllclkout 的频率
P	系统 PLL 的后置分频比率，由 SYSPLLCTRL 中的位 PSEL 来设置
M	系统 PLL 的反馈分频比率，由 SYSPLLCTRL 中的位 MSEL 来设置

图 3-6 展示了 FCLKOUT 与 FCLKIN、FCCO 之间的关系：

$$FCLKOUT=M \times FCLKIN=FCCO/(2 \times P)$$

为了选择合适的 M 和 P 值，推荐如下步骤：

1）指定输入时钟频率 FCLKIN；

2）计算 M 值以获得所需的输出频率 FCLKOUT，M = FCLKOUT / FCLKIN；

3）找出一个值使得 FCCO=2×P×FCLKOUT；

4）检查所有的频率和分频器值设置是否符合系统 PLL 控制寄存器（SYSPLLCTRL）位

功能描述内的限定。

在 PLL 的输入时钟频率范围为 10～25MHz 下，允许 M 值的范围为 1～32，这是支持主振荡器和 IRC 操作的整个 M 值的范围。

4. PLL 设置步骤

要对 PLL 进行正确初始化，须注意下列步骤：

1）如果选择主振荡器作为 PLL 的输入时钟源，则在 PDRUNCFG 中对主振荡器先上电；

2）在系统 PLL 时钟源选择寄存器中选择作为 PLL 输入的时钟源（主振荡器或 IRC 振荡器）；

3）写系统 PLL 时钟源更新使能寄存器，使系统 PLL 时钟源选择有效；

4）在系统 PLL 控制寄存器中写计算好的 M 和 P 值；

5）在 PDRUNCFG 中对系统 PLL 上电，并等待 PLL 信号锁定；

6）在主时钟源选择寄存器中选择 PLL 时钟作为系统的时钟；

7）写主时钟源选择更新使能寄存器，使主时钟源选择系统 PLL 时钟输出有效。

5. PLL 和启动/引导代码的相互作用

当在用户 Flash 中没有有效代码（由校验和字决定）或在启动时拉低 ISP 使能引脚（PIO0_1）时，芯片将进入 ISP 模式，并且引导代码将用 IRC 设置 PLL。因此，当用户启动 SWD 来调试用户代码时，不能认为 PLL 被禁止，用户须在启动代码中对 PLL 进行重新设置。

6. 系统初始化函数 SystemInit ()

CMSIS 已经定义了 LPC1100 的系统初始化函数 SystemInit ()，在函数中对系统主时钟进行了配置，并且该函数在启动文件 startup_LPC11xx.s 中直接调用了，用户不用操作即可获得 48MHz 的系统时钟。SystemInit ()代码如下（system_LPC11xx.c）：

```
void SystemInit (void) {
  volatile uint32_t i;

#if (CLOCK_SETUP)                                              /* Clock Setup        */

#if ((SYSPLLCLKSEL_Val & 0x03) == 1)
  LPC_SYSCON->PDRUNCFG    &=~(1 << 5);           /* Power-up System Osc   */
  LPC_SYSCON->SYSOSCCTRL   = SYSOSCCTRL_Val;
  for (i = 0; i < 200; i++) __NOP();
#endif

  LPC_SYSCON->SYSPLLCLKSEL = SYSPLLCLKSEL_Val;  /* Select PLL Input      */
  LPC_SYSCON->SYSPLLCLKUEN = 0x01;              /* Update Clock Source   */
  LPC_SYSCON->SYSPLLCLKUEN = 0x00;              /* Toggle Update Register */
  LPC_SYSCON->SYSPLLCLKUEN = 0x01;
  while (!(LPC_SYSCON->SYSPLLCLKUEN & 0x01));    /* Wait Until Updated    */
#if ((MAINCLKSEL_Val & 0x03) == 3)                            /* Main Clock is PLL Out */
  LPC_SYSCON->SYSPLLCTRL    = SYSPLLCTRL_Val;
  LPC_SYSCON->PDRUNCFG     &=~(1 << 7);           /* Power-up SYSPLL       */
  while (!(LPC_SYSCON->SYSPLLSTAT & 0x01));        /* Wait Until PLL Locked */
#endif

#if (((MAINCLKSEL_Val & 0x03) == 2)
```

```
LPC_SYSCON->WDTOSCCTRL      = WDTOSCCTRL_Val;
LPC_SYSCON->PDRUNCFG        &=~(1 << 6);              /* Power-up WDT Clock            */
for (i = 0; i < 200; i++) __NOP();
#endif

LPC_SYSCON->MAINCLKSEL      = MAINCLKSEL_Val;         /* Select PLL Clock Output       */
LPC_SYSCON->MAINCLKUEN      = 0x01;                   /* Update MCLK Clock Source      */
LPC_SYSCON->MAINCLKUEN      = 0x00;                   /* Toggle Update Register         */
LPC_SYSCON->MAINCLKUEN      = 0x01;
while (!(LPC_SYSCON->MAINCLKUEN & 0x01));             /* Wait Until Updated            */

LPC_SYSCON->SYSAHBCLKDIV    = SYSAHBCLKDIV_Val;
#endif

}
```

7. SystemCoreClockUpdate ()函数

在 CMSIS 中定义了一个全局变量 SystemCoreClock 和一个函数 SystemCoreClockUpdate ()，用来获得当前处理器的工作频率，在用户程序中可以直接使用该变量。程序代码如下（system_LPC11xx.c）：

```
uint32_t SystemCoreClock = __SYSTEM_CLOCK;/*!< System Clock Frequency (Core Clock)*/

void SystemCoreClockUpdate (void)          /* Get Core Clock Frequency       */
{
  uint32_t wdt_osc = 0;

  /* Determine clock frequency according to clock register values           */
  switch ((LPC_SYSCON->WDTOSCCTRL >> 5) & 0x0F) {
    case 0:  wdt_osc =        0; break;
    case 1:  wdt_osc =   500000; break;
    case 2:  wdt_osc =   800000; break;
    case 3:  wdt_osc =  1100000; break;
    case 4:  wdt_osc =  1400000; break;
    case 5:  wdt_osc =  1600000; break;
    case 6:  wdt_osc =  1800000; break;
    case 7:  wdt_osc =  2000000; break;
    case 8:  wdt_osc =  2200000; break;
    case 9:  wdt_osc =  2400000; break;
    case 10: wdt_osc =  2600000; break;
    case 11: wdt_osc =  2700000; break;
    case 12: wdt_osc =  2900000; break;
    case 13: wdt_osc =  3100000; break;
    case 14: wdt_osc =  3200000; break;
    case 15: wdt_osc =  3400000; break;
  }
  wdt_osc /= ((LPC_SYSCON->WDTOSCCTRL & 0x1F) << 1) + 2;

  switch (LPC_SYSCON->MAINCLKSEL & 0x03) {
    case 0:                        /* Internal RC oscillator         */
      SystemCoreClock = __IRC_OSC_CLK;
      break;
```

```
     case 1:                          /* Input Clock to System PLL        */
       switch (LPC_SYSCON->SYSPLLCLKSEL & 0x03) {
         case 0:                      /* Internal RC oscillator           */
           SystemCoreClock = __IRC_OSC_CLK;
           break;
         case 1:                      /* System oscillator                */
           SystemCoreClock = __SYS_OSC_CLK;
           break;
         case 2:                      /* Reserved                         */
         case 3:                      /* Reserved                         */
           SystemCoreClock = 0;
           break;
       }
       break;
     case 2:                          /* WDT Oscillator                   */
       SystemCoreClock = wdt_osc;
       break;
     case 3:                          /* System PLL Clock Out             */
       switch (LPC_SYSCON->SYSPLLCLKSEL & 0x03) {
         case 0:                      /* Internal RC oscillator           */
           if (LPC_SYSCON->SYSPLLCTRL & 0x180) {
             SystemCoreClock = __IRC_OSC_CLK;
           } else {
             SystemCoreClock = __IRC_OSC_CLK * ((LPC_SYSCON->SYSPLLCTRL & 0x01F) + 1);
           }
           break;
         case 1:                      /* System oscillator                */
           if (LPC_SYSCON->SYSPLLCTRL & 0x180) {
             SystemCoreClock = __SYS_OSC_CLK;
           } else {
             SystemCoreClock = __SYS_OSC_CLK * ((LPC_SYSCON->SYSPLLCTRL & 0x01F) + 1);
           }
           break;
         case 2:                      /* Reserved                         */
         case 3:                      /* Reserved                         */
           SystemCoreClock = 0;
           break;
       }
       break;
   }
   SystemCoreClock /= LPC_SYSCON->SYSAHBCLKDIV;
}
```

3.5 引脚描述与 I/O 口配置

3.5.1 引脚描述

以 LPC1113/14FBD48 为例，封装为 LQFP48，共有 48 个引脚（见图 3-8），分为电源引脚（VDD、VSS）、时钟引脚（XTALIN、XTALOUT）、复位引脚（RESET）、GPIO 引脚（PIO0、

PIO1、PIO2 和 PIO3，多数为复用引脚）、调试引脚（SWDCLK、SWDIO，与 GPIO 复用）五类，其中电源引脚各有两个 VDD 和 VSS，均需接到合适的电压和地。LPC1113/14 引脚描述见表 3-45。

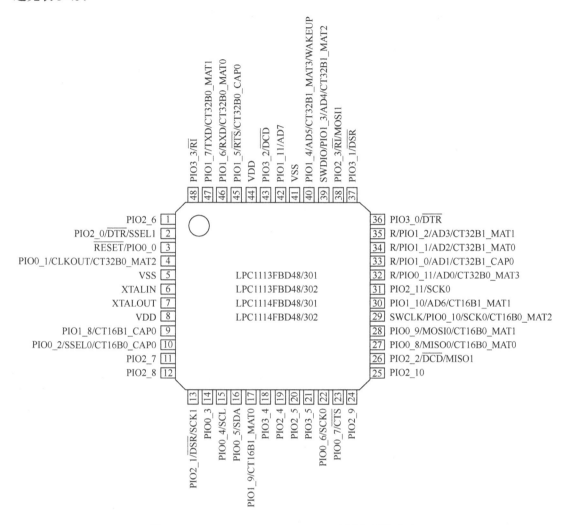

图 3-8　LPC1113/14FBD48（LQFP48 封装）引脚分布

表 3-45　LPC1113/14 引脚描述表（LQFP48 封装）

符号	引脚	类型[1]	描述
PIO0_0～PIO0_11		I/O	Port0——Port0 是 12 位的 I/O 口，可单独控制每一位的方向和功能。Port0 引脚的功能选择是通过 IOCONFIG 寄存器实现的
RESET/PIO0_0	3[2]	I	RESET——外部复位输入，该引脚为低电平时复位器件，使 I/O 端口和外设进入其默认状态，并且处理器从地址 0 开始执行
		I/O	PIO0_0——通用数字输入/输出引脚，带 10ns 干扰滤波器
PIO0_1/CLKOUT/CT32B0_MAT2	4[3]	I/O	PIO0_1——通用数字输入/输出引脚，在复位时，该引脚为低电平就启动 ISP 命令处理程序
		O	CLKOUT——时钟输出引脚
		O	CT32B0_MAT2——32 位定时器 0 的匹配输出 2

符号	引脚	类型[1]	描述
PIO0_2/SSEL0/ CT16B0_CAP0	10[3]	I/O	PIO0_2—通用数字输入/输出引脚
		O	SSEL0—SSP 的从选择
		I	CT16B0_CAP0—16 位定时器 0 的捕获输入 0
PIO0_3	14[3]	I/O	PIO0_3—通用数字输入/输出引脚
PIO0_4/SCL	15[4]	I/O	PIO0_4—通用数字输入/输出引脚
		I/O	SCL—I²C 总线时钟输入/输出。只有在 I/O 配置寄存器中选择了 I²C 快速模式 Plus，才有高灌电流
PIO0_5/SDA	16[4]	I/O	PIO0_5—通用数字输入/输出引脚（漏极开路）
		I/O	SDA—I²C 总线数据输入/输出。只有在 I/O 配置寄存器中选择了 I²C 快速模式 Plus，才有高灌电流
PIO0_6/SCK0	22[3]	I/O	PIO0_6—通用数字输入/输出引脚
		I/O	SCK0—SSP0 的串行时钟
PIO0_7/CTS	23[3]	I/O	PIO0_7—通用数字输入/输出引脚（高电流输出驱动）
		I	CTS—清除 UART 以发送到输入
PIO0_8/MISO0/ CT16B0_MAT0	27[3]	I/O	PIO0_8—通用数字输入/输出引脚
		I/O	MISO0—SSP0 的主机输入从机输出
		O	CT16B0_MAT0—16 位定时器 0 的匹配输出 0
PIO0_9/MOSI0/ CT16B0_MAT1	28[3]	I/O	PIO0_9—通用数字输入/输出引脚
		I/O	MOSI0—SSP0 的主机输出从机输入
		O	CT16B0_MAT1—16 位定时器 0 的匹配输出 1
SWCLK/PIO0_10/ SCK0/ CT16B0_MAT2	29[3]	I	SWCLK—串行线时钟
		I/O	PIO0_10—通用数字输入/输出引脚
		I/O	SCK0—SSP0 的串行时钟
		O	CT16B0_MAT2—16 位定时器 0 的匹配输出 2
R/PIO0_11/AD0/ CT32B0_MAT3	32[5]	I	R—保留，在 IOCONFIG 模块中配置为替换功能
		I/O	PIO0_11—通用数字输入/输出引脚
		I	AD0—A-D 转换器，输入 0
		O	CT32B0_MAT3—32 位定时器 0 的匹配输出 3
PIO1_0～PIO1_11		I/O	Port1——Port1 是 12 位的 I/O 口，可单独控制每一位的方向和功能。Port1 引脚的功能选择是通过 IOCONFIG 寄存器实现的
R/PIO1_0/AD1/ CT32B1_CAP0	33[5]	I	R—保留，在 IOCONFIG 模块中配置为替换功能
		I/O	PIO1_0—通用数字输入/输出引脚
		I	AD1—A-D 转换器，输入 1
		I	CT32B1_CAP0—32 位定时器 1 的捕获输入 0
R/PIO1_1/AD2/ CT32B1_MAT0	34[5]	O	R—保留，在 IOCONFIG 模块中配置为替换功能
		I/O	PIO1_1—通用数字输入/输出引脚
		I	AD2—A-D 转换器，输入 2
		O	CT32B1_MAT0—32 位定时器 1 的匹配输出 0

（续）

符号	引脚	类型[1]	描述
R/PIO1_2/AD3/ CT32B1_MAT1	35[5]	I	R—保留，在 IOCONFIG 模块中配置为替换功能
		I/O	PIO1_2—通用数字输入/输出引脚
		I	AD3—A-D 转换器，输入 3
		O	CT32B1_MAT1—32 位定时器 1 的匹配输出 1
SWDIO/PIO1_3/ AD4/ CT32B1_MAT2	39[5]	I/O	SWDIO—串行线调试输入/输出
		I/O	PIO1_3—通用数字输入/输出引脚
		I	AD4—A-D 转换器，输入 4
		O	CT32B1_MAT2—32 位定时器 1 的匹配输出 2
PIO1_4/AD5/ CT32B1_MAT3/ WAKEUP	40[5]	I/O	PIO1_4—通用数字输入/输出引脚，带 10ns 干扰滤波器
		I	AD5—A-D 转换器，输入 5
		O	CT32B1_MAT3—32 位定时器 1 的匹配输出 3
		I	WAKEUP—从深度掉电模式唤醒的引脚，带 20ns 干扰滤波器，为进入深度睡眠模式该引脚从外部拉高，对出深度睡眠模式应从外部拉低。一个低电平只持续 50ns 的脉冲就可以唤醒器件
PIO1_5/RTS/ CT32B0_CAP0	45[3]	I/O	PIO1_5—通用数字输入/输出引脚
		O	RTS—UART 请求发送到输出
		I	CT32B0_CAP0—32 位定时器 0 的捕获输入 0
PIO1_6/RXD/ CT32B0_MAT0	46[3]	I/O	PIO1_6—通用数字输入/输出引脚
		I	RXD—UART 的接收器输入
		O	CT32B0_MAT0—32 位定时器 0 的匹配输出 0
PIO1_7/TXD/ CT32B0_MAT1	47[3]	I/O	PIO1_7—通用数字输入/输出引脚
		O	TXD—UART 的发送器输出
		O	CT32B0_MAT1—32 位定位器 0 的匹配输出 1
PIO1_8/ CT16B1_CAP0	9[3]	I/O	PIO1_8—通用数字输入/输出引脚
		I	CT16B1_CAP0—16 位定位器 1 的捕获输入 0
PIO1_9/ CT16B1_MAT0	17[3]	I/O	PIO1_9—通用数字输入/输出引脚
		O	CT16B1_MAT0—16 位定时器 1 的匹配输出 0
PIO1_10/AD6/ CT16B1_MAT1	30[5]	I/O	PIO1_10—通用数字输入/输出引脚
		I	AD6—A-D 转换器，输入 6
		O	CT16B1_MAT1—16 位定时器 1 的匹配输出 1
PIO1_11/AD7	42[5]	I/O	PIO1_11—通用数字输入/输出引脚
		I	AD7—A-D 转换器，输入 7
PIO2_0～PIO2_11		I/O	Port2——Port2 是 12 位的 I/O 口，可单独控制每一位的方向和功能。Port2 引脚的功能选择是通过 IOCONFIG 寄存器实现的
PIO2_0/DTR/ SSEL1	2[3]	I/O	PIO2_0—通用数字输入/输出引脚
		O	DTR—UART 数据终端就绪输出
		O	SSEL1—SSP1 的从机选择
PIO2_1/DSR/ SCK1	13[3]	I/O	PIO2_1—通用数字输入/输出引脚
		I	DSR—UART 数据设置就绪输入
		I/O	SCK1—SSP1 的串行时钟

（续）

符号	引脚	类型[1]	描述
PIO2_2/DCD/MISO1	26[3]	I/O	PIO2_2—通用数字输入/输出引脚
		I	DCD—UART 数据载波检测输入
		I/O	MISO1—SSP1 的主机输入从机输出
PIO2_3/RI/MOSI1	38[3]	I/O	PIO2_3—通用数字输入/输出引脚
		I	RI—UART 铃响指示器输入
		I/O	MOSI1—SSP1 的主机输出从机输入
PIO2_4	19[3]	I/O	PIO2_4—通用数字输入/输出引脚
PIO2_5	20[3]	I/O	PIO2_5—通用数字输入/输出引脚
PIO2_6	1[3]	I/O	PIO2_6—通用数字输入/输出引脚
PIO2_7	11[3]	I/O	PIO2_7—通用数字输入/输出引脚
PIO2_8	12[3]	I/O	PIO2_8—通用数字输入/输出引脚
PIO2_9	24[3]	I/O	PIO2_9—通用数字输入/输出引脚
PIO2_10	25[3]	I/O	PIO2_10—通用数字输入/输出引脚
PIO2_11/SCK0	31[3]	I/O	PIO2_11—通用数字输入/输出引脚
		I/O	SCK0—SSP0 的串行时钟
PIO3_0~PIO3_5		I/O	Port3——Port3 是 12 位的 I/O 口，可单独控制每一位的方向和功能。Port3 引脚的功能选择是通过 IOCONFIG 寄存器实现的。不存在 PIO3_6~PIO3_11 引脚
PIO3_0/DTR	36[3]	I/O	PIO3_0—通用数字输入/输出引脚
		O	DTR—UART 数据终端就绪输出
PIO3_1/DSR	37[3]	I/O	PIO3_1—通用数字输入/输出引脚
		I	DSR—UART 数据设置就绪输入
PIO3_2/DCD	43[3]	I/O	PIO3_2—通用数字输入/输出引脚
		I	DCD—UART 数据载波检测输入
PIO3_3/RI	48[3]	I/O	PIO3_3—通用数字输入/输出引脚
		I	RI—UART 铃响指示器输入
PIO3_4	18[3]	I/O	PIO3_4—通用数字输入/输出引脚
PIO3_5	21[3]	I/O	PIO3_5—通用数字输入/输出引脚
VDD	8; 44	I	3.3V 的输入/输出供电电压，供给内部稳压器和 ADC 的 3.3V 电压，也用作 ADC 参考电压
XTALIN	6[6]	I	振荡器电路和内部时钟发生器电路的输入。输入电压必须超过 1.8V
XTALOUT	7[6]	O	振荡器放大器的输出
VSS	5; 41	I	接地

[1]复位后默认功能的引脚状态：I=输入；O=输出。

[2]在深度掉电模式下 RESET 引脚是不使能的。使用 WAKEUP 引脚复位和从深度睡眠模式中唤醒。深度睡眠模式下，该引脚需要外加一个上拉电阻。

[3]5V 容差引脚，提供带可配置滞后的上拉/下拉电阻的数字 I/O 功能。

[4]I^2C 总线引脚符合 I^2C 标准模式和 I^2C Fast-mode plus 的 I^2C 总线规格。

[5]5V 容差引脚，提供带可配置滞后上拉/下拉电阻和模拟输入（当配置为 ADC 输入时）的数字 I/O 功能，引脚的数字部分被禁能并且引脚不是 5V 的容差。

[6]不使用系统振荡器时，XTALIN 和 XTALOUT 连接方法如下：XTALIN 可以悬空或接地（接地更好，因为可以减少噪声干扰），XTALOUT 应该悬空。

I/O 配置寄存器控制 GPIO 端口引脚、所有外设和功能模块的输入和输出、I²C 总线引脚和 ADC 输入引脚。每个端口引脚 GPIO*n_m* 都分配一个 IOCON 寄存器，以控制引脚功能和电气特性。某些输入功能（SCK0、DSR0 和 RI0）在几个物理引脚中复用。IOCON_LOC 寄存器为每个功能选择引脚位置。

I/O 配置寄存器控制着引脚的电气特性。其可配置选项如下：

1）引脚功能；

2）内部电阻上拉/下拉或总线保持功能；

3）滞后特性；

4）模拟/数字输入模式；

5）I²C 总线的 I²C 模式。

3.5.2　I/O 口的引脚模式

IOCON 寄存器控制引脚的功能（GPIO 或外设功能）、输入模式和所有 GPIO*n_m* 引脚的滞后特性。另外，可以为不同的 I²C 总线模式配置 I²C 总线引脚。如果引脚用作 ADC 的输入引脚，那么可以选择模拟输入模式。标准 I/O 引脚内部结构如图 3-9 所示。

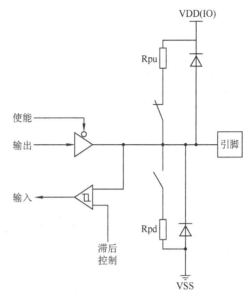

图 3-9　标准 I/O 引脚配置

3.5.3　I/O 口的配置

1. I/O 配置寄存器总表

表 3-46 中列出了 LPC1100 系列芯片（LQFP48 封装）的所有 IOCON 寄存器。需要特别注意的是，HVQFN33 封装的芯片没有 P2.0～P2.11、P3.0、P3.1 和 P3.3 引脚，所以对于 33 脚封装的微控制器来说，该部分引脚对应的配置寄存器不存在；而 PLCC44 封装的芯片没有 P3.1～P3.3 引脚，因此对于 44 脚微控制器来说，该部分引脚对应的配置寄存器也不存在。

表 3-46　寄存器汇总：I/O 配置（基址 0x4004 4000）

引脚	名称	访问	地址偏移	描述	复位值
PIO0_0	IOCON_RESET_PIO0_0	R/W	0x00C	引脚 $\overline{RESET}$ /PIO0_0 的 I/O 配置	0xD0
PIO0_1	IOCON_PIO0_1	R/W	0x010	引脚 PIO0_1/CLKOUT/CT32B0_MAT2 的 I/O 配置	0xD0
PIO0_2	IOCON_PIO0_2	R/W	0x01C	引脚 PIO0_2/SSEL0/CT16B0_CAP0 的 I/O 配置	0xD0
PIO0_3	IOCON_PIO0_3	R/W	0x02C	引脚 PIO0_3 的 I/O 配置	0xD0
PIO0_4	IOCON_PIO0_4	R/W	0x030	引脚 PIO0_4/SCL 的 I/O 配置	0xC0
PIO0_5	IOCON_PIO0_5	R/W	0x034	引脚 PIO0_5/SDA 的 I/O 配置	0xC0
PIO0_6	IOCON_PIO0_6	R/W	0x04C	引脚 PIO0_6/SCK0 的 I/O 配置	0xD0
PIO0_7	IOCON_PIO0_7	R/W	0x050	引脚 PIO0_7/ $\overline{CTS}$ 的 I/O 配置	0xD0
PIO0_8	IOCON_PIO0_8	R/W	0x060	引脚 PIO0_8/MISO0/CT16B0_MAT0 的 I/O 配置	0xD0
PIO0_9	IOCON_PIO0_9	R/W	0x064	引脚 PIO0_9/MOSI0/CT16B0_MAT1 的 I/O 配置	0xD0

（续）

引脚	名称	访问	地址偏移	描述	复位值
PIO0_10	IOCON_SWCLK_PIO0_10	R/W	0x068	引脚 SWCLK/PIO0_10/SCK0/CT16B0_MAT2 的 I/O 配置	0xD0
PIO0_11	IOCON_R_PIO0_11	R/W	0x074	引脚 TDI/PIO0_11/AD0/CT32B0_MAT3 的 I/O 配置	0xD0
PIO1_0	IOCON_R_PIO1_0	R/W	0x078	引脚 TMS/PIO1_0/AD1/CT32B1_CAP0 的 I/O 配置	0xD0
PIO1_1	IOCON_R_PIO1_1	R/W	0x07C	引脚 TDO/PIO1_1/AD2/CT32B1_MAT0 的 I/O 配置	0xD0
PIO1_2	IOCON_R_PIO1_2	R/W	0x080	引脚 $\overline{TRST}$ /PIO1_2/AD3/CT32B1_MAT1 的 I/O 配置	0xD0
PIO1_3	IOCON_SWDIO_PIO1_3	R/W	0x090	引脚 SWDIO/PIO1_3/AD4/CT32B1_MAT2 的 I/O 配置	0xD0
PIO1_4	IOCON_PIO1_4	R/W	0x094	引脚 PIO1_4/AD5/CT32B1_MAT3 的 I/O 配置	0xD0
PIO1_5	IOCON_PIO1_5	R/W	0x0A0	引脚 PIO1_5/ $\overline{RTS}$ /CT32B0_CAP0 的 I/O 配置	0xD0
PIO1_6	IOCON_PIO1_6	R/W	0x0A4	引脚 PIO1_6/RXD/CT32B0_MAT0 的 I/O 配置	0xD0
PIO1_7	IOCON_PIO1_7	R/W	0x0A8	引脚 PIO1_7/TXD/CT32B0_MAT1 的 I/O 配置	0xD0
PIO1_8	IOCON_PIO1_8	R/W	0x014	引脚 PIO1_8/CT16B1_CAP0 的 I/O 配置	0xD0
PIO1_9	IOCON_PIO1_9	R/W	0x038	引脚 PIO1_9/CT16B1_MAT0 的 I/O 配置	0xD0
PIO1_10	IOCON_PIO1_10	R/W	0x06C	引脚 PIO1_10/AD6/CT16B1_MAT1 的 I/O 配置	0xD0
PIO1_11	IOCON_PIO1_11	R/W	0x098	引脚 PIO1_11/AD7 的 I/O 配置	0xD0
PIO2_0	IOCON_PIO2_0	R/W	0x008	引脚 PIO2_0/DTR/SSEL1 的 I/O 配置	0xD0
PIO2_1	IOCON_PIO2_1	R/W	0x028	引脚 PIO2_1/ $\overline{DSR}$ /SCK1 的 I/O 配置	0xD0
PIO2_2	IOCON_PIO2_2	R/W	0x05C	引脚 PIO2_2/ $\overline{DCD}$ /MISO1 的 I/O 配置	0xD0
PIO2_3	IOCON_PIO2_3	R/W	0x08C	引脚 PIO2_3/ $\overline{RI}$ /MOSI1 的 I/O 配置	0xD0
PIO2_4	IOCON_PIO2_4	R/W	0x040	引脚 PIO2_4 的 I/O 配置	0xD0
PIO2_5	IOCON_PIO2_5	R/W	0x044	引脚 PIO2_5 的 I/O 配置	0xD0
PIO2_6	IOCON_PIO2_6	R/W	0x000	引脚 PIO2_6 的 I/O 配置	0xD0
PIO2_7	IOCON_PIO2_7	R/W	0x020	引脚 PIO2_7 的 I/O 配置	0xD0
PIO2_8	IOCON_PIO2_8	R/W	0x024	引脚 PIO2_8 的 I/O 配置	0xD0
PIO2_9	IOCON_PIO2_9	R/W	0x054	引脚 PIO2_9 的 I/O 配置	0xD0
PIO2_10	IOCON_PIO2_10	R/W	0x058	引脚 PIO2_10 的 I/O 配置	0xD0
PIO2_11	IOCON_PIO2_11	R/W	0x070	引脚 PIO2_11/SCK0 的 I/O 配置	0xD0
PIO3_0	IOCON_PIO3_0	R/W	0x084	引脚 PIO3_0/ $\overline{DTR}$ 的 I/O 配置	0xD0
PIO3_1	IOCON_PIO3_1	R/W	0x088	引脚 PIO3_1/ $\overline{DSR}$ 的 I/O 配置	0xD0
PIO3_2	IOCON_PIO3_2	R/W	0x09C	引脚 PIO3_2/ $\overline{DCD}$ 的 I/O 配置	0xD0
PIO3_3	IOCON_PIO3_3	R/W	0x0AC	引脚 PIO3_3/ $\overline{RI}$ 的 I/O 配置	0xD0
PIO3_4	IOCON_PIO3_4	R/W	0x03C	引脚 PIO3_4 的 I/O 配置	0xD0
PIO3_5	IOCON_PIO3_5	R/W	0x048	引脚 PIO3_5 的 I/O 配置	0xD0
—	IOCON_SCK_LOC	R/W	0x0B0	SCK 引脚位置选择寄存器	0x00
—	IOCON_DSR_LOC	R/W	0x0B4	$\overline{DSR}$ 引脚位置选择寄存器	0x00
—	IOCON_DCD_LOC	R/W	0x0B8	$\overline{DCD}$ 引脚位置选择寄存器	0x00
—	IOCON_RI_LOC	R/W	0x0BC	$\overline{RI}$ 引脚位置选择寄存器	0x00

2. I/O 配置寄存器 IOCON_PIO*n_m*

I/O 配置寄存器 IOCON_PIO*n_m* 的位描述见表 3-47。所有引脚的配置寄存器 IOCON_PIO*n_m* 均具有 FUNC、MODE、HYS 位的定义，而 ADMODE 位的定义只有 A-D 输入引脚的 IOCON 寄存器具有，I2CMODE 位的定义也只有 I²C 功能引脚的 IOCON 寄存器才具有。各引脚 IOCON 寄存器的位[2:0]配置不同的值所相应的功能见表 3-48。

表 3-47　IOCON_PIO*n_m* 寄存器位描述

位	符号	值	描述	复位值
2:0	FUNC		选择引脚功能	000
		000~111	该位配置不同的值对应着不同的引脚功能	
4:3	MODE		选择功能模式（片内上拉/下拉电阻控制）	10
		00	无效（无下拉/上拉电阻使能）	
		01	下拉电阻使能	
		10	上拉电阻使能	
		11	中继模式	
5	HYS		滞后作用	0
		0	禁能	
		1	使能	
7:6	ADMODE		选择模拟/数字模式	10
		00	模拟输入模式	
		10	数字功能模式	
9:8	I2CMODE		选择 I²C 模式	00
		00	标准模式/快速模式 I²C	
		01	标准 I/O 功能	
		10	快速模式 Plus I²C	
		11	保留	
31:10	—	—	保留	0

表 3-48　各引脚 IOCON 寄存器的位[2:0]配置不同的值所相应的功能

IOCON 寄存器	FUNC 位定义			
	011	010	001	000
IOCON_RESET_PIO0_0	—	—	PIO0_0	RESET
IOCON_PIO0_1	—	CT32B0_MAT2	CLKOUT	PIO0_1
IOCON_PIO0_2	—	CT16B0_CAP0	SSEL0	PIO0_2
IOCON_PIO0_3	—	—	—	PIO0_3
IOCON_PIO0_4	—	—	SCL	PIO0_4
IOCON_PIO0_5	—	—	SDA	PIO0_5
IOCON_PIO0_6	—	SCK0[1]	—	PIO0_6
IOCON_PIO0_7	—	—	CTS	PIO0_7
IOCON_PIO0_8	—	CT16B0_MAT0	MISO0	PIO0_8
IOCON_PIO0_9	—	CT16B0_MAT0	MOSI0	PIO0_9
IOCON_SWCLK_PIO0_10	CT16B0_MAT2	SCK0[1]	PIO0_10	SWCLK
IOCON_R_PIO0_11	CT32B0_MAT3	AD0	PIO0_11	TDI

（续）

IOCON 寄存器	FUNC 位定义			
	011	010	001	000
IOCON_R_PIO1_0	CT32B1_CAP0	AD1	PIO1_0	TMS
IOCON_R_PIO1_1	CT32B1_MAT0	AD2	PIO1_1	TDO
IOCON_R_PIO1_2	CT32B1_MAT1	AD3	PIO1_2	TRST
IOCON_SWDIO_PIO1_3	CT32B1_MAT2	AD4	PIO1_3	SWDIO
IOCON_PIO1_4	—	CT32B1_MAT3	AD5	PIO1_4
IOCON_PIO1_5	—	CT32B0_CAP0	RTS	PIO1_5
IOCON_PIO1_6	—	CT32B0_MAT0	RXD	PIO1_6
IOCON_PIO1_7	—	CT32B0_MAT1	TXD	PIO1_7
IOCON_PIO1_8	—	—	CT16B1_CAP0	PIO1_8
IOCON_PIO1_9	—	—	CT16B1_MAT0	PIO1_9
IOCON_PIO1_10	—	CT16B1_MAT1	AD6	PIO1_10
IOCON_PIO1_11	—	—	AD7	PIO1_11
IOCON_PIO2_0	—	SSEL1	DTR	PIO2_0
IOCON_PIO2_1	—	SCK1	DSR[2]	PIO2_1
IOCON_PIO2_2	—	MISO1	DCD[3]	PIO2_2
IOCON_PIO2_3	—	—	RI[4]	PIO2_3/MOSI1
IOCON_PIO2_4	—	—	—	PIO2_4
IOCON_PIO2_5	—	—	—	PIO2_5
IOCON_PIO2_6	—	—	—	PIO2_6
IOCON_PIO2_7	—	—	—	PIO2_7
IOCON_PIO2_8	—	—	—	PIO2_8
IOCON_PIO2_9	—	—	—	PIO2_9
IOCON_PIO2_10	—	—	—	PIO2_10
IOCON_PIO2_11	—	—	SCK0[1]	PIO2_11
IOCON_PIO3_0	—	—	DTR	PIO3_0
IOCON_PIO3_1	—	—	—	PIO3_1/DSR[2]
IOCON_PIO3_2	—	—	DCD[3]	PIO3_2
IOCON_PIO3_3	—	—	RI[4]	PIO3_3
IOCON_PIO3_4	—	—	—	PIO3_4
IOCON_PIO3_5	—	—	—	PIO3_5

[1]SCK0 引脚的位置选择由寄存器 IOCON_SCK_LOC 的配置决定。

[2]DSR 引脚的位置选择由寄存器 IOCON_DSR_LOC 的配置决定。

[3]DCD 引脚的位置选择由寄存器 IOCON_DCD_LOC 的配置决定。

[4]RI 引脚的位置选择由寄存器 IOCON_RI_LOC 的配置决定。

IOCON 寄存器的 FUNC 位可以设为 GPIO（FUNC=000）或者一种外设功能。如果引脚用作 GPIO 引脚，那么 GPIOnDIR 寄存器确定哪个引脚配置为输入或输出。对于任何外设功能，根据引脚功能来自动控制引脚的方向。对于外设功能来说，GPIOnDIR 寄存器没有作用。

IOCON 寄存器的 MODE 位允许为每个引脚选择片内上拉或下拉电阻或者选择中继模式（Repeater Mode）。片内电阻配置有上拉使能、下拉使能或无上拉/下拉，默认值是上拉使能。

如果引脚处于逻辑高电平，则中继模式使能上拉电阻；如果引脚处于逻辑低电平，则中继模式使能下拉电阻。这样，如果引脚配置为输入并且不被外部驱动，那么它可以保持上一种已知状态。这种状态的保持不适用于深度掉电模式。中继模式可以用来在暂时不被驱动时防止引脚悬空（并且如果悬空到未知状态时会产生显著功耗）。

表 3-49 列举了 IOCON 寄存器[7:6]（I2CMODE）位描述。IOCON 寄存器中 I2CMODE 位的定义只有 IOCON_PIO0_4 和 IOCON_PIO0_5 具有。

表 3-49　IOCON 寄存器[7:6]位描述

寄存器	I2CMODE 位定义			
	11	10	01[1]	00[1]
IOCON_PIO0_4	保留	快速模式 Plus I^2C	标准 I/O 功能	标准模式/快速模式 I^2C
IOCON_PIO0_5	保留	快速模式 Plus I^2C	标准 I/O 功能	标准模式/快速模式 I^2C

[1]如果引脚功能是 GPIO（FUNC=000），则可选择标准模式（I2CMODE=0，默认）或标准 I/O 功能（I2CMODE=01）。

表 3-50 列举了 IOCON 寄存器的[9:8]（ADMODE）位描述。ADMODE 位的定义只有 A-D 输入引脚的寄存器 IOCON_PIO0_11、IOCON_PIO1_0～IOCON_PIO1_4、IOCON_PIO1_10 和 IOCON_PIO1_11 具有。

表 3-50　IOCON 寄存器[9:8]位描述

寄存器	ADMODE 位定义	
	1	0
IOCON_PIO0_11	数字输入模式	模拟输入模式
IOCON_PIO1_0	数字输入模式	模拟输入模式
IOCON_PIO1_1	数字输入模式	模拟输入模式
IOCON_PIO1_2	数字输入模式	模拟输入模式
IOCON_PIO1_3	数字输入模式	模拟输入模式
IOCON_PIO1_4	数字输入模式	模拟输入模式
IOCON_PIO1_10	数字输入模式	模拟输入模式
IOCON_PIO1_11	数字输入模式	模拟输入模式

3．IOCON 位置寄存器

IOCON 位置寄存器用于为复用的功能选择物理引脚，其位描述见表 3-51～表 3-54。IOCON 位置寄存器一旦选择了引脚位置，则仍必须在相应的 IOCON_PIO*n_m* 寄存器中配置引脚可用的功能。

表 3-51　IOCON SCK 位置寄存器（IOCON_SCK_LOC，地址 0x4004 40B0）位描述

位	符号	值	描述	复位值
1:0	FUNC		选择 SCK0 引脚的位置	00
		00	在引脚位置 SWCLK/PIO0_10/SCK0/CT16B0_MAT2 选择 SCK0 功能	
		01	在引脚位置 PIO2_11/SCK0 选择 SCK0 功能	
		10	在引脚位置 PIO0_6/SCK0 选择 SCK0 功能	
		11	保留	
31:2	—	—	保留	—

表 3-52　**IOCON DSR 位置寄存器**（IOCON_DSR_LOC，地址 0x4004 40B4）位描述

位	符号	值	描述	复位值
1:0	DSRLOC		选择 DSR 引脚的位置	00
		00	在引脚位置 PIO2_1/ $\overline{DSR}$ /SCK1 选择 $\overline{DSR}$ 功能	
		01	在引脚位置 PIO3_1/选择 $\overline{DSR}$ 功能	
		10	保留	
		11	保留	
31:2	—	—	保留	—

表 3-53　**IOCON DCD 位置寄存器**（IOCON_DCD_LOC，地址 0x4004 40B8）位描述

位	符号	值	描述	复位值
1:0	DCDLOC		选择 DCD 引脚的位置	00
		00	在引脚位置 PIO2_2/ $\overline{DCD}$ /MISO1 选择 $\overline{DCD}$ 功能	
		01	在引脚位置 PIO3_2/选择 $\overline{DCD}$ 功能	
		10	保留	
		11	保留	
31:2	—	—	保留	—

表 3-54　**IOCON RI 位置寄存器**（IOCON_RI_LOC，地址 0x4004 40BC）位描述

位	符号	值	描述	复位值
1:0	RILOC		选择 RI 引脚的位置	00
		00	在引脚位置 PIO2_3/ $\overline{RI}$ /MOSI1 选择 $\overline{RI}$ 功能	
		01	在引脚位置 PIO3_3/选择 $\overline{RI}$ 功能	
		10	保留	
		11	保留	
31:2	—	—	保留	—

3.5.4　I/O 配置示例

　　用户在每次使用微处理器的外设之前都必须先确定使用的引脚，以及引脚需要的电气特性，然后利用引脚相应的 I/O 配置寄存器对其进行功能及电气特性的配置。因此，引脚的 I/O 配置是用户编写应用程序的一个重要环节。

　　下例说明如何利用 I/O 配置寄存器对引脚进行功能及电气特性的配置。CMSIS 代码如下（LPC11xx.h）：

```
typedef struct
{
__IO uint32_t PIO2_6;                    /*偏移：0x000 PIO2_6 I/O 配置寄存器*/
     uint32_t RESERVED0[1];
__IO uint32_t PIO2_0;                    /*偏移：0x008 PIO2_0 I/O 配置寄存器*/
__IO uint32_t RESET_PIO0_0;              /*偏移：0x00c PIO0_0 I/O 配置寄存器*/
__IO uint32_t PIO0_1;                    /*偏移：0x010 PIO0_1 I/O 配置寄存器*/
```

```
    __IO uint32_t PIO1_8;                          /*偏移：0x014 PIO1_8 I/O 配置寄存器*/
        uint32_t RESERVED1[1];
    __IO uint32_t PIO0_2;                          /*偏移：0x01C PIO0_2 I/O 配置寄存器*/
    __IO uint32_t PIO2_7;                          /*偏移：0x020 PIO2_7 I/O 配置寄存器*/
    __IO uint32_t PIO2_8;                          /*偏移：0x024 PIO2_8 I/O 配置寄存器*/
    __IO uint32_t PIO2_1;                          /*偏移：0x028 PIO2_1 I/O 配置寄存器*/
    __IO uint32_t PIO0_3;                          /*偏移：0x02C PIO0_3 I/O 配置寄存器*/
    __IO uint32_t PIO0_4;                          /*偏移：0x030 PIO0_4 I/O 配置寄存器*/
    __IO uint32_t PIO0_5;                          /*偏移：0x034 PIO0_5 APB 配置寄存器*/
    __IO uint32_t PIO1_9;                          /*偏移：0x038 PIO1_9 I/O 配置寄存器*/
    __IO uint32_t PIO3_4;                          /*偏移：0x03C PIO3_4 I/O 配置寄存器*/
    __IO uint32_t PIO2_4;                          /*偏移：0x040 PIO2_4 I/O 配置寄存器*/
    __IO uint32_t PIO2_5;                          /*偏移：0x044 PIO2_5 I/O 配置寄存器*/
    __IO uint32_t PIO3_5;                          /*偏移：0x048 PIO3_5 I/O 配置寄存器*/
    __IO uint32_t PIO0_6;                          /*偏移：0x04C PIO0_6 I/O 配置寄存器*/
    __IO uint32_t PIO0_7;                          /*偏移：0x050 PIO0_7 I/O 配置寄存器*/
    __IO uint32_t PIO2_9;                          /*偏移：0x054 PIO2_9 I/O 配置寄存器*/
    __IO uint32_t PIO2_10;                         /*偏移：0x058 PIO2_10 I/O 配置寄存器*/
    __IO uint32_t PIO2_2;                          /*偏移：0x05C PIO2_2 I/O 配置寄存器*/
    __IO uint32_t PIO0_8;                          /*偏移：0x060 PIO0_8 I/O 配置寄存器*/
    __IO uint32_t PIO0_9;                          /*偏移：0x064 PIO0_9 I/O 配置寄存器*/
    __IO uint32_t SWCLK_PIO0_10;                   /*偏移：0x068 PIO0_10 I/O 配置寄存器*/
    __IO uint32_t PIO1_10;                         /*偏移：0x06C PIO1_10 I/O 配置寄存器*/
    __IO uint32_t PIO2_11;                         /*偏移：0x070 PIO2_11 I/O 配置寄存器*/
    __IO uint32_t PIO0_11;                         /*偏移：0x074 PIO0_11 I/O 配置寄存器*/
    __IO uint32_t PIO1_0;                          /*偏移：0x078 PIO1_0 I/O 配置寄存器*/
    __IO uint32_t PIO1_1;                          /*偏移：0x07C PIO1_1 I/O 配置寄存器*/
    __IO uint32_t PIO1_2;                          /*偏移：0x080 PIO1_2 I/O 配置寄存器*/
    __IO uint32_t PIO3_0;                          /*偏移：0x084 PIO3_0 I/O 配置寄存器*/
    __IO uint32_t PIO3_1;                          /*偏移：0x088 PIO3_1 I/O 配置寄存器*/
    __IO uint32_t PIO2_3;                          /*偏移：0x08C PIO2_3 I/O 配置寄存器*/
    __IO uint32_t SWDIO_PIO1_3;                    /*偏移：0x090 PIO1_3 I/O 配置寄存器*/
    __IO uint32_t PIO1_4;                          /*偏移：0x092PIO1_4 I/O 配置寄存器*/
    __IO uint32_t PIO1_11;                         /*偏移：0x094 PIO1_11 I/O 配置寄存器*/
    __IO uint32_t PIO3_2;                          /*偏移：0x098 PIO3_2 I/O 配置寄存器*/
    __IO uint32_t PIO1_5;                          /*偏移：0x0A0 PIO1_5 I/O 配置寄存器*/
    __IO uint32_t PIO1_6;                          /*偏移：0x0A4 PIO1_6 I/O 配置寄存器*/
    __IO uint32_t PIO1_7;                          /*偏移：0x0A8 PIO1_7 I/O 配置寄存器*/
    __IO uint32_t PIO3_3;                          /*偏移：0x0AC PIO3_3 I/O 配置寄存器*/
    __IO uint32_t SCK_LOC;                         /*偏移：0x0B0 SCK_LOCI/O 配置寄存器*/
    __IO uint32_t DSR_LOC;                         /*偏移：0x0B4 DSR_LOC I/O 配置寄存器*/
    __IO uint32_t DCD_LOC;                         /*偏移：0x0B8 DCD_LOCI/O 配置寄存器*/
    __IO uint32_t RI_LOC;                          /*偏移：0x0BC RI_LOCI/O 配置寄存器*/
}LPC_IOCON_Typedef;
#define LPC_APB0_BASE    (0x40000000UL)                      /*系统 APB 起始地址*/
#define LPC_IOCON_BASE   (LPC_APB0_BASE+0x44000)    /*I/O 配置寄存器起始地址*/
#define LPC_IOCON    ((LPC_IOCON_TypeDef  *)LPC_IOCON_BASE)
```

将引脚 PIO0_11 设置为 GPIO 功能、片内电阻下拉、滞后模式禁能的代码如下：

```
LPC_IOCON-> PIO0_11 &=~(0x3F);               /*将 FUNC、MODE、HYS 位全部清零*/
LPC_IOCON-> PIO0_11 |=~(1<<0|1<<3);          /*FUNC=001、MODE=01、HYS=0*/
```

在使用引脚 PIO0_11 前，只需加上这两行代码，便可将引脚 PIO0_11 设置为 GPIO 功能，并且有片内下拉电阻，禁能滞后模式。

若需要使用 I²C 的 FM+（Fast-mode Plus）模式，则需要设置引脚 PIO0_4、PIO0_5。实现代码如下：

```
LPC_IOCON-> PIO0_4 &=~(0x307);          /*将 PIO0_4 的 FUNC、I2CMODE 位全部清零*/
LPC_IOCON-> PIO0_4 |=~(1<<0|1<<9);      /*FUNC=001、I2CMODE=10*/
LPC_IOCON-> PIO0_5 &=~(0x307);          /*将 PIO0_5 的 FUNC、I2CMODE 位全部清零*/
LPC_IOCON-> PIO0_5 |=~(1<<0|1<<9);      /*FUNC=001、I2CMODE=10*/
```

3.6 GPIO 口的结构及功能

3.6.1 GPIO 口的结构特点

LPC1110 系列 Cortex-M0 微控制器的 GPIO 具有以下特性：

1）数字端口可以由软件配置为输入/输出；

2）所有 GPIO 引脚默认为输入；

3）端口引脚的读/写操作是可屏蔽的；

4）每个单独引脚可被用作外部中断输入引脚；

5）每个 GPIO 中断可配置为低电平、高电平、下降沿、上升沿或双边沿触发；

6）可对单独端口的中断级别进行编程。

3.6.2 GPIO 口的配置

所有 GPIO 寄存器都为 32 位，可以以字节、半字和字的形式访问。单个位（如 GPIO 端口）也可通过直接写入端口引脚地址来设置。

1. GPIO 寄存器总览

GPIO 端口 0 的基址为 0x5000 0000；GPIO 端口 1 的基址为 0x5001 0000；GPIO 端口 2 的基址为 0x5002 0000；GPIO 端口 3 的基址为 0x5003 0000。GPIO 的寄存器总览见表 3-55。

表 3-55 GPIO 的寄存器

名称	访问	地址偏移量	描述	复位值
GPIOnDATA	R/W	0x0000~0x3FFC	端口 n 数据寄存器，其中 PIOn_0 到 PIOn_11 引脚可用；4096 个位置；每一个数据寄存器都是 32 位宽	0x00
—	—	0x4000~0x7FFC	保留	—
GPIOnDIR	R/W	0x8000	端口 n 的数据方向寄存器	0x00
GPIOnIS	R/W	0x8004	端口 n 的中断触发寄存器	0x00
GPIOnIBE	R/W	0x8008	端口 n 的中断边沿寄存器	0x00
GPIOnIEV	R/W	0x800C	端口 n 的中断事件寄存器	0x00
GPIOnIE	R/W	0x8010	端口 n 的中断屏蔽寄存器	0x00
GPIOnIRS	R	0x8014	端口 n 的原始中断状态寄存器	0x00
GPIOnMIS	R	0x8018	端口 n 的屏蔽中断状态寄存器	0x00
GPIOnIC	W	0x801C	端口 n 的中断清除寄存器	0x00
—	—	0x8020~0x8FFF	保留	0x00

2．GPIO 数据寄存器

GPIO 数据寄存器用于读取输入引脚的状态数据，或配置输出引脚的输出状态，其位描述见表 3-56。GPIO0DATA 寄存器访问的地址范围为 0x5000 0000～0x5000 3FFC；GPIO1DATA 寄存器访问的地址范围为 0x5001 0000～0x5001 3FFC；GPIO2DATA 寄存器访问的地址范围为 0x5002 0000～0x5002 3FFC；GPIO3DATA 寄存器访问的地址范围为 0x5003 0000～0x5003 3FFC。

表 3-56　**GPIO*n*DATA 寄存器位描述**

位	符号	访问	描述	复位值
11:0	DATA	R/W	引脚 PIO*n*_0～PIO*n*_11 输入数据（读）或输出数据（写）	0x00
31:12	—	—	保留	0x00

3．GPIO 数据方向寄存器

GPIO*n*DIR 寄存器相对于 GPIO 基地址的偏移量为 0x8000，因此 GPIO0DIR 寄存器地址为 0x5000 8000，GPIO1DIR 寄存器地址为 0x5001 8000，GPIO2DIR 寄存器地址为 0x5002 8000，GPIO3DIR 寄存器地址为 0x5003 8000。GPIO*n*DIR 寄存器的位描述见表 3-57。

表 3-57　**GPIO*n*DIR 寄存器位描述**

位	符号	访问	值	描述	复位值
11:0	IO	R/W		选择引脚 *x* 作为输入或输出（*x*=0～11）	0x00
			0	引脚 PIO*n*_*x* 配置为输入	
			1	引脚 PIO*n*_*x* 配置为输出	
31:12	—	—	—	保留	—

4．GPIO 中断触发寄存器

GPIO*n*IS 寄存器相对于 GPIO 基地址的偏移量为 0x8004，因此 GPIO0IS 寄存器地址为 0x5000 8004，GPIO1IS 寄存器地址为 0x5001 8004，GPIO2IS 寄存器地址为 0x5002 8004，GPIO3IS 寄存器地址为 0x5003 8004。GPIO*n*IS 寄存器的位描述见表 3-58。

表 3-58　**GPIO*n*IS 寄存器位描述**

位	符号	访问	值	描述	复位值
11:0	ISENSE	R/W		在引脚 *x* 上选择中断为电平或边沿触发（*x*=0～11）	0x00
			0	PIO*n*_*x* 引脚上的中断配置为边沿触发	
			1	PIO*n*_*x* 引脚上的中断配置为电平触发	
31:12	—	—	—	保留	—

5．GPIO 中断双边沿触发寄存器

GPIO*n*IBE 寄存器相对于 GPIO 基地址的偏移量为 0x8008，因此 GPIO0IBE 寄存器地址为 0x5000 8008，GPIO1IBE 寄存器地址为 0x5001 8008，GPIO2IBE 寄存器地址为 0x5002 8008，GPIO3IBE 寄存器地址为 0x5003 8008。GPIO*n*IBE 寄存器的位描述见表 3-59。

表 3-59　GPIOnIBE 寄存器位描述

位	符号	访问	值	描述	复位值
11:0	IBE	R/W		在引脚 x 上选择在双边沿上触发的中断（x=0～11）	0x00
			0	通过寄存器 GPIOnIEV 控制引脚 PIOn_x 上的中断	
			1	引脚 PIOn_x 上双边沿触发中断	
31:12	—	—	—	保留	—

6. GIPO 中断事件寄存器

GPIOnIEV 寄存器相对于 GPIO 基地址的偏移量为 0x800C，因此 GPIO0IEV 寄存器地址为 0x5000 800C，GPIO1IEV 寄存器地址为 0x5001 800C，GPIO2IEV 寄存器地址为 0x5002 800C，GPIO3IEV 寄存器地址为 0x5003 800C。GPIOnIEV 寄存器的位描述见表 3-60。

表 3-60　GPIOnIEV 寄存器位描述

位	符号	访问	值	描述	复位值
11:0	IEV	R/W		在引脚 x 上选择要触发的上升沿或下降沿中断（x=0～11）	0x00
			0	根据 GPIOnIS 的设置，上升沿或引脚 PIOn_x 的高电平触发中断	
			1	根据 GPIOnIS 的设置，下降沿或引脚 PIOn_x 的低电平触发中断	
31:12	—	—	—	保留	—

7. GPIO 中断屏蔽寄存器

如果 GPIOnIE 寄存器中的某一位设为 1，对应的引脚就会触发各自的中断和对应的 GPIOnINTR，清除该位就会禁止对应引脚的中断触发。

GPIOnIE 寄存器相对于 GPIO 基地址的偏移量为 0x8010，因此 GPIO0IE 寄存器地址为 0x5000 8010，GPIO1IE 寄存器地址为 0x5001 8010，GPIO2IE 寄存器地址为 0x5002 8010，GPIO3IE 寄存器地址为 0x5003 8010。GPIOnIE 寄存器的位描述见表 3-61。

表 3-61　GPIOnIE 寄存器位描述

位	符号	访问	值	描述	复位值
11:0	MASK	R/W		选择引脚 x 上要被屏蔽的中断（x=0～11）	0x00
			0	引脚 PIOn_x 上的中断被屏蔽	
			1	引脚 PIOn_x 上的中断不被屏蔽	
31:12	—	—	—	保留	—

8. GPIO 原始中断状态寄存器

GPIOnIRS 寄存器的某一位读出为 1 时反映了对应引脚上的原始（屏蔽之前）中断状态，表示在触发 GPIOIE 之前所有的要求都满足，该位读出为 0 时表示对应的输入引脚还未启动中断。该寄存器为只读寄存器，其位描述见表 3-62。

GPIOnIRS 寄存器相对于 GPIO 基地址的偏移量为 0x8014，因此 GPIO0IRS 寄存器地址为 0x5000 8014，GPIO1IRS 寄存器地址为 0x5001 8014，GPIO2IRS 寄存器地址为 0x5002 8014，GPIO3IRS 寄存器地址为 0x5003 8014。

表 3-62 GPIO0IRS 寄存器位描述

位	符号	访问	值	描述	复位值
11:0	RAWST	R		原始中断状态（x=0～11）	0x00
			0	引脚 PIOn_x 上无中断	
			1	PIOn_x 上满足中断要求	
31:12	—	—	—	保留	—

9. GPIO 屏蔽中断状态寄存器

GPIOnMIS 寄存器中的某一位读出为 1 反映了输入引脚的状态触发中断，读出为 0 则表示对应的输入引脚没有中断产生，或者中断被屏蔽。GPIOMIS 是屏蔽后的中断状态。该寄存器为只读寄存器，其位描述见表 3-63。

GPIOnMIS 寄存器相对于 GPIO 基地址的偏移量为 0x8018，因此 GPIO0MIS 寄存器地址为 0x5000 8018，GPIO1MIS 寄存器地址为 0x5001 8018，GPIO2MIS 寄存器地址为 0x5002 8018，GPIO3MIS 寄存器地址为 0x5003 8018。

表 3-63 GPIOnMIS 寄存器位描述

位	符号	访问	值	描述	复位值
11:0	MASK	R		选择引脚 x 上被屏蔽的中断（x=0～11）	0x00
			0	引脚 PIOn_x 上无中断	
			1	PIOn_x 上满足中断要求	
31:12	—	—	—	保留	—

10. GPIO 中断清除寄存器

GPIOnIC 寄存器相对于 GPIO 基地址的偏移量为 0x801C，因此 GPIO0IC 寄存器地址为 0x5000 801C，GPIO1IC 寄存器地址为 0x5001 801C，GPIO2IC 寄存器地址为 0x5002 801C，GPIO3IC 寄存器地址为 0x5003 801C。GPIOnIC 寄存器的位描述见表 3-64。

表 3-64 GPIOnIC 寄存器位描述

位	符号	访问	值	描述	复位值
11:0	CLR	W		选择引脚 x 上要清除的中断（x=0～11）。清除中断边沿检测逻辑。该寄存器为只写。注：GPIO 和 NVIC 之间的同步装置产生 2 个时钟的延时。建议在清除中断边沿检测逻辑之后，退出中断服务程序之前增加 2 个 NOP	0x00
			0	无影响	
			1	清除 PIOn_x 上的边沿检测逻辑	
31:12	—	—	—	保留	—

3.6.3 GPIO 口中断

LPC1100 系列 Cortex-M0 微控制器的所有端口均具有中断功能，当引脚电平变化符合设置值时，就会触发中断。GPIO 中断占用 4 个中断通道，GPIO 中断与嵌套向量中断控制器（NVIC）的关系如图 3-10 所示。

GPIO 中断占用 44～47 共 4 个 NVIC 通道，中断使能寄存器 ISER 用来控制 NVIC 通道的中断使能。当 ISER0[28]=1 时，通道 44 中断使能；当 ISER0[29]=1 时，通道 45 中断使能；当 ISER[30]=1 时，通道 46 中断使能；当 ISER0[31]=1 时，通道 47 中断使能。当 ISER0[28:31] 中通道对应位置 1 时，GPIO 中断使能。

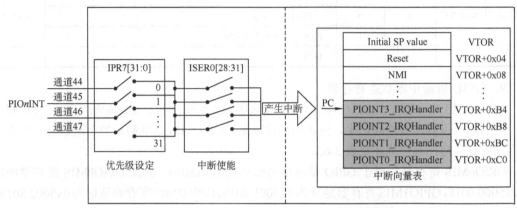

注：VTOR 默认地址为 0x00000000 ISER0(0xE000E100) IPR7(0xE000E41C)

图 3-10 GPIO 与 NVIC 的关系

中断优先级寄存器 IPR 用来设定 NVIC 通道中断的优先级。IPR7[31:0]用来设定通道 44～47 的优先级，即 GPIO 中断优先级。Cortex-M0 的中断优先级分 4 等级，用 IPR7[31:25]、IPR7[24:17]、IPR7[16:8]和 IPR[7:0]的高 2 位表示。

当 GPIO 的优先级设定且中断使能后，若引脚电平变化符合设定值，则会触发中断。当处理器响应中断后将自动定位到中断向量表，并根据中断号从向量表中找到 GPIO 中断处理的入口地址，然后 PC 指针跳转到该地址处执行中断服务函数。因此，用户需要在中断发生前将 GPIO 的中断服务函数地址（PIOINTn_IRQHandler）保存在向量表中。

1. GPIO 中断触发方式配置

LPC1100 系列 Cortex-M0 微控制器的 GPIO 中断可通过电平或边沿触发。所有 GPIO 均可以产生中断，中断可配置为高电平触发、低电平触发、上升沿触发、下降沿触发和双边沿触发 5 种方式。而 GPIO 寄存器中的一位对应着 GPIO 的一个引脚。

（1）电平触发中断

GPIOnIS[11:0]对应位为 1，配置 GPIO 中断为电平触发。当 GPIOnIS[11:0]对应位为 1 且 GPIOnIEV[11:0]对应位为 0 时，GPIO 为高电平触发中断；当 GPIOnIS[11:0]对应位为 1 且 GPIOnIEV[11:0]对应位为 1 时，GPIO 为低电平触发中断。

（2）边沿触发中断

GPIOnIS[11:0]对应位为 0，配置 GPIO 中断为边沿触发。若 GPIOnIBE[11:0]对应位为 0，则 GPIO 中断的边沿触发方式由 GPIOnIEV 配置。当 GPIOnIEV[11:0]对应位为 0 时，GPIO 为上升沿触发中断；当 GPIOnIEV[11:0]对应位为 1 时，GPIO 为下降沿触发中断。若 GPIOnIBE[11:0]对应位为 1，则 GPIO 中断配置为双边沿触发。

2. 中断标志

当 GPIO 引脚触发中断时，会置位对应的中断状态位。通过向中断屏蔽寄存器 GPIOnIE 写入 1，将屏蔽对应引脚的中断标志。通过原始中断状态寄存器 GPIOnIRS 可以读取未被屏蔽的中断标志位状态。通过屏蔽中断状态寄存器 GPIOnMIS 可以读取屏蔽位之外的中断状态标志位。通过向 GPIO 中断标志清零寄存器 GPIO*n*IC 写入 1，可将对应引脚的中断标志清零。
GPIO 的中断触发方式和中断标志位关系如图 3-11 所示。

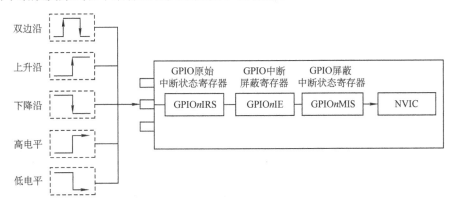

图 3-11　GPIO 中断触发方式与标志位

3.6.4　GPIO 应用示例

电路如图 3-20 所示，PIO1_9 引脚上接一个 LED 指示灯，通过系统节拍定时器定时，每
10ms 亮灭一次，在 Proteus 中进行调试。GPIO 在使用之前需要对其进行设置/初始化处理，
主要是设置 GPIO 的输入/输出方向和初始值，初始化程序如下：

```
/*-----------------------------------------------------------
   Function that initializes LED
 *-----------------------------------------------------------*/
void LED_init(void) {
    LPC_SYSCON->SYSAHBCLKCTRL |= (1UL <<  6);          /* enable clock for GPIO  */
    /* configure GPIO1_9 as output */
    LPC_GPIO1->DIR   |=   (1UL <<  9);
    LPC_GPIO1->DATA &=~(1UL <<  9);
}
/*-----------------------------------------------------------
   Function that turns on requested LED
 *-----------------------------------------------------------*/
void LED_On ( void ) {
    LPC_GPIO1->DATA |=   (1UL <<  9);
}
/*-----------------------------------------------------------
   Function that turns off requested LED
 *-----------------------------------------------------------*/
void LED_Off ( void ) {
    LPC_GPIO1->DATA &=~(1UL <<  9);
}
/*-----------------------------------------------------------
   Function that invert the LED state
 *-----------------------------------------------------------*/
void LED_Invert(void) {
    int ledstate;
    ledstate = LPC_GPIO1->DATA;  // Read current state of GPIO P1_0..31, which includes LED
```

```
    if(ledstate&= (1 << 9))
        {
        LPC_GPIO1->DATA &=~(1 <<9);     // Turn on LED if it is off
        }
    else
        {
        LPC_GPIO1->DATA |=   (1 << 9);     // Turn off LED if it is on
        }
}
```

程序中使用了系统节拍定时器中断，CMSIS 中 SysTick 异常服务函数如下：

```
void SysTick_Handler(void) {
//清中断;
    LED_Invert();
}
```

main( ) 函数中调用 GPIO 初始化程序，设置系统节拍定时器定时中断间隔，：

```
int main (void)
    {
    /* Initialize GPIO (sets up clock) */
    LED_init();
    if (SysTick_Config(SystemCoreClock / 100)) { /* Setup SysTick Timer for 10 mSec interrupts    */
        while (1);                                /* Capture error */
    }
    while (1)                                     /* Loop forever */
    {
    // Turn LED on and OFF in Function SysTick_Handler(void), then wait
    }
    return 0;
    }
```

3.7   中断源及 NVIC 相关寄存器

3.7.1   中断源

每一个外围设备可以有一条或几条中断线连接到向量中断控制器。多个中断源可以共用一条中断线。表 3-65 列出了每一个外设功能所对应的中断源。

表 3-65   外设功能所对应的中断源

中断编号	功能	功能标志
12:0	启动逻辑唤醒中断	每一个中断都会与一个 PIO 输入引脚相连，作为从深度睡眠模式唤醒的唤醒引脚；中断 0～11 对应 PIO0_0～PIO0_11，中断 12 对应 PIO_1_0
13	—	保留
14	SSP1	Tx FIFO 一半为空；Rx FIFO 一半为满 Rx 超时；Rx 溢出
15	I^2C	I^2C，SI（状态改变）
16	CT16B0	匹配 0～2，捕获 0
17	CT16B1	匹配 0～1，捕获 0

（续）

中断编号	功能	功能标志
18	CT32B0	匹配 0~3，捕获 0
19	CT32B1	匹配 0~3，捕获 0
20	SSP0	Tx FIFO 一半为空；Rx FIFO 一半为满 Rx 超时；Rx 溢出
21	UART	Rx 线状态（RLS）；发送保持寄存器空（THRE） Rx 数据可用（RDA）；字符超时指示（CTI） MODEM 控制改变；自动波特率结束（ABEO） 自动波特率超时（ABTO）
22	—	保留
23	—	保留
24	ADC	A-D 转换器结束转换
25	WDT	看门狗中断（WDINT）
26	BOD	Brown-out 检测
27	—	保留
28	PIO_3	端口 3 的 GPIO 中断状态
29	PIO_2	端口 2 的 GPIO 中断状态
30	PIO_1	端口 1 的 GPIO 中断状态
31	PIO_0	端口 0 的 GPIO 中断状态

Keil 在文件 startup_LPC11xx.s 中定义了内部异常和外部中断源的地址空间，代码如下：

```
; Vector Table Mapped to Address 0 at Reset
            AREA        RESET, DATA, READONLY
            EXPORT      __Vectors
__Vectors   DCD         __initial_sp          ; Top of Stack
            DCD         Reset_Handler         ; Reset Handler
            DCD         NMI_Handler           ; NMI Handler
            DCD         HardFault_Handler     ; Hard Fault Handler
            DCD         0                     ; Reserved
            DCD         0                     ; Reserved
            DCD         0                     ; Reserved
            DCD         0                     ; Reserved
            DCD         0                     ; Reserved
            DCD         0                     ; Reserved
            DCD         0                     ; Reserved
            DCD         SVC_Handler           ; SVCall Handler
            DCD         0                     ; Reserved
            DCD         0                     ; Reserved
            DCD         PendSV_Handler        ; PendSV Handler
            DCD         SysTick_Handler       ; SysTick Handler
; External Interrupts
            DCD         WAKEUP_IRQHandler     ; 16+ 0: Wakeup PIO0.0
            DCD         WAKEUP_IRQHandler     ; 16+ 1: Wakeup PIO0.1
            DCD         WAKEUP_IRQHandler     ; 16+ 2: Wakeup PIO0.2
            DCD         WAKEUP_IRQHandler     ; 16+ 3: Wakeup PIO0.3
```

```
            DCD      WAKEUP_IRQHandler           ; 16+ 4: Wakeup PIO0.4
            DCD      WAKEUP_IRQHandler           ; 16+ 5: Wakeup PIO0.5
            DCD      WAKEUP_IRQHandler           ; 16+ 6: Wakeup PIO0.6
            DCD      WAKEUP_IRQHandler           ; 16+ 7: Wakeup PIO0.7
            DCD      WAKEUP_IRQHandler           ; 16+ 8: Wakeup PIO0.8
            DCD      WAKEUP_IRQHandler           ; 16+ 9: Wakeup PIO0.9
            DCD      WAKEUP_IRQHandler           ; 16+10: Wakeup PIO0.10
            DCD      WAKEUP_IRQHandler           ; 16+11: Wakeup PIO0.11
            DCD      WAKEUP_IRQHandler           ; 16+12: Wakeup PIO1.0
            DCD      CAN_IRQHandler              ; 16+13: CAN
            DCD      SSP1_IRQHandler             ; 16+14: SSP1
            DCD      I2C_IRQHandler              ; 16+15: I2C
            DCD      TIMER16_0_IRQHandler        ; 16+16: 16-bit Counter-Timer 0
            DCD      TIMER16_1_IRQHandler        ; 16+17: 16-bit Counter-Timer 1
            DCD      TIMER32_0_IRQHandler        ; 16+18: 32-bit Counter-Timer 0
            DCD      TIMER32_1_IRQHandler        ; 16+19: 32-bit Counter-Timer 1
            DCD      SSP0_IRQHandler             ; 16+20: SSP0
            DCD      UART_IRQHandler             ; 16+21: UART
            DCD      USB_IRQHandler              ; 16+22: USB IRQ
            DCD      USB_FIQHandler              ; 16+24: USB FIQ
            DCD      ADC_IRQHandler              ; 16+24: A/D Converter
            DCD      WDT_IRQHandler              ; 16+25: Watchdog Timer
            DCD      BOD_IRQHandler              ; 16+26: Brown Out Detect
            DCD      FMC_IRQHandler              ; 16+27: IP2111 Flash Memory Controller
            DCD      PIOINT3_IRQHandler          ; 16+28: PIO INT3
            DCD      PIOINT2_IRQHandler          ; 16+29: PIO INT2
            DCD      PIOINT1_IRQHandler          ; 16+30: PIO INT1
            DCD      PIOINT0_IRQHandler          ; 16+31: PIO INT0
SysTick_Handler PROC
            EXPORT   SysTick_Handler             [WEAK]
            B        .
            ENDP
```

CMSIS 在 LPC11xx.h 文件中定义了中断号，代码如下：

```
typedef enum IRQn
{
/******Cortex-M0 Processor Exceptions Numbers *************************************/
    NonMaskableInt_IRQn        = -14,      /*!< 2 Non Maskable Interrupt                 */
    HardFault_IRQn             = -13,      /*!< 3 Cortex-M0 Hard Fault Interrupt         */
    SVCall_IRQn                = -5,       /*!< 11 Cortex-M0 SV Call Interrupt           */
    PendSV_IRQn                = -2,       /*!< 14 Cortex-M0 Pend SV Interrupt           */
    SysTick_IRQn               = -1,       /*!< 15 Cortex-M0 System Tick Interrupt       */

/******LPC11Cxx or LPC11xx Specific Interrupt Numbers ****************************/
    WAKEUP0_IRQn               = 0,        /*!< All I/O pins can be used as wakeup source. */
    WAKEUP1_IRQn               = 1,        /*!< There are 13 pins in total for LPC11xx    */
    WAKEUP2_IRQn               = 2,
    WAKEUP3_IRQn               = 3,
    WAKEUP4_IRQn               = 4,
    WAKEUP5_IRQn               = 5,
```

```
    WAKEUP6_IRQn            = 6,
    WAKEUP7_IRQn            = 7,
    WAKEUP8_IRQn            = 8,
    WAKEUP9_IRQn            = 9,
    WAKEUP10_IRQn           = 10,
    WAKEUP11_IRQn           = 11,
    WAKEUP12_IRQn           = 12,
    CAN_IRQn                = 13,        /*!< CAN Interrupt                       */
    SSP1_IRQn               = 14,        /*!< SSP1 Interrupt                      */
    I2C_IRQn                = 15,        /*!< I2C Interrupt                       */
    TIMER_16_0_IRQn         = 16,        /*!< 16-bit Timer0 Interrupt            */
    TIMER_16_1_IRQn         = 17,        /*!< 16-bit Timer1 Interrupt            */
    TIMER_32_0_IRQn         = 18,        /*!< 32-bit Timer0 Interrupt            */
    TIMER_32_1_IRQn         = 19,        /*!< 32-bit Timer1 Interrupt            */
    SSP0_IRQn               = 20,        /*!< SSP0 Interrupt                      */
    UART_IRQn               = 21,        /*!< UART Interrupt                      */
    Reserved0_IRQn          = 22,        /*!< Reserved Interrupt                 */
    Reserved1_IRQn          = 23,
    ADC_IRQn                = 24,        /*!< A/D Converter Interrupt            */
    WDT_IRQn                = 25,        /*!< Watchdog timer Interrupt           */
    BOD_IRQn                = 26,        /*!< Brown Out Detect(BOD) Interrupt    */
    FMC_IRQn                = 27,        /*!< Flash Memory Controller Interrupt  */
    EINT3_IRQn              = 28,        /*!< External Interrupt 3 Interrupt     */
    EINT2_IRQn              = 29,        /*!< External Interrupt 2 Interrupt     */
    EINT1_IRQn              = 30,        /*!< External Interrupt 1 Interrupt     */
    EINT0_IRQn              = 31,        /*!< External Interrupt 0 Interrupt     */
} IRQn_Type;
```

3.7.2　NVIC 相关寄存器

下面介绍与所有中断源相关的寄存器及其寄存器的使用。

LPC1100 系列支持 32 位中断，中断末尾连锁，每一个中断都有可编程优先级别 0～3，数字 0 对应最高优先级别。

1. 中断使能寄存器（ISER）

ISER 使能中断请求，可通过读该寄存器知道哪个中断被使能。该寄存器每一位和中断源的编号相对应，其位定义见表 3-66。

表 3-66　中断使能寄存器的位定义

位	名称	访问	功能
31:0	SETENA	R/W	中断使能位 写：0，无效；1，使能中断 读：0，中断禁止；1，中断使能

2. 中断清除使能寄存器（ICER）

可用软件清零中断清除使能寄存器（ICER）中的一位或多个位，即禁止响应中断输入的而使能。该寄存器每一位和中断源的编号相对应，通过读其状态可以知道哪个中断源被禁止使能。ICER 的位定义见表 3-67。

表 3-67 中断清除使能寄存器的位定义

位	名称	访问	功能
31:0	CLRENA	R/W	清除中断使能寄存器的位 写：0，无效；1，禁止中断 读：0，中断禁止；1，中断使能

3. 中断设置挂起寄存器（ISPR）

ISPR 寄存器强制中断源处于挂起状态。该寄存器每一位和中断源的编号相对应，通过读其状态可以知道哪个中断被挂起。ISPR 的位定义见表 3-68。

表 3-68 中断设置挂起寄存器的位定义

位	名称	访问	功能
31:0	SETPEND	R/W	挂起某个中断 写：0，无效；1，改变中断状态为挂起状态 读：0，中断没被挂起；1，中断被挂起

4. 中断清除挂起寄存器（ICPR）

ICPR 寄存器清除被挂起的中断，该寄存器每一位和中断源的编号相对应。可通过读 ISPR 知道哪个中断被挂起。ICPR 的位定义见表 3-69。

表 3-69 中断清除挂起寄存器的位定义

位	名称	访问	功能
31:0	CLRPEND	R/W	清除挂起某个中断 写：0，无效；1，清除挂起状态 读：0，中断没被挂起；1，中断被挂起

在 CMSIS 的文件 core_cm0.h 中定义了对以上寄存器进行访问的函数，简化了操作。

外部中断使能函数：

```
__STATIC_INLINE void NVIC_EnableIRQ(IRQn_Type IRQn)
{
   NVIC->ISER[0] = (1 << ((uint32_t)(IRQn) & 0x1F));
}
```

外部中断禁止函数：

```
__STATIC_INLINE void NVIC_DisableIRQ(IRQn_Type IRQn)
{
   NVIC->ICER[0] = (1 << ((uint32_t)(IRQn) & 0x1F));
}
```

读取中断挂起状态函数：

```
__STATIC_INLINE uint32_t NVIC_GetPendingIRQ(IRQn_Type IRQn)
{
   return((uint32_t) ((NVIC->ISPR[0] & (1 << ((uint32_t)(IRQn) & 0x1F)))?1:0));
}
```

设置中断挂起函数：

```
__STATIC_INLINE void NVIC_SetPendingIRQ(IRQn_Type IRQn)
{
```

```
    NVIC->ISPR[0] = (1 << ((uint32_t)(IRQn) & 0x1F));
}
```

清除中断挂起函数：

```
__STATIC_INLINE void NVIC_ClearPendingIRQ(IRQn_Type IRQn)
{
    NVIC->ICPR[0] = (1 << ((uint32_t)(IRQn) & 0x1F)); /* Clear pending interrupt */
}
```

设置中断优先级函数：

```
__STATIC_INLINE void NVIC_SetPriority(IRQn_Type IRQn, uint32_t priority)
{
    if(IRQn < 0) {
    SCB->SHP[_SHP_IDX(IRQn)] = (SCB->SHP[_SHP_IDX(IRQn)] &~(0xFF << _BIT_SHIFT(IRQn))) |
        (((priority << (8 - __NVIC_PRIO_BITS)) & 0xFF) << _BIT_SHIFT(IRQn)); }
    else {
      NVIC->IP[_IP_IDX(IRQn)] = (NVIC->IP[_IP_IDX(IRQn)] &~(0xFF << _BIT_SHIFT(IRQn))) |
        (((priority << (8 - __NVIC_PRIO_BITS)) & 0xFF) << _BIT_SHIFT(IRQn)); }
}
```

读取中断优先级函数：

```
__STATIC_INLINE uint32_t NVIC_GetPriority(IRQn_Type IRQn)
{

    if(IRQn < 0) {
    return((uint32_t)(((SCB->SHP[_SHP_IDX(IRQn)] >> _BIT_SHIFT(IRQn) ) & 0xFF) >> (8 -
        __NVIC_PRIO_BITS)));    } /* get priority for Cortex-M0 system interrupts */
    else {
      return((uint32_t)(((NVIC->IP[_IP_IDX(IRQn)] >> _BIT_SHIFT(IRQn) ) & 0xFF) >> (8 -
        __NVIC_PRIO_BITS)));    } /* get priority for device specific interrupts    */
}
```

3.8　串行线调试

3.8.1　串行线调试概述

LPC1100 系列 ARM 使用串行线调试（SWD）模式进行调试。ARM Cortex-M0 集成了调试的功能，支持串行线调试。ARM Cortex-M0 被配置为支持多达 4 个断点和 2 个观察点。串行线调试技术可作为 CoreSight 调试访问端口的一部分，它提供了 2 针调试端口，这是 JTAG 的低针数和高性能替代产品。

SWD 为严格限制针数的封装提供一个调试端口，通常用于小封装微控制器，但也用于复杂 ASIC 微控制器，此时，限制针数至关重要，这可能是设备成本的控制因素。SWD 将 5 针 JTAG 端口替换为时钟+单个双向数据针，以提供所有常规 JTAG 调试和测试功能以及实时系统内存访问，而无须停止处理器或需要任何目标驻留代码。SWD 使用 ARM 标准双向线协议，以标准方式与调试器和目标系统之间高效地传输数据。作为基于 ARM 处理器的设备的标准接口，软件开发人员可以使用 ARM 和第三方工具供应商提供的各种可互操作的工具。

SWD 提供了从 JTAG 的轻松且无风险的迁移，因为两个信号 SWDIO 和 SWCLK 重叠在 TMS 和 TCK 插针上，从而使双模式设备能够提供其他 JTAG 信号。在 SWD 模式下，可以将这些额外的 JTAG 针切换到其他用途。SWD 与所有 ARM 处理器以及使用 JTAG 进行调试的任何处理器兼容,它可以访问 Cortex-A、R、M 处理器和 CoreSight 调试基础结构中的调试寄存器。

3.8.2 串行线调试接口

表 3-70 列出了与调试和跟踪相关的引脚功能,有些引脚与其他功能共用,这些功能不能同时使用。LPC1100 系列 Cortex-M0 只支持 SWD 调试模式,已经不再支持 JTAG 调试模式。在调试的过程中,当 CPU 进入深度睡眠模式或掉电模式时,不能继续正常调试。

表 3-70 串行调试引脚描述

引脚名称	类型	描述
VDD	—	+3.3V 电源
TRST	—	复位引脚,与 PIO0_0 共用
SWDCLK	I	串行时钟,与 PIO0_10 共用
SWDIO	I/O	串行调试数据输入/输出,与 PIO1_3 共用
GND	—	接地

3.8.3 SWD 调试接口设置

随着 ARM 公司对 Cortex 系列的推出,采样 SWD 方式调试成了首选。SWD 不仅速度可以与 JTAG 媲美,而且使用的调试线少得多。在使用 Keil MDK 对 LPC1100 系列处理器仿真调试和下载时,用 ULINK2 和 J-Link 仿真器都可以,但需要进行 SWD 仿真调试的设置。以 J-Link 为例,在 Keil MDK 中,打开工程 Options 设置,如图 3-12 和图 3-13 所示。

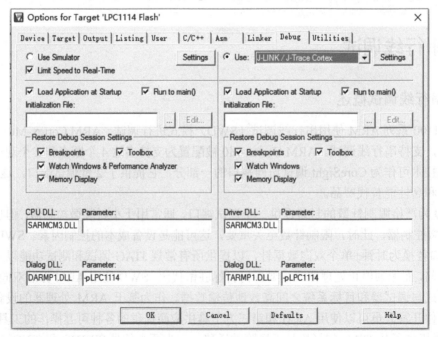

图 3-12 Keil MDK 仿真器设置

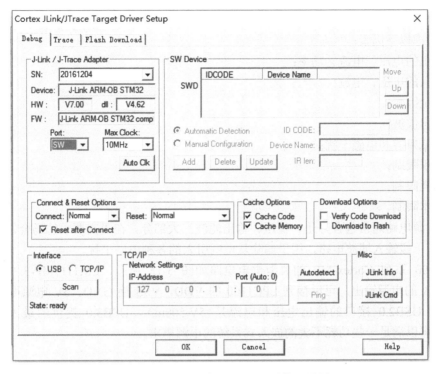

图 3-13　J-Link 仿真器 SWD 调试接口设置

按照图 3-13 设置成 SWD 模式，速度可以按照实际需求来设置。如果板子供电系统不是特别稳定，纹波比较大或者仿真线比较长可以设置成 500kHz 或者 1MHz；如果环境很好当然可以选择 10MHz，下载速度快很多。

3.9　LPC1100 最小系统和开发板

3.9.1　LPC1100 最小系统

LPC1100 系列 Cortex-M0 的最小系统框图如图 3-14 所示。其中时钟电路是可选部分，这是因为 LPC1100 系列 Cortex-M0 内部自带 12MHz 的 IRC 振荡器，并且 CPU 在上电或者复位的时候默认选择使用 IRC 振荡器为主时钟源，所以 LPC1100 系列 Cortex-M0 可在无外部晶振的情况下运行，但由于 IRC 振荡器的精度不高（精度为 1%），达不到某些片内外设的要求，因此在使用这些片内外设时将不得不使用精度更高的外部晶振。

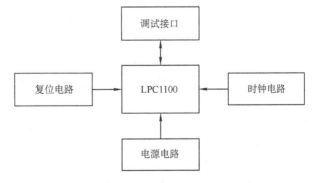

图 3-14　LPC1100 系列 Cortex-M0 的最小系统组成框图

1．电源电路

电源电路为整个系统提供能量，是整个系统工作的基础，具有极其重要的地位，但却往往往被忽略。实践证明，如果电源电路处理得好，整个系统的故障往往减少一大半。设计电源电路必须考虑以下因素：

1）输出的电压、电流、功率；

2）输入的电压、电流；

3）安全因素；

4）输出纹波；

5）电磁兼容和电磁干扰；

6）体积限制；

7）功耗限制；

8）成本限制。

一个电源电路通常包含降压、稳压、输出滤波三大部分。在更高要求的场合，在电源输入端还会有一级输入滤波电路，用于滤除从电网引入的各种电磁干扰。

LPC1100 系列 Cortex-M0 的典型供电电路如图 3-15 所示，LM1117MP-3.3 可以提供 3.3V/800mA 的电源输出，可以接到 LPC1100 的 VDD，VSS 接 GND。5V 电源可以由 USB 接口提供，USB2.0 接口的输出电压和电流是+5V/500mA，USB3.0 提供的最大电流则是 1000mA，可以满足一些功耗不大的嵌入式系统的电源需求。

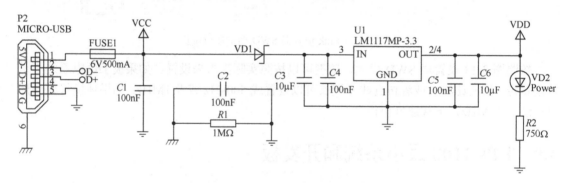

图 3-15   LPC1100 USB 供电电路示意图

注：图中的 VD1 是为了防止反接电源烧毁电路而加入的，VD2 为上电指示灯。

2. 复位电路

复位电路也不是必需的，因为 LPC1100 系列处理器内部自带上电复位电路，但如果要使用手动复位的话还是要外接手动复位电路（见图 3-16）。

RESET 按键是手动复位，网络标号为 RESET 的接线接入 LPC1100 处理器 RESET 引脚，有效的手动复位信号将导致 RESET 输出低电平复位整个系统，$R1$ 和 $C1$ 的值根据上电复位时间来确定。

3. 调试接口和 ISP 电路

LPC1100 系列 Cortex-M0 采用 SWD（串行调试）模式进行调试。SWD 调试接口的信号与 LPC1100 系列 Cortex-M0 主要采用 SWCLK（串行时钟）和 SWDIO（串行调试数据输入/输出）

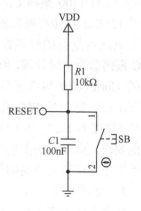

图 3-16   手动复位电路

连接，调试接口连接电路如图 3-17 所示。LPC1100 系列处理器没有 SWO 接口，使用 J-Link 仿真器需要 VDD、SWDCLK、SWDIO 和 GND 四个引脚，可以采用杜邦线直接连一个 4PIN 的接口。如果目标板不需要供电，只需要 SWDCLK、SWDIO 和 GND 三个引脚连接目标板的 SWD 接口。调试接口也不是必需的，但是它在工程开发阶段发挥的作用极大，因此至少在样机调试阶段需设计这部分电路。

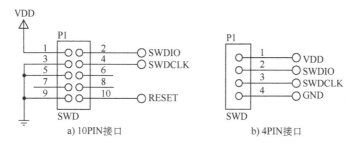

a) 10PIN接口　　　　　　　　　b) 4PIN接口

图 3-17　SWD 调试电路原理图

在系统编程（ISP）是通过使用 Boot Loader 软件和 UART0 串口对片内 Flash 存储器进行编程/再编程的方法，这种方法也可以在芯片位于终端用户板时使用。LPC1100 系列 Cortex-M0 的 ISP 使能引脚是 PIO0_1，如图 3-18 所示。PIO0_1 脚通过 10kΩ 电阻上拉到高电平。若将 JP1 短接，那么 PIO0_1 被下拉到低电平；然后将 CPU 重新上电或者复位 CPU，使芯片进入 ISP 状态。ISP 只能对 Flash 存储器进行编程，不能实现在线仿真调试。

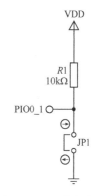

4. 时钟电路

LPC1100 系列 Cortex-M0 内部具有 12MHz 的振荡器，同时也支持外接晶体振荡器电路作为主时钟源。LPC1100 系列 Cortex-M0 的时钟系统电路设计如图 3-19 所示。图中给出了 3 种方式的时钟

图 3-18　ISP 使能电路

系统：a）使用内部 RC 振荡器；b）使用外部晶振；而 c）的 Clock 可以是任何稳定的时钟信号源，如有源晶振等。一般来讲外部晶振是最普遍的选择，其成本低、频率稳定、电路简单，LPC1100 系列可以使用 12MHz 晶振，C_{x1} 和 C_{x2} 的值在 20～30nF 之间即可，常用 22nF。

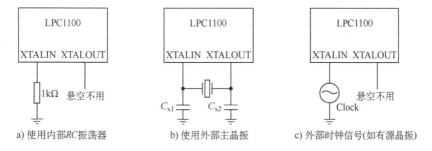

a) 使用内部RC振荡器　　　b) 使用外部主晶振　　　c) 外部时钟信号(如有源晶振)

图 3-19　LPC1100 系列 Cortex-M0 的时钟电路

以上电路是能够使 LPC1100 处理器正常工作所需的最基本条件，如果需要系统完成一定的功能，还需要扩展相应的电路来实现，如指示灯、按键、串行口、扩展接口，以及存储器、传感器、RTC、蜂鸣器、显示屏等。

5. 指示灯电路

一个简单的 LED 指示灯有两种方式和 I/O 口连接，如图 3-20a、b 所示。PIO1_9 设置为输出模式，不同的连接方式输出高低电平对应不同的亮灭状态，还可以通过把 I/O 口设置成 PWM 输出方式，结合定时器实现渐亮渐灭的呼吸灯效果。

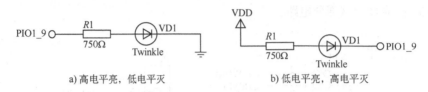

a) 高电平亮，低电平灭　　　　　　　　　b) 低电平亮，高电平灭

图 3-20　两种 LED 指示灯电路

6. 按键电路

按键是嵌入式系统设计常用的一种输入电路，单按键电路占用一个 I/O 口（见图 3-21），设置为输入模式，用一个电阻将 I/O 口上拉到高电平状态，按键按下 I/O 口被拉至低电平，软件读出 I/O 口的状态，实现按键的功能。按键电路有多种设计形式，可以用一个 ADC 引脚加上几个电阻和按键设计成一个 I/O 口实现多个按键的电路，也有专用的芯片以少量 I/O 口实现多按键和显示的电路，另外还有矩阵键盘，请参考相关资料，根据实际需要进行扩展。

7. 串行口电路

RS-232 接口曾经是计算机的标配，非常方便与 MCU 利用 UART 接口进行通信，但现在的计算机或者笔记本电脑却很难找到 RS-232 标准的串行口了，更普及的是 USB 接口，几乎每台计算机都有几个 USB 接口，USB 接口可以通过一个芯片来模拟一个串行口，在设备管理器中的编号为 COMx。FT232R 就是一款 USB 转串口的芯片，具有内部振荡器，外部电路简单，是常用 USB 转 UART 的电路之一，如图 3-22 所示。

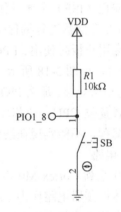

图 3-21　单按键电路

8. 扩展接口

LPCXpresso 扩展接口如图 3-23 所示。

综合以上最小系统的电路与简单的功能扩展电路在 Proteus 平台上设计了一个完整的 LPC1114FBD48 最小应用系统，具有带自恢复熔丝的 USB 供电电路、手动复位电路、外部晶振电路、ISP 使能电路、SWD 调试接口、

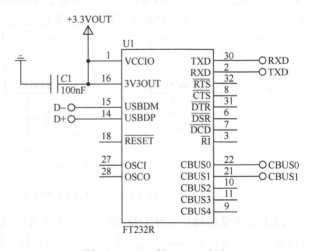

图 3-22　USB 转 UART 电路

一个按键、一个 LED 指示灯、USB 转 UART 电路和 LPCXpresso 扩展接口，且具有电源指示灯，利用 FT232R 的 CBUS0 和 CBUS1 引脚实现 TXD、RXD 的数据传输的状态指示，板子尺寸为 29mm×71mm，可以实现 ISP 下载程序（需安装 Flash 下载软件）、SWD 仿真调试（需接外部仿真器）、简单的输入/输出实验、UART 串行口实验、定时器实验、呼吸灯实验等，利用 LPCXpresso 接口可以配合 Embedded Artists 公司设计的 LPCXpresso Base Board 实现更多的实验内容，或者设计自己的扩展板。Virtual Terminal 是 Proteus 平台的一个虚拟仪器，可以在软件仿真的环境下实现与 MCU 的 UART 进行数据传输实验，是 UART 串行口调试的一个利器。最小应用系统的原理图和 PCB 布局图如图 3-24 和图 3-25 所示。

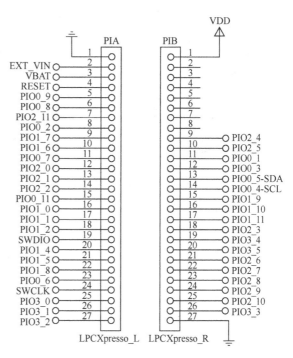

图 3-23　LPCXpresso 扩展接口

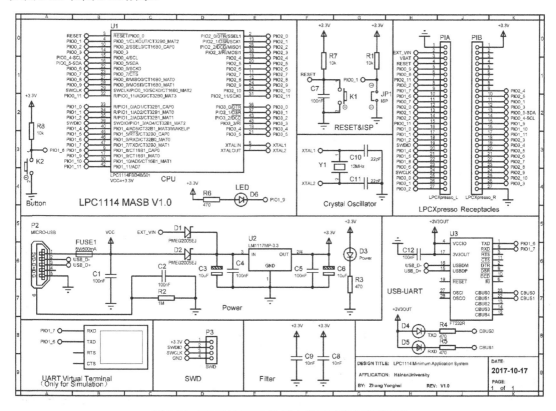

图 3-24　LPC1114FBD48 最小应用系统电路原理图

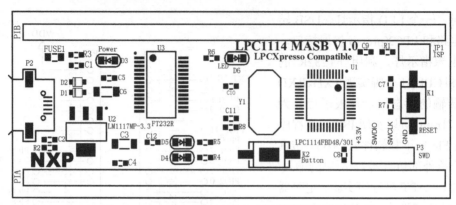

图 3-25   LPC1114FBD48 最小应用系统板元件布局

3.9.2   LPC1114 开发板

LPC1114 最小应用系统板仅具有 ISP 下载功能，要实现在线仿真调试还必须购买支持 SWD 调试的外部仿真器（如 ULINK2、J-Link V8 等）。本书基于 Proteus 平台设计了兼容 LPCXpresso V2 标准的 LPC1114 开发板，LPCXpresso V2 标准是在原有非常成功的 LPCXpresso V1 设计的基础上构建而来的。LPC1114 开发板具有兼容 Arduino UNO 的 Shield 接口和 LPCXpresso/mbed 标准的扩展接口，还包括基于板载 J-Link OB 的硬件调试器，兼容 Keil MDK 和 IAR 等集成软件开发环境，也可以配置为独立的硬件调试器，允许通过 10PIN 仿真调试接口调试外置电路板，也可以使用外部仿真器通过 10PIN 仿真调试接口调试目标板 MCU。LPC1114 DevKit V1.0 开发板主电路部分原理图如图 3-26 所示。

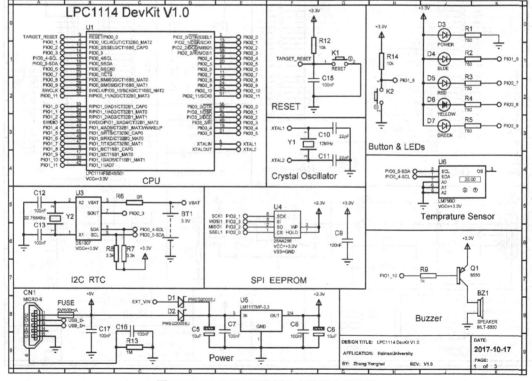

图 3-26   LPC1114 开发板主电路部分原理图

其 LPCXpresso 接口与最小应用系统的接口相同，Arduino UNO 接口如图 3-27 所示。开发板 PCB 布局图如图 3-28 所示。

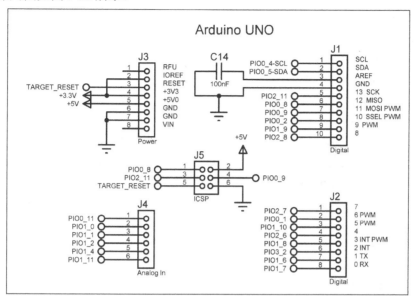

图 3-27　Arduino UNO 接口

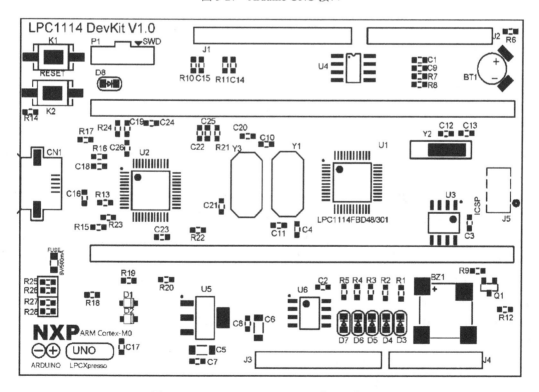

图 3-28　LPC1114 DevKit V1.0 开发板元件布局

LPC1114 DevKit V1.0 开发板尺寸为 80mm×55mm，USB 供电，板载资源如下：

1）CPU：NXP LPC1114FBD48/302；

2）封装：LQFP48；

3）Flash：32KB，SRAM：16KB；

4）1个复位按钮；

5）1组（3个）红黄绿LED发光管，1组（2个）红蓝LED发光管；

6）1个EEPROM芯片24AA256SN；

7）1个无源蜂鸣器MLT-8530；

8）1个温度传感器LM75BD；

9）1个DS1307实时时钟+超级电容（XH414H）掉电保持；

10）1个USB接口J-Link-OB板载仿真器，可用于程序下载和代码调试；

11）1个10PIN仿真调试接口，可以调试外置电路板，也可通过外部仿真器调试目标MCU；

12）1组LPCXpresso/mbed标准接口（P1A、P1B）；

13）1组Arduino UNO标准接口（J1、J2、J3、J4、J5）。

LPC1114 DevKit V1.0开发板可完成以下实验：

1）定时器（包括系统节拍定时器、通用定时器、看门狗定时器）；

2）交通灯、警灯；

3）蜂鸣器/电子音乐；

4）温度检测；

5）实时时钟；

6）串行EEPROM读/写；

7）扩展LPCXpresso/mbed接口或者Arduino UNO接口完成更多功能的实验。

3.9.3 ISP程序下载

LPC1100系列处理器在系统编程（ISP）是通过使用Boot Loader软件和UART0串口对片内Flash存储器进行编程/再编程的方法。

每次芯片上电或复位都会执行Boot Loader代码。Boot Loader可以执行ISP命令处理程序或用户的应用代码。复位后若PIO0_1脚为低电平，会被系统认为是外部硬件请求执行ISP命令处理程序。假设在RESET引脚上出现上升沿时，电源引脚正处于标称的水平，那么在最多3ms后，会对PIO0_1引脚信号进行采样并确定是否继续用户代码还是进入ISP处理程序。如果对PIO0_1引脚采样的结果为低电平，同时看门狗溢出标志被置位，那么外部硬件启动ISP命令处理程序的请求将被忽略。如果并不存在执行ISP命令处理程序的请求（PIO0_1在复位后的采样结果为高电平），那么会搜寻有效的用户程序。如果找到有效的用户程序，那么执行控制将由此程序接管。如果并未找到有效的用户程序，那么会调用自动波特率例程。

LPC1114 MASB V1.0最小应用系统板有USB转串口芯片FT232R接到UART0，支持ISP串口下载程序。具体步骤如下：

1）将最小应用系统板通过USB线连到计算机，下载安装FT232R驱动程序。

2）安装成功后，打开Windows设置->设备管理器->端口（COM和LPT），确定FT232R虚拟串口号COM（可以修改）。

3）到网站http://www.flashmagictool.com下载Flash Magic最新版本，安装、运行。

4）将Flash Magic的COM口和波特率与计算机的COM口和波特率设置为相同。

5）下载程序前需将最小应用系统板上的跳线 JP1 短接，那么 PIO0_1 被下拉到低电平；然后将 CPU 重新上电或者复位 CPU，使芯片进入 ISP 状态。

6）在 Flash Magic 选择 HEX 文件进行下载编程。

在计算机上运行编程软件 Flash Magic，软件运行后屏幕界面如图 3-29 所示。屏幕上方为主菜单，主菜单下方的屏幕分成了 5 个区。

1. 主菜单

下面讲解一下主菜单中的 4 个子菜单，分别是 File、ISP、Options 和 Help。

1）File 子菜单项：包括打开和存储一个"HEX"文件、打开和存储一个设计文件和退出 Flash Magic 操作。

2）ISP 子菜单项：包括芯片空检查、读保密位、读芯片标志字节、显示存储器内容、擦除 Flash 等操作。

3）Options 子菜单项：包括复位和高级选项两项操作。

4）Help 子菜单：包括查看 Flash Magic 的用户手册，可直接通过网络连接到 Flash Magic 的主页或连接到 NXP 半导体公司的主页查看相应信息。

图 3-29　Flash Magic 软件运行界面

2. 编程操作

在对一片 LPC1114 进行编程时，一般按屏幕提示进行 5 步操作。

第一步：通信设置。

1）设置通信口：可以通过下拉菜单在 COM1～COM4 中进行选择，也可以在输入框中直接输入所连接的通信口。

2）波特率设置：可以通过下拉菜单进行选择，建议先从较低的波特率选起，进行通信实验，调通以后再选用较高的波特率，建议选 2400 或 4800 波特率。

3）振荡频率设置：在我们的实验系统中应输入 12.000MHz。

4）器件选择：可以通过下拉菜单进行选择。

第二步：擦除。

在屏幕的 2 区列出了所选器件的各个 Flash 块，用鼠标选中要擦除的 Flash 块。在执行擦除操作或编程操作时，就会将所选的 Flash 块擦除。注意：当擦除整个 Flash 时芯片的自举指针（Boot Vector）和状态字节（Status Byte）将被设置成初始值。除 LPC1100 系列芯片以外，在擦除整个 Flash 时保密位也将被擦除。

第三步：选择 HEX 文件。

选择和打开一个 HEX 文件可以有 3 种方法：①在文本框中键入所需要的 HEX 文件的路径和文件名；②单击 Browse（浏览）按扭，寻找所需要的 HEX 文件；③在主菜单的 File 子菜单下用 Open 打开一个 HEX 文件。

第四步：操作选项。

1）编程后校验：这项功能一般是需要的。

2）填充用不到的 Flash 区：这项功能是在选择了一个 HEX 文件后，将该 HEX 文件用不到的存储区用 00H 填满。

3）产生校验和：这项功能是在选择了一个 HEX 文件后，Flash Magic 在这个 HEX 文件所用到的每一块 Flash 块的最高地址写入一个值，这个值使这个 Flash 块的校验和为 55H。

4）执行：如果选择该项功能后，将在编程完成后自动执行固化好的程序。注意：在我们的系统中由于使用硬件复位操作，这项功能将不起作用。

5）保密位：在程序尚未完全调试好以前，所有保密位不要选。

第五步：开始编程。

得到 HEX 文件的方法：在用 Keil MDK 进行编程时，要打开项目 Options 界面，勾选 Create HEX File 选项，如图 3-30 所示，在输出文件夹就可以找到 HEX 文件了。

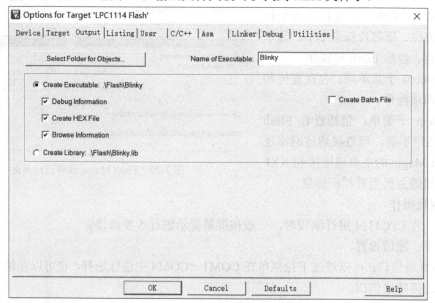

图 3-30　Keil MDK 输出 HEX 文件选项

习题

3.1　简述 LPC1100 系列 NVIC 的特点。

3.2　简述 I/O 口的引脚模式有哪几种。

3.3　中断服务子程序在 CMSIS 中是如何定义的？

3.4　简述 LPC1100 处理器的时钟配置流程。

3.5　在 Proteus 软件中完成 LPC1114 最小应用系统的原理图绘制、PCB 图绘制，并编写相应的实验程序进行验证。

3.6　在 Proteus 软件中完成 LPC1114 开发板的主电路部分原理图绘制，并编写相应的实验程序进行验证。

第4章 LPC1100系列处理器外设

本章主要介绍 LPC1100 系列处理器外设的结构及工作原理，主要包括通用定时器/计数器、看门狗定时器、通用异步收发器 UART、SSP 同步串行端口控制器、I²C 总线接口、模/数转换器和电源管理单元，并对部分外设进行示例操作。

4.1 定时器/计数器

4.1.1 定时器/计数器概述

LPC1100 系列 Cortex-M0 微控制器拥有 2 个 32 位和 2 个 16 位可编程定时器/计数器，均具有捕获和匹配输出功能，如图 4-1 所示。定时器用来对外设时钟（PCLK）进行计数，而计数器对外部脉冲信号进行计数，可选择在规定的时间内产生中断或执行其他操作。每个定时器/计数器还包含 1 个捕获输入，用来在输入信号变化时捕获定时器瞬时值和产生中断。

在 PWM 模式下，2 个 32 位可编程定时器/计数器均有 3 个匹配寄存器用于提供单边沿的 PWM 输出，剩下的那个匹配寄存器则用于控制 PWM 周期长度。

在 PWM 模式下，16 位定时器 0（CT16B0）与 32 位定时器相同，而 16 位定时器 1（CT16B1）只有其中的 2 个匹配寄存器可用于向匹配输出引脚提供单边沿的 PWM 输出。

1. 定时器/计数器特性

1）每个定时器/计数器各带有一个可编程的 32/16 位预分频器。

2）一个 32/16 位的捕获通道可在输入信号跳变时捕捉定时器的瞬时值，捕获事件也可以产生中断。

3）4 个 32/16 位匹配寄存器，允许执行以下操作：

① 在匹配时连续工作，可选择产生中断；

② 在匹配时停止定时器运行，可选择产生中断；

③ 在匹配时复位定时器，可选择产生中断。

4）有 4 个（CT32B0、CT32B1）或 3 个（CT16B0）或 2 个（CT16B1）与匹配寄存器相对应的外部输出，这些输出具有以下功能：

① 匹配时设为低电平；

② 匹配时设为高电平；

③ 匹配时翻转电平；

④ 匹配时不执行任何操作。

5）对于各定时器，最多 4 个匹配寄存器可配置为 PWM，允许使用多达 3 个匹配输出作为单边沿控制的 PWM 输出。

注：除外设基址不同外，**32 位定时器/计数器 0 和 32 位定时器/计数器 1 功能相似，16 位定时器/计数器 0 和 16 位定时器/计数器 1 功能相似。**

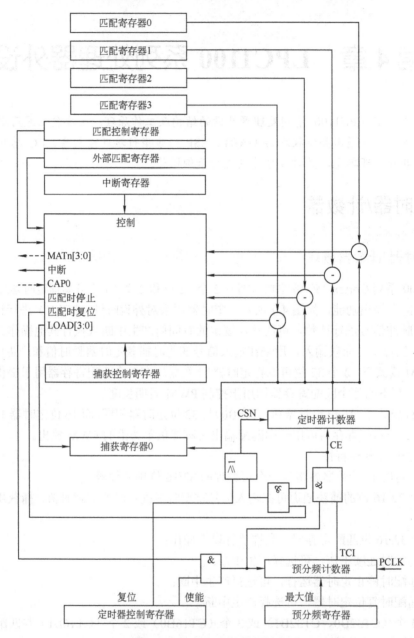

图 4-1 定时器/计数器结构图

2. 引脚描述

32 位定时器/计数器的引脚描述见表 4-1。

表 4-1 32 位定时器/计数器的引脚描述

引脚	类型	描述
CT32B0_CAP0 CT32B1_CAP0	输入	捕获信号：当捕获引脚出现跳变时，可以将定时器/计数器值装入捕获寄存器中，也可以选择产生一个中断。定时器/计数器模块可以选择一个捕获信号作为时钟源来代替 PCLK
CT32B0_MAT[3:0] CT32B1_MAT[3:0]	输出	CT32B0/1 的外部匹配输出：当匹配寄存器 TMR32B0/1（MR3:0）的值与定时器/计数器（TC）值相等时，相应的输出可以翻转电平、变为低电平、变为高电平或不执行任何操作。外部匹配寄存器（EMR）和 PWM 控制寄存器（PWMCON）控制着输出的功能

16 位定时器/计数器的引脚描述见表 4-2。

表 4-2　16 位定时器/计数器的引脚描述

引脚	类型	描述
CT16B0_CAP0 CT16B1_CAP0	输入	捕获信号：当捕获引脚上出现跳变时，可以将定时器/计数器中的值载入捕获寄存器中，也可以选择产生一个中断。定时器/计数器模块可选择捕获信号作为时钟源来代替 PCLK
CT16B0_MAT[2:0] CT16B1_MAT[1:0]	输出	CT16B0/1 的外部匹配输出：当 CT16B0/1（MR3:0）匹配寄存器的值与定时器/计数器（TC）值相等时，相应的输出可以翻转电平、变低、变高或不执行任何操作。外部匹配寄存器（EMR）和 PWM 控制寄存器（PWMCON）控制该输出的功能

3. 时钟与功率控制

输入到 16 位和 32 位定时器的外设时钟（PCLK）由系统时钟提供。为了降低功耗，可通过 SYSAHBCLKCTRL 寄存器中的位 9 和位 10 禁能 32 位定时器的时钟，位 7 和位 8 禁能 16 位定时器的时钟。

4.1.2　定时器/计数器寄存器

每个定时器/计数器包含的寄存器见表 4-3。

表 4-3　定时器/计数器寄存器配置

名称	描述	访问	复位值
IR	中断寄存器（IR）。可向 IR 写入相应值来清除中断。可以通过读取中断寄存器的值来确定哪个可能的中断源在等待处理	R/W	0
TCR	定时器控制寄存器（TCR）。TCR 用于控制定时器/计数器功能。定时器/计数器可通过 TCR 来禁能或复位	R/W	0
TC	定时器/计数器（TC）。TC 每隔(PR+1)个 PCLK 周期递增一次。通过 TCR 控制 TC	R/W	0
PR	预分频寄存器（PR）。当预分频计数器与该值相等时，下个时钟 TC 加 1，PC 清零	R/W	0
PC	预分频计数器（PC）。PC 是一个计数器，它会增加到与 PR 中存放的值相等。当达到 PR 的值时，PC 清零。可通过总线接口来观察和控制 PC	R/W	0
MCR	匹配控制寄存器（MCR）。MCR 用于控制在匹配出现时是否产生中断及出现匹配时 TC 是否复位	R/W	0
MR0	匹配寄存器 0（MR0）。MR0 可通过 MCR 设定为在和 TC 匹配时复位 TC，停止 TC 和 PC，和/或产生中断	R/W	0
MR1	匹配寄存器 1（MR1）。MR1 可通过 MCR 设定为在和 TC 匹配时复位 TC，停止 TC 和 PC，和/或产生中断	R/W	0
MR2	匹配寄存器 2（MR2）。MR2 可通过 MCR 设定为在和 TC 匹配时复位 TC，停止 TC 和 PC，和/或产生中断	R/W	0
MR3	匹配寄存器 3（MR3）。MR3 可通过 MCR 设定为在和 TC 匹配时复位 TC，停止 TC 和 PC，和/或产生中断	R/W	0
CCR	捕获控制寄存器（CCR）。CCR 控制捕获时捕获输入边沿的方式，以及在捕获时是否产生中断	R/W	0
CR0	捕获寄存器 0（CR0）。当 CP0 输入上产生捕获事件时，CR0 载入 TC 值	RO	0
EMR	外部匹配寄存器（EMR）。EMR 控制匹配功能及外部匹配引脚 CT32B0_MAT[3:0]或 CT16B0_MAT[2:0]或 CT16B1_MAT[1:0]	R/W	0
CTCR	计数控制寄存器（CTCR）。CTCR 选择在定时器模式还是在计数器模式下工作，在计数器模式下选择计数的信号和边沿	R/W	0
PWMC	PWM 控制寄存器（PWMC）。PWMC 使能 PWM 模式，用于外部匹配引脚 CT32B0_MAT[3:0]或 CT16B0_MAT[2:0]或 CT16B1_MAT[1:0]	R/W	0

1. 定时器中断寄存器 TMR32/16B*n*IR

定时器中断寄存器的地址见表 4-4。

表 4-4　定时器中断寄存器地址汇总

寄存器名	寄存器地址	访问
TMR32B0IR	0x4001 4000	R/W
TMR32B1IR	0x4001 8000	R/W
TMR16B0IR	0x4000 C000	R/W
TMR16B1IR	0x4001 0000	R/W

中断寄存器包含 4 个用于匹配中断的位及 1 个用于捕获中断的位。如果有中断产生，则 IR 中的相应位置位；否则，该位为 0。向对应的 IR 位写 1 会复位（清零）中断，写 0 无效。中断寄存器的各位功能描述见表 4-5。

表 4-5　中断寄存器位功能描述

位	功能	描述	复位值
0	MR0 中断	匹配通道 0 的中断标志	0
1	MR1 中断	匹配通道 1 的中断标志	0
2	MR2 中断	匹配通道 2 的中断标志	0
3	MR3 中断	匹配通道 3 的中断标志	0
4	CAP0 中断	捕获通道 0 事件中断标志	0
31:5	—	保留	—

2. 定时器控制寄存器 TMR32/16B*n*TCR

定时器控制寄存器的地址见表 4-6。

表 4-6　定时器控制寄存器地址汇总

寄存器名	寄存器地址	访问
TMR32B0TCR	0x4001 4004	R/W
TMR32B1TCR	0x4001 8004	R/W
TMR16B0TCR	0x4000 C004	R/W
TMR16B1TCR	0x4001 0004	R/W

定时器控制寄存器用来控制定时器/计数器的操作，其位功能描述见表 4-7。

表 4-7　定时器控制寄存器位功能描述

位	功能	描述	复位值
0	计数器使能	为 1 时，定时器/计数器和分频计数器使能计数；为 0 时，计数器禁能	0
1	计数器复位	为 1 时，定时器/计数器和预分频计数器在 PCLK 的下一个上升沿同步复位。计数器在 TCR[1] 恢复为 0 之前保持复位状态	0
31:2	—	保留。用户软件不应向保留位写 1，从保留位读出的值未定义	NA

3. 定时器/计数器 TMR32/16B*n*TC

定时器/计数器的地址见表 4-8。

表 4-8　定时器/计数器地址汇总

寄存器名	寄存器地址	访问
TMR32B0TC	0x4001 4008	R/W
TMR32B1TC	0x4001 8008	R/W
TMR16B0TC	0x4000 C008	R/W
TMR16B1TC	0x4001 0008	R/W

当预分频计数器到达计数的上限时，32 位定时器/计数器加 1。如果 TC 在到达计数器上限之前没有复位，它将一直计数到 0xFFFFFFFF 然后翻转到 0x00000000。该事件不会产生中断。如果需要，可用匹配寄存器检查溢出。

4．预分频寄存器 TMR32/16B*n*PR

预分频寄存器的地址见表 4-9。

表 4-9　定时器预分频寄存器地址汇总

寄存器名	寄存器地址	访问
TMR32B0PR	0x4001 400C	R/W
TMR32B1PR	0x4001 800C	R/W
TMR16B0PR	0x4000 C00C	R/W
TMR16B1PR	0x4001 000C	R/W

32 位预分频寄存器（PR）指定了预分频计数器的最大计数值。

5．预分频计数器 TMR32/16B*n*PC

预分频计数器的地址见表 4-10。

表 4-10　预分频计数器地址汇总

寄存器名	寄存器地址	访问
TMR32B0PC	0x4001 4010	R/W
TMR32B1PC	0x4001 8010	R/W
TMR16B0PC	0x4000 C010	R/W
TMR16B1PC	0x4001 0010	R/W

32 位预分频计数器用某个常量值来控制 PCLK 的分频，再使其输入到定时器/计数器。这样就可以控制定时器精度和定时器溢出前所能达到的最大值之间的关系。预分频计数器在每个 PCLK 周期加 1。当它达到预分频寄存器中存储的值时，定时器/计数器加 1，预分频计数器将在下一个 PCLK 复位。这就使当 PR=0 时，TC 每个 PCLK 加 1；PR=1 时，TC 每 2 个 PCLK 加 1，依次类推。相关的计算公式如下：

$$定时器的计数频率=FPCLK/（PR+1）$$

6．匹配控制寄存器 TMR32/16B*n*MCR

匹配控制寄存器的地址见表 4-11。

表 4-11　匹配控制寄存器地址汇总

寄存器名	寄存器地址	访问
TMR32B0MCR	0x4001 4014	R/W
TMR32B1MCR	0x4001 8014	R/W
TMR16B0MCR	0x4000 C014	R/W
TMR16B1MCR	0x4001 0014	R/W

匹配控制寄存器用于控制当其中一个匹配寄存器的值与定时器/计数器的值相等时应执行的操作。匹配控制寄存器的各位功能描述见表 4-12。

表 4-12　匹配控制寄存器各位功能描述

位	功能	值	描述	复位值
0	MR0I	1	MR0 上的中断：当 MR0 与 TC 值匹配时产生中断	0
		0	中断禁能	
1	MR0R	1	MR0 上的复位：MR0 与 TC 值匹配时将使 TC 复位	0
		0	该特性禁能	
2	MR0S	1	MR0 上的停止：MR0 与 TC 值匹配时将使 TC 和 PC 停止，TCR[0]置 0	0
		0	该特性禁能	
3	MR1I	1	MR1 上的中断：MR1 与 TC 中的值匹配时产生中断	0
		0	该特性禁能	
4	MR1R	1	MR1 上的复位：MR1 与 TC 值匹配时将使 TC 复位	0
		0	该特性禁能	
5	MR1S	1	MR1 上的停止：MR1 与 TC 值匹配时将使 TC 和 PC 停止，TCR[0]置 0	0
		0	该特性禁能	
6	MR2I	1	MR2 上的中断：MR2 与 TC 中的值匹配时产生中断	0
		0	该特性禁能	
8	MR2R	1	MR2 上的复位：MR2 与 TC 值匹配时将使 TC 复位	0
		0	该特性禁能	
9	MR3I	1	MR3 上的中断：MR3 与 TC 中的值匹配时产生中断	0
		0	该特性禁能	
10	MR3R	1	MR3 上的复位：MR3 与 TC 值匹配时将使 TC 复位	0
		0	该特性禁能	
11	MR3S	1	MR3 上的停止：MR3 与 TC 值匹配时将使 TC 和 PC 停止，TCR[0]置 0	0
		0	该特性禁能	
31:12	—		保留。用户软件不应向保留位写 1，从保留位读出的值未定义	NA

7. 匹配寄存器 TMR32/16BnMR0/1/2/3

匹配寄存器的地址见表 4-13。

匹配寄存器值会不断地与定时器/计数器值进行比较。当两个值相等时，自动触发相应动作。这些动作包括产生中断、复位定时器/计数器或停止定时器。所有动作均由 MCR 寄存器控制。

表 4-13　匹配寄存器地址汇总

寄存器名	寄存器地址	访问
TMR32B0MR0	0x4001 4018	R/W
TMR32B0MR1	0x4001 401C	R/W
TMR32B0MR2	0x4001 4020	R/W
TMR32B0MR3	0x4001 4024	R/W
TMR32B1MR0	0x4001 8018	R/W
TMR32B1MR1	0x4001 801C	R/W
TMR32B1MR2	0x4001 8020	R/W
TMR32B1MR3	0x4001 8024	R/W
TMR16B0MR0	0x4000 C018	R/W
TMR16B0MR1	0x4000 C01C	R/W
TMR16B0MR2	0x4000 C020	R/W
TMR16B0MR3	0x4000 C024	R/W
TMR16B1MR0	0x4001 0018	R/W
TMR16B1MR1	0x4001 001C	R/W
TMR16B1MR2	0x4001 0020	R/W
TMR16B1MR3	0x4001 0024	R/W

8．捕获控制寄存器 TMR32/16B*n*CCR

捕获控制寄存器的地址见表 4-14。

表 4-14　捕获控制寄存器地址汇总

寄存器名	寄存器地址	访问
TMR32B0CCR	0x4001 4028	R/W
TMR32B1CCR	0x4001 8028	R/W
TMR16B0CCR	0x4000 C028	R/W
TMR16B1CCR	0x4001 0028	R/W

捕获控制寄存器用于控制当捕获事件发生时，是否将定时器/计数器中的值装入捕获寄存器，以及捕获事件是否产生中断。将上升沿位和下降沿位同时置位是有效的配置，这样会使两个边沿都产生捕获事件。捕获控制寄存器的位功能描述见表 4-15。

表 4-15　捕获控制寄存器位功能描述

位	符号	值	描述	复位值
0	CAP0RE	1	CAP0 上升沿捕获：CAP0 上"0"到"1"的跳变将使 TC 的内容装入 CR0	0
		0	该特性禁能	
1	CAP0FE	1	CAP0 下降沿捕获：CAP0 上"1"到"0"的跳变将使 TC 的内容装入 CR0	0
		0	该特性禁能	
2	CAP0I	1	CAP0 事件中断：CAP0 事件所导致的 CR0 装载将产生一个中断	0
		0	该特性禁能	
31:3	—		保留。用户软件不应向保留位写 1，从保留位读出的值未定义	NA

如果在计数控制寄存器 CTCR 中选择计数器模式，则捕获控制寄存器 CCR 中的低 3 位必

须编程为 000。

9. 捕获寄存器 TMR32/16B*n*CR0

捕获寄存器的地址见表 4-16。

表 4-16 捕获寄存器地址汇总

寄存器名	寄存器地址	访问
TMR32B0CR0	0x4001 402C	RO
TMR32B1CR0	0x4001 802C	RO
TMR16B0CR0	0x4000 C02C	RO
TMR16B1CR0	0x4001 002C	RO

各捕获寄存器与器件引脚相关联，当引脚发生特定的事件时，可将定时器/计数器的值装入该捕获寄存器。捕获控制寄存器中的设置决定是否使能捕获功能，即在相关引脚的上升沿、下降沿或上升沿和下降沿时是否产生捕获事件。

10. 外部匹配寄存器 TMR32/16B*n*EMR

外部匹配寄存器的地址见表 4-17。

表 4-17 外部匹配寄存器地址汇总

寄存器名	寄存器地址	访问
TMR32B0EMR	0x4001 403C	R/W
TMR32B1EMR	0x4001 803C	R/W
TMR16B0EMR	0x4000 C03C	R/W
TMR16B1EMR	0x4001 003C	R/W

外部匹配寄存器控制外部匹配引脚 MAT*m* 并提供外部匹配引脚的状态。如果匹配输出配置为 PWM 输出，则外部匹配寄存器的功能由 PWM 规则决定。外部匹配寄存器的位功能描述见表 4-18。

表 4-18 外部匹配寄存器位功能描述

位	符号	描述	复位值
0	EM0	外部匹配 0。该位反映输出 MAT0 的状态，不管该输出是否连接到此引脚。当 TC 和 MR0 匹配时，定时器的输出可以翻转电平、变为低电平、变为高电平或不执行任何动作。位 EMR[5:4]控制该输出的功能	0
1	EM1	外部匹配 1。该位反映输出 MAT1 的状态，不管该输出是否连接到此引脚。当 TC 和 MR1 匹配时，定时器的输出可以翻转电平、变为低电平、变为高电平或不执行任何动作。位 EMR[7:6]控制该输出的功能	0
2	EM2	外部匹配 2。该位反映输出 MAT2 的状态，不管该输出是否连接到此引脚。当 TC 和 MR2 匹配时，定时器的输出可以翻转电平、变为低电平、变为高电平或不执行任何动作。位 EMR[9:8]控制该输出的功能	0
3	EM3	外部匹配 3。该位反映输出 MAT3 的状态，不管该输出是否连接到此引脚。当 TC 和 MR3 匹配时，定时器的输出可以翻转电平、变为低电平、变为高电平或不执行任何动作。位 EMR[11:10]控制该输出的功能	0
5:4	EMC0	外部匹配控制 0。决定外部匹配 0 的功能。这些位的编码见表 4-19	00
7:6	EMC1	外部匹配控制 1。决定外部匹配 1 的功能。这些位的编码见表 4-19	00
9:8	EMC2	外部匹配控制 2。决定外部匹配 2 的功能。这些位的编码见表 4-19	00
11:10	EMC3	外部匹配控制 3。决定外部匹配 3 的功能。这些位的编码见表 4-19	00
15:12	—	保留。用户软件不应向保留位写 1，从保留位读出的值未定义	NA

表 4-19　外部匹配控制 EMC 位定义

EMC*m*[2 位]	功能
00	不执行任何操作
01	将对应的外部匹配位/输出设置为 0（如果连接到芯片引脚，则 MAT*m* 脚输出低电平）
10	将对应的外部匹配位/输出设置为 1（如果连接到芯片引脚，则 MAT*m* 脚输出高电平）
11	使对应的外部匹配位/输出翻转（如果连接到芯片引脚，则 MAT*m* 输出电平翻转）

11. 计数控制寄存器 TMR32/16B*n*CTCR

计数控制寄存器的地址见表 4-20。

表 4-20　计数控制寄存器地址汇总

寄存器名	寄存器地址	访问
TMR32B0CTCR	0x4001 4070	R/W
TMR32B1CTCR	0x4001 8070	R/W
TMR16B0CTCR	0x4000 C070	R/W
TMR16B1CTCR	0x4001 0070	R/W

计数控制寄存器（CTCR）用于在定时器模式和计数器模式之间进行选择，且在处于计数器模式时选择进行计数的引脚和边沿。

当选用计数器模式为工作模式时，在 PCLK 的每个上升沿对 CAP 输入（由 CTCR 位[3:2]选择）进行采样。在对这个 CAP 输入的连续两次采样值进行比较之后，可以识别出下面其中一种事件：上升沿、下降沿、上升下降沿或所选 CAP 输入的电平不变。如果识别出的事件与 CTCR 寄存器中位[1:0]选择的一个事件相对应，则定时器/计数器的值将增加 1。

要有效地处理计数器的外部时钟会有一些限制，由于需使用 PCLK 的 2 个连续的上升沿才能确定 CAP 选择的输入上的一个边沿，因此 CAP 输入的频率不能超过 PCLK 的一半。从而，相同 CAP 输入上的高/低电平持续时间不应少于 1/（2×PCLK）。计数控制寄存器的位功能描述见表 4-21。

表 4-21　计数控制寄存器位功能描述

位	符号	值	描述	复位值
1:0	CTM		定时器/计数器模式。该位域选择触发定时器的预分频计数器 PC 递增、清除 PC 和定时器/计数器 TC 递增的 PCLK 边沿	00
		00	定时器模式：每个 PCLK 上升沿	
		01	计数器模式：TC 在位[3:2]选择的 CAP 输入的上升沿时递增	
		10	计数器模式：TC 在位[3:2]选择的 CAP 输入的下降沿时递增	
		11	计数器模式：TC 在位[3:2]选择的 CAP 输入的两个边沿递增	
3:2	CIS		计数输入选择。当该寄存器中位[1:0]不为 00 时，这两位选择哪个 CAP 引脚被采样用于计数	00
		00	CAP0 引脚	
		01	保留	
		10	保留	
		11	保留	
31:4	—	—	保留。用户软件不应向保留位写 1，从保留位读出的值未定义	NA

12. PWM 控制寄存器 TMR32/16BnPWMC

PWM 控制寄存器的地址见表 4-22。

表 4-22　PWM 控制寄存器地址汇总

寄存器名	寄存器地址	访问
TMR32B0PWMC	0x4001 4074	R/W
TMR32B1PWMC	0x4001 8074	R/W
TMR16B0PWMC	0x4000 C074	R/W
TMR16B1PWMC	0x4001 0074	R/W

PWM 控制寄存器用于将匹配输出配置为 PWM 输出。每个匹配输出均可分别设置，以决定匹配输出是作为 PWM 输出还是作为功能受外部匹配寄存器（EMR）控制的匹配输出。

对于各定时器，MATm[2:0]输出最多可选择 3 个单边沿控制的 PWM 输出，一个附加的匹配寄存器决定 PWM 的周期长度。当任何其他匹配寄存器出现匹配时，PWM 输出置为高电平。用于设置 PWM 周期长度的匹配寄存器负责将定时器复位。当定时器复位到 0 时，所有当前配置为 PWM 输出的高电平匹配输出清零。PWM 控制寄存器的位功能描述见表 4-23。

表 4-23　PWM 控制寄存器位功能描述

位	符号	描述	复位值
0	PWMEN0	为 1 时，MAT0 的 PWM 模式使能；为 0 时，MAT0 受 EM0 控制	0
1	PWMEN1	为 1 时，MAT1 的 PWM 模式使能；为 0 时，MAT1 受 EM1 控制	0
2	PWMEN2	为 1 时，MAT2 的 PWM 模式使能；为 0 时，MAT2 受 EM2 控制	0
3	PWMEN3	为 1 时，MAT3 的 PWM 模式使能；为 0 时，MAT3 受 EM3 控制	0
32:4	—	保留。用户软件不应向保留位写 1，从保留位读出的值未定义	NA

注：建议使能匹配通道 3 设置 PWM 周期。

单边沿控制的 PWM 输出规则：

1）所有单边沿控制的 PWM 输出在 PWM 周期开始时都变为低电平（定时器置为 0），除非它们的匹配值等于 0。

2）每个 PWM 输出在达到其匹配值时都将变为高电平。如果没有发生匹配（即匹配值大于 PWM 周期长度），则 PWM 输出将继续保持低电平。

3）如果将大于 PWM 周期长度的匹配值写入到匹配寄存器，且 PWM 信号已经为高电平，则在下一个 PWM 周期开始时 PWM 信号将被清零。

4）如果匹配寄存器中包含与定时器复位值（PWM 周期长度）相同的值，则在定时器达到匹配值后的下一个时钟节拍时 PWM 输出将复位到低电平。因此，PWM 输出总是包含一个时钟节拍宽度的正脉冲，周期由 PWM 周期长度决定（即定时器重载入值）。

5）如果匹配寄存器置 0，则 PWM 输出将在定时器第一次返回 0 时变为高电平，并继续保持高电平。

当选择匹配输出用作 PWM 输出时，除匹配寄存器设置 PWM 周期长度外，匹配控制寄存器 MCR 中的定时器复位（MRnR）和定时器停止（MRnS）位必须置为 0。对于该寄存器，当定时器值与相应的匹配寄存器值匹配时，将 MRnR 位置 1 以使能定时器复位。

采样 PWM 波形如图 4-2 所示，其中 PWM 周期长度为 100（由 MR3 选择），MAT[3:0]
被 PWCON 寄存器使能为 PWM 输出。

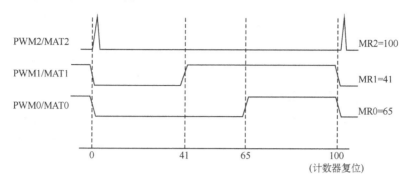

图 4-2　采样 PWM 波形

4.1.3　定时器中断设置

LPC1100 系列微控制器各有 2 个 16/32 位可编程定时器/计数器，每个定时器/计数器可以
产生 2 种类型的中断：2-4 路匹配中断、1 路捕获中断，可以通过读取中断标志寄存器
（TMR32/16BnIR）来区分中断类型。其中 32 位定时器中断与嵌套向量中断控制器（NVIC）
的关系如图 4-3 所示。

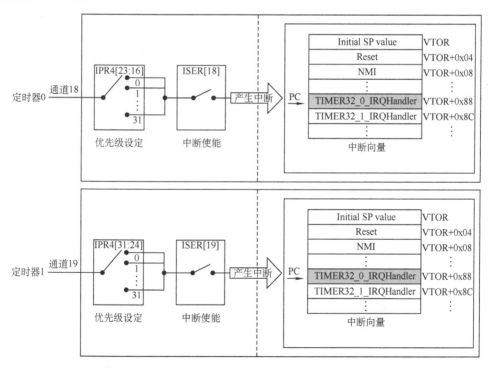

图 4-3　32 位定时器 0、1 与 NVIC 的关系

32 位定时器 0 占用 NVIC 的通道 18，32 位定时器 1 占用 NVIC 的通道 19。中断使能寄
存器 ISER 用来控制 NVIC 通道的中断使能。当 ISER[18]=1 时，通道 18 中断使能，即定时器

0 中断使能；当 ISER[19]=1 时，通道 19 中断使能，即定时器 1 中断使能。

中断优先级寄存器 IPR 用来设定 NVIC 通道中断的优先级。IPR4[23:16]用来设定通道 18 的优先级，即 32 位定时器 0 中断优先级；IPR4[31:24]用来设定通道 19 的优先级，即 32 位定时器 1 中断优先级。

当定时器优先级设定且中断使能后，若发生匹配中断或捕获中断，则会触发中断。当处理器响应中断后将自动定位到中断向量表，并根据中断号从向量表中找出定时器中断处理的入口地址，然后 PC 指针跳转到该地址处执行中断服务函数。

16 位定时器 0 占用 NVIC 的通道 16，16 位定时器 1 占用 NVIC 的通道 17。中断服务函数地址在 Keil MDK 的启动文件 startup_LPC11xx.s 中已经定义，分别为 TIMER16_0_IRQHandler、TIMER16_1_IRQHandler、TIMER32_0_IRQHandler、TIMER32_1_IRQHandler。

1．匹配中断

定时器计数溢出不会产生中断，但是匹配时可以产生中断。每个定时器都具有 4 个匹配寄存器（MR0～MR3），可以用来存放匹配值，当定时器的当前计数值 TC 等于匹配值 MR 时，就可以产生中断。

寄存器 TMR32/16BnMCR 控制匹配中断的使能。以 32 位定时器 0 为例，定时器匹配控制寄存器 TMR32B0MCR 用来使能定时器的匹配中断，如图 4-4 所示。

1）当 TMR32B0TC=TMR32B0MR0 时发生匹配事件 0，若 TMR32B0MCR[0]=1，则 TMR32B0IR[0]置位。

2）当 TMR32B0TC=TMR32B0MR1 时发生匹配事件 1，若 TMR32B0MCR[3]=1，则 TMR32B0IR[1]置位。

3）当 TMR32B0TC=TMR32B0MR2 时发生匹配事件 2，若 TMR32B0MCR[6]=1，则 TMR32B0IR[2]置位。

4）当 TMR32B0TC=TMR32B0MR3 时发生匹配事件 3，若 TMR32B0MCR[9]=1，则 TMR32B0IR[3]置位。

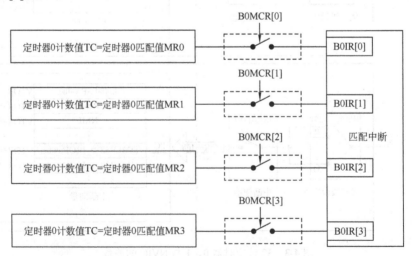

图 4-4　匹配中断示意图

2．捕获中断

当定时器的捕获引脚 CAP 上出现特定的捕获信号时，可以产生中断。以 32 位定时器 0

捕获 CAP0 引脚为例，捕获控制寄存器 TMR32B0CCR 用来设置定时器的捕获功能，包括捕获信号和中断使能等，捕获中断设置如图 4-5 所示。

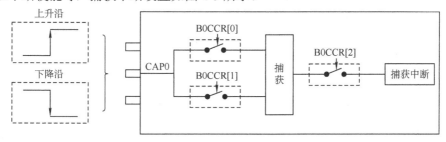

图 4-5　捕获中断设置示意图

1）若 TMR32B0CCR[0]=1，捕获引脚 CAP0 上出现上升沿信号时，发生捕获事件；

2）若 TMR32B0CCR[1]=1，捕获引脚 CAP0 上出现下降沿信号时，发生捕获事件。

发生捕获事件时，若 TMR32B0CCR[2]=1，则捕获中断使能。产生中断后，当前的 TMR32B0TC 值自动存储在 TMR32B0CR0 中，并在中断服务子程序中通过读取中断标志寄存器（TMR32B0IR）来区分中断类型，及时对捕获到的定时器当前值进行操作处理。

4.1.4　定时器操作示例

定时器配置为在匹配时复位计数并产生中断，如图 4-6 所示。预分频值为 2，匹配寄存器值为 6。在发生匹配的定时器周期结束时，定时器计数复位。这样就使匹配值具有完整长度的周期。在定时器到达匹配值后的下一个时钟产生指示匹配发生的中断。

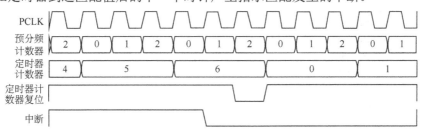

图 4-6　定时器周期设置为 PR=2，MRx=6，匹配时使能中断和复位

以 32 位定时器 0 为例，基于 CMSIS 实现 MR0 匹配定时配置操作代码如下：

```
LPC_TMR32B0->PR=2;
LPC_TMR32B0->MR0=6;
LPC_TMR32B0->MCR=3;
```

定时器配置为在匹配时停止计数并产生中断，如图 4-7 所示。预分频器再次置为 2，匹配寄存器置为 6。在定时器达到匹配值的下一个时钟，TCR 中的定时器使能位清零，中断指示匹配发生。

以 32 位定时器 0 为例，基于 CMSIS 实现 MR0 匹配定时配置操作代码如下：

```
LPC_TMR32B0->PR=2;
LPC_TMR32B0->MR0=6;
LPC_TMR32B0->MCR=5;
```

16 位定时器/计数器与 32 位定时器/计数器操作方式完全相同，下面以 32 位定时器/计数器 0 为例，结合 LPC1114 开发板进行介绍。

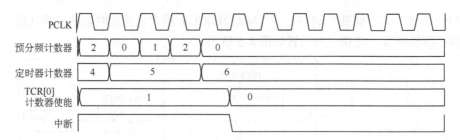

图 4-7　定时器周期设置为 PR=2，MRx=6，匹配时使能中断和停止

1. 定时功能

任务：利用 32 位定时器 0 定时 1s，产生中断，在中断子程序中执行 LED_Invert() 函数，使 LPC1114 开发板 PIO1_9 上的 LED 灯 D4 每 1s 变换亮灭状态 1 次。

程序设置 32 位定时器 0 的时钟不分频，TMR32B0MR0 匹配后复位定时器并产生中断标志，定时值设置为 FPCLK/1，即 1s。使用匹配功能可以实现定时，定时时间（单位为 s）计算如下：

$$定时时间 = \frac{MR \times (PR+1)}{FPCLK}$$

基于 CMSIS 定时器 0 初始化代码如下：

```
void TMR32B0_Init (void)
{
    LPC_SYSCON->SYSAHBCLKCTRL |= (1UL << 9);    /* 使能 32 位定时器 0 的时钟 */
    LPC_TMR32B0->IR = 0x1F;
    LPC_TMR32B0->PR = 0;                         /* 设置分频系数 */
    LPC_TMR32B0->MCR = 3;                        /* 设置 MR0 匹配后复位 TC 并产生中断 */
    LPC_TMR32B0->MR0 = SystemCoreClock;          /* 设置中断时间 */
    LPC_TMR32B0->TCR = 0x01;                     /* 启动定时器 */
    NVIC_EnableIRQ(TIMER_32_0_IRQn);             /* 设置中断并使能 */
}
```

32 位定时器 0 中断子程序如下：

```
void TIMER32_0_IRQHandler(void){
    if((LPC_TMR32B0->IR|=0x01)==1){              /*判断是否 MR0 中断，并清 MR0 中断*/
    LED_Invert();                                /*LED 灯状态反转*/
  }
}
```

主程序如下：

```
int main (void){
    LED_init();                                  /* Initialize GPIO (sets up clock) */
    TMR32B0_Init ();                             /* Initialize Timer32B0, and enable IRQn */
    while (1){                                    /* Loop forever */
    // wait for Interrupt, Turn LED on and OFF in Function TIMER32_0_IRQHandler(void)
  }
    return 0;
 }
```

2. 匹配输出

任务：设置 PIO1_9 引脚的功能为 16 位定时器 1 的匹配输出 MAT0，并设置 MR0 匹配输出为状态反转，复位定时器，不产生中断，预分频寄存器 PR=799，定时 1s 产生一次匹配，不做任何中断操作，观察 LPC1114 开发板上 PIO1_9 引脚上 LED 灯 D4 的变化。

16 位定时器 1 的匹配输出初始化程序如下：

```
void TMR16B1_Init (void)
{
    LPC_SYSCON->SYSAHBCLKCTRL |= (1UL << 8);        /* 使能 16 位定时器 1 的时钟 */
    LPC_IOCON->PIO1_9|=0x01;
    LPC_TMR16B1->PWMC=0x00;
    LPC_TMR16B1->PR = 799;                          /* 设置预分频值为 799 */
    LPC_TMR16B1->MCR = 2;                           /* 设置 MR0 匹配后复位 TC 不产生中断 */
    LPC_TMR16B1->MR0 = SystemCoreClock /800;        /* 设置中断时间 */
    LPC_TMR16B1->TCR = 0x01;                        /* 启动定时器 */
    LPC_TMR16B1->EMR|=(3UL<<4);
}
```

主程序如下：

```
int main (void) {                                  /* Main Program          */
    TMR16B1_Init();
    while (1) {                                     /* Loop forever          */
    }
}
```

3. 输入捕获

任务：使用 16 位定时器 1 进行捕获操作，使能 16 位定时器 1 的捕获通道 CAP0，然后启动 16 位定时器 1，当捕获事件产生时即自动把定时器的当前值装载到 TMR16B1CR0 寄存器中。

16 位定时器 1 捕获功能初始化程序如下：

```
void TMR16B1_CAP0_Init (void)
{
    LPC_SYSCON->SYSAHBCLKCTRL |= (1UL << 8);        /* 16 位定时器 1 时钟使能 */
    LPC_IOCON->PIO1_8|=0x02;                        /* PIO1_8 设置成捕获引脚*/
    LPC_TMR16B1->PR = 99;                           /* 设置分频系数*/
    LPC_TMR16B1->CCR = 2 << 0;                      /* 设置 CAP0 下降沿捕获*/
    LPC_TMR16B1->TC = 0;
    LPC_TMR16B1->TCR = 0x01;                        /* 启动定时器*/
}
```

在主程序中调用初始化程序启动定时器后定时器即开始计数，等待捕获引脚的输入信号，在 LPC1114 开发板上按下按键 K2 即可在 PIO1_8 上产生一个下降沿，定时器将进入中断，16 位定时器 1 中断子程序如下：

```
void TIMER16_1_IRQHandler(void){
    if((LPC_TMR16B1->IR|=0x04)==1){                 /*判断是否 CAP0 中断，并清 CAP0 中断*/
        Printf(LPC_TMR16B1->CR0);                   /*打印输出捕获寄存器 CR0 的值*/
    }
}
```

注：**Printf** 函数需要根据串口环境进行设置才能在 **Keil** 控制台上进行输出显示；此处也可以用一个全局变量来保存 **CR0** 的值，以便程序对捕获值进行处理。

4. 外部计数

任务：将 16 位定时器/计数器 1 设置为计数功能，配置 PIO1_8 作为 CAP0 计数输入，设置 CTCR 计数控制寄存器，设置 CAP0 的下降沿使计数器 TC 加 1，清零计数器 TC 并启动定时器/计数器。LPC1114 开发板上的按键 K2 连接到 PIO1_8 作为计数器输入，每按一次 K2，计数器加 1，计数器计数值可以用 LED 灯 D5、D6 和 D7 以二进制数形式显示 0~8，显示程序请读者自行设计。

16 位定时器 1 外部计数功能初始化程序如下：

```
void TMR16B1_COUNT_Init (void)
{
    LPC_SYSCON->SYSAHBCLKCTRL |= (1UL << 8);      /* 16 位定时器 1 时钟使能 */
    LPC_IOCON->PIO1_8|=0x02;                       /* PIO1_8 设置成计数输入引脚*/
    LPC_TMR16B1->CTCR = 0x02 | (0x00 << 2);        /* 设置为计数器模式，下降沿计数 */
    LPC_TMR16B1->TC = 0;
    LPC_TMR16B1->TCR = 0x01;                        /* 启动定时器*/
}
```

5. PWM 方波产生

任务：将 16 位定时器 1 设置为 PWM 输出功能，配置 PIO1_9 作为 PWM 输出引脚，分别设置 PWM 占空比为 25% 和 75%，在 LPC1114 开发板上观察 LED 灯 D4 的亮度变化，或用示波器观察 PIO1_9 引脚上的波形，可用按键 K2 修改 MR0 的值来切换 PWM 的占空比。

16 位定时器 1 的 PWM 输出初始化程序如下：

```
void TMR16B1_PWM_Init (void)
{
    LPC_SYSCON->SYSAHBCLKCTRL |= (1UL << 8);      /* 16 位定时器 1 时钟使能 */
    LPC_IOCON->PIO1_9|=0x01;
    LPC_TMR16B1->TCR = 0x02;                        /* 定时器复位 */
    LPC_TMR16B1->PR = 0;                            /* 设置分频系数 */
    LPC_TMR16B1->PWMC = 0x01;                       /* 设置 MAT0 为 PWM 输出 */
    LPC_TMR16B1->MCR = 0x02 << 9;                   /* 设置 MR3 匹配后复位 TC */
    LPC_TMR16B1->MR3 = SystemCoreClock / 1000;      /* 周期设置为 0.001s */
    LPC_TMR16B1->MR0 = LPC_TMR16B1->MR3 / 4;        /* MAT0 输出 25%方波 */
//  LPC_TMR16B1->MR0 = LPC_TMR16B1->MR3 * 3 / 4;    /* MAT0 输出 75%方波 */
    LPC_TMR16B1->TCR = 0x01;                        /* 启动定时器*/
}
```

4.2 通用异步收发器

4.2.1 UART 概述

计算机与外部设备的连接，基本上使用了两类接口：并行接口与串行接口。并行接口是指数据的各位同时进行传送，其特点是传输速度快，但是传输距离远、位数又多时，通信线路变复杂且成本提高。串行通信是指数据一位一位地顺序传送，其特点是适用于远距离通信，通信线路简单，抗干扰性强，只要一对传输线就可以实现双向通信，从而大大降低了成本。

串行通信又分为异步与同步两种。通用异步收发器（Universal Asynchronous Receiver Transmitter，UART）正是设备间进行异步串行通信的主要模块，其主要作用如下：

1）处理数据总线和串行口之间的串/并、并/串转换；

2）通信双方只要采用相同的帧格式和波特率，就能在未共享时钟信号的情况下，仅用两根信号线（RXD 和 TXD）就可以完成通信过程；

3）采用异步方式，数据收发完成后，可以通过中断或置位标志位的方式通知微控制器进行处理，大大提高了微控制器的工作效率。

若加入一个合适的电平转换器，UART 还能用于 RS-232C 和 RS-485 通信。LPC1100 系列微控制器具有一个符合 16C550 工业标准的异步串行口（UART），同时增加了调制解调器（MODEM）接口，DSR、DCD 和 RI MODEM 信号只适用于 LQFP48 和 PLCC44 封装的引脚配置。

LPC1100 系列微控制器 UART 特性如下：

1）16 字节收发 FIFO；

2）寄存器的存储单元符合 16C550 工业标准；

3）接收器 FIFO 触发点位于 1、4、8 和 14 字节；

4）内置波特率发生器；

5）UART 支持软件或硬件流控制执行；

6）支持 RS-458/EIA-485 的 9 位模式和输出使能；

7）MODEM 控制。

LPC1100 系列微控制器 UART 结构如图 4-8 所示。

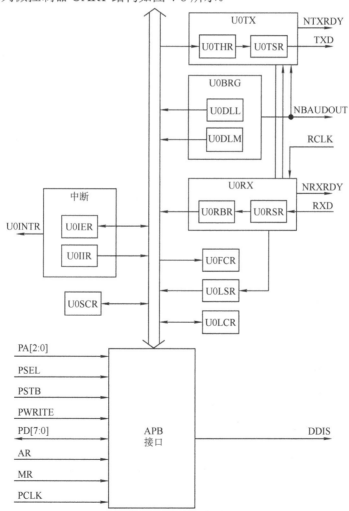

图 4-8　LPC1100 系列微控制器 UART 结构图

在使用 UART 之前，UART 模块通过 SYSAHBCLKCTRL 寄存器进行选通控制，外设 UART 时钟（由 UART 波特率发生器使用）通过 UARTCLKDIV 寄存器来控制。

UART_PCLK 可在 UARTCLKDIV 寄存器中禁能，并且 UART 模块可通过系统 AHB 时钟控制寄存器 SYSAHBCLKCTRL 的位 12 禁能以节省功耗。

在使能 UART 时钟之前，UART 引脚必须在相应的 IOCON 寄存器中配置。

4.2.2　UART 接口引脚与配置

UART 引脚描述见表 4-24。

表 4-24　UART 引脚描述

引脚	GPIO 引脚	类型	描述
RXD	PIO1_6	输入	串行输入引脚。串行接收数据
TXD	PIO1_7	输出	串行输出引脚。串行发送数据
RTS	PIO1_5	输出	请求发送。RS-485 方向控制引脚
DTR	PIO2_0、PIO3_0	输出	数据终端就绪
DSR	PIO2_1、PIO3_1	输入	数据设置就绪。仅用于 LQFP48 封装
CTS	PIO0_7	输入	清除发送
DCD	PIO2_2、PIO3_2	输入	数据载波检测。仅用于 LQFP48 封装
RI	PIO2_3、PIO3_3	输入	铃响指示。仅用于 LQFP48 封装

RXD 与 PIO1_6 引脚功能复用，将配置寄存器 IOCON_PIO1_6 的位[2:0]配置为 010，选择引脚功能为 RXD。TXD 与 PIO1_7 引脚功能复用，将配置寄存器 IOCON_PIO1_7 的位[2:0]配置为 010，选择引脚功能为 TXD。

DSR、DCD 和 RI MODEM 输入在 2 个不同的引脚位置进行多路复用。除了选择 IOCON 配置寄存器的功能外，还可以使用 IOCON_DSR/DCD/RI_LOC 寄存器为 LQFP48 引脚封装上的每个功能选择一个物理位置。

DTR 输出在 2 个引脚位置都可以使用。DTR 引脚的输出值在 2 个相同的位置被驱动，并且可通过为该引脚位置选择 IOCON 寄存器的功能来简单选择任意位置的 DTR 功能。

1）CTS 发送控制引脚：该引脚用于控制 UART 到 MODEM 数据发送的启动和中止。外部 MODEM 可将该引脚拉低，通知 UART 自己已准备好接收数据。用户可通过 MODEM 状态寄存器里的相关位来了解 CTS 信号的状态：

① CTS 信号的补码信息存储于 MODEM 状态寄存器的位 4，通过对该位的查询操作，用户可以了解到 CTS 引脚的即时状态；

② CTS 信号状态变化信息存储于 MODEM 状态寄存器的位 0，该位表示了在上次读取 MODEM 状态寄存器后，CTS 信号的变化情形。

CTS 引脚还可以用于触发 MODEM 状态中断（MODEM Status Interrupt）。

2）DCD 数据载波检测引脚：低电平有效信号。当外部 MODEM 已与 UART 建立通信连接时，该引脚被拉低，从而产生 DCD 信号，指示数据交换工作已就绪。用户可通过 MODEM 状态寄存器里的相关位来了解 DCD 信号的状态：

① DCD 引脚信号的补码存储于 MODEM 状态寄存器的位 7；

② DCD 信号状态变化信息存储于 MODEM 状态寄存器的位 3。

如果 MODEM 状态中断使能，DCD 引脚上的信号可以触发 MODEM 状态中断。

3）DSR 数据设置就绪引脚：低电平有效信号。当外部 MODEM 准备与 UART 建立连接时，该引脚被拉低，从而产生 DSR 信号。用户可通过 MODEM 状态寄存器里的相关位来了解 DSR 信号的状态：

① DSR 引脚信号的补码存储于 MODEM 状态寄存器的位 5；

② DSR 信号状态变化信息存储于 MODEM 状态寄存器的位 1。

如果 MODEM 状态中断使能，DSR 引脚上的信号可以触发 MODEM 状态中断。

4）DTR 数据终端就绪引脚：低电平有效信号。当 UART 准备与外部 MODEM 建立连接时，该引脚输出低电平。DTR 由 MODEM 控制寄存器的位 0（U0MCR[0]）控制。当 U0MCR[0] 为 0 时，DTR 输出高电平；当 U0MCR[0] 为 1 时，DTR 输出低电平。

5）RI 铃响指示引脚：低电平有效信号，指示 MODEM 检测到电话的响铃信号，从而产生 RI 信号。用户可通过 MODEM 状态寄存器里的相关位来了解 RI 信号的状态：

① RI 引脚信号的补码存储于 MODEM 状态寄存器的位 6；

② RI 信号状态变化信息存储于 MODEM 状态寄存器的位 2。

如果 MODEM 状态中断使能，RI 引脚上的信号可以触发 MODEM 状态中断。

6）RTS 请求 MODEM 发送引脚：低电平有效输出信号。当 UART 可以从外部 MODEM 接收数据时，UART 输出低电平指示信号。该引脚信号的补码由 MODEM 控制寄存器的位 1 控制。

RTS 信号是一个低电平有效信号，可以作为指示信号，告知 MODEM 或数据集，UART 准备接收数据。

① 使能自动 RTS 模式时，该引脚由接收器的 FIFO 触发点控制。

② 禁止自动 RTS 模式时，该引脚由 MODEM 控制寄存器的位 1（U0MCR[1]）控制。当 U0MCR[1] 为 0 时，RTS 输出高电平；当 U0MCR[1] 为 1 时，RTS 输出低电平。

4.2.3　UART 寄存器

LPC1100 系列 Cortex-M0 微控制器 UART 部分的寄存器结构如图 4-9 所示，并且此 UART 具有 MODEM 模块。UART 所包含的寄存器见表 4-25。除数锁存器访问位（DLAB）包含在 U0LCR[7] 中，能够使能除数锁存器的访问。

表 4-25　UART 寄存器概述（基址 0x4000 8000）

名称	访问	地址	描述	复位值	注
U0RBR	RO	0x4000 8000	接收缓冲寄存器。包含下一个要读取的已接收字符	NA	当 DLAB=0
U0THR	WO	0x4000 8000	发送保持寄存器。在此写入下一个要发送的字符	NA	当 DLAB=0
U0DLL	R/W	0x4000 8000	除数锁存 LSB。波特率除数值的最低有效字节。整个分频器用于产生小数波特率分频器的波特率	0x01	当 DLAB=1
U0DLM	R/W	0x4000 8004	除数锁存 MSB。波特率除数值的最高有效字节。整个分频器用于产生小数波特率分频器的波特率	0x00	当 DLAB=1
U0IER	R/W	0x4000 8004	中断使能寄存器。包含 7 个潜在的 UART 中断对应的各个中断使能位	0x00	当 DLAB=0
U0IIR	RO	0x4000 8008	中断 ID 寄存器。识别等待处理的中断	0x01	—

（续）

名称	访问	地址	描述	复位值	注
U0FCR	WO	0x4000 8008	FIFO 控制寄存器。控制 UART FIFO 的使用和模式	0x00	—
U0LCR	R/W	0x4000 800C	线控制寄存器。包含帧格式控制和间隔产生控制	0x00	—
U0MCR	R/W	0x4000 8010	MODEM 控制寄存器	0x00	—
U0LSR	RO	0x4000 8014	线状态寄存器。包含发送和接收状态的标志（包括线错误）	0x60	—
U0MSR	RO	0x4000 8018	MODEM 状态寄存器	0x00	—
U0SCR	R/W	0x4000 801C	高速缓存寄存器。8 位的临时存储空间，供软件使用	0x00	—
U0ACR	R/W	0x4000 8020	自动波特率控制寄存器。包含自动波特率特性的控制	0x00	—
—	—	0x4000 8024	保留	—	—
U0FDR	R/W	0x4000 8028	小数分频器寄存器。为波特率分频器产生时钟输入	0x10	—
—	—	0x4000 802C	保留	—	—
U0TER	R/W	0x4000 8030	发送使能寄存器。关闭 UART 发送器，使用软件流控制	0x80	—
—	—	0x4000 8034~0x4000 8048	保留	—	—
U0RS485CTRL	R/W	0x4000 804C	RS-485/EIA-485 控制。包含 RS-485/EIA-485 模式多方面的配置控制	0x00	—
U0RS485ADR MATCH	R/W	0x4000 8050	RS-485/EIA-485 地址匹配。包含 RS-485/EIA-485 模式的地址匹配值	0x00	—
U0RS485DLY	R/W	0x4000 8054	RS-485/EIA-485 方向控制延迟	0x00	—
U0FIFOLVL	RO	0x4000 8058	FIFO 深度寄存器。提供发送和接收 FIFO 的当前填充深度	0x00	—

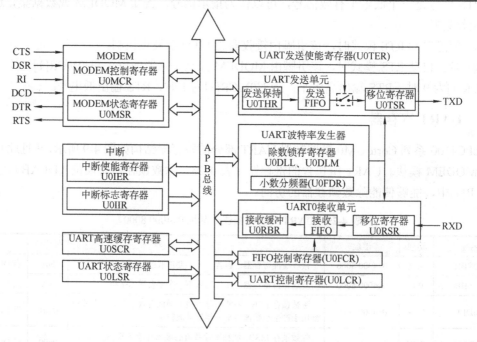

图 4-9 UART 寄存器结构图

1. UART 接收缓冲寄存器（U0RBR – 0x4000 8000，当 DLAB=0 时，只读）

U0RBR 是 UART Rx FIFO 的最高字节。它包含了最早接收到的字符，并且可通过总线接口进行读取。LSB（位 0）表示最"早"接收的数据位。如果接收到的字符少于 8 位，则未使用的 MSB 用 0 填充。

如果要访问 U0RBR，U0LCR 中的除数锁存访问位（DLAB）必须为 0。U0RBR 为只读寄存器。

由于 UART 状态寄存器（U0LSR）中的 PE（奇偶错误）、FE（帧错误）和 BI（间隔中断）位与 RBR FIFO 顶部的字节（即下次读 RBR 时获取的字节）相关，因此，要正确地成对读出有效的接收字节及其状态位，应先读取 U0LSR 的内容，然后再读取 U0RBR 中的数据。U0RBR寄存器的位描述见表 4-26。

表 4-26 UART 接收缓冲寄存器位描述

位	符号	描述	复位值
7:0	RBR	UART 接收缓冲寄存器包含了 UART Rx FIFO 当中最早接收到的字节	未定义
31:8	—	保留	—

操作示例：
```
while ((LPC_UART->LSR & 0x01) == 0);        /* 等待接收标志置位        */
data_buf =LPC_UART->RBR;                     /* 保存接收到的数据        */
```

2. UART 发送保持寄存器（U0THR – 0x4000 8000，当 DLAB=0 时，只写）

U0THR 是 UART Tx FIFO 的最高字节。它是 Tx FIFO 中的最新字符，可通过总线接口进行写入。LSB 代表第一个要发送出去的位。

如果要访问 U0THR，U0LCR 中的除数锁存访问位（DLAB）必须为 0。U0THR 为只写寄存器，其位描述见表 4-27。

表 4-27 UART 发送保持寄存器位描述

位	符号	描述	复位值
7:0	THR	写 UART 发送保持寄存器会使数据保存到 UART 发送 FIFO 中。当字节达到 FIFO 的底部并且发送器可用时，字节就会被发送	NA
31:8	—	保留	—

操作示例：
```
LPC_UART->THR  =  data;                          /* 发送数据          */
while ( ( LPC_UART->LSR & 0x40 ) == 0 );         /* 等待数据发送完毕    */
```

3. UART 中断使能寄存器（U0IER – 0x4000 8004，DLAB=0）

U0IER 用于使能 4 个 UART 中断源，其位描述见表 4-28。

表 4-28 UART 中断使能寄存器位描述

位	位功能	描述	复位值
0	接收中断使能	使能 UART 的接收数据可用中断。它还控制着字符接收超时中断 0：禁止 RDA 中断 1：使能 RDA 中断	0
1	发送中断使能	使能 UART 的 THRE 中断。该中断的状态可从 U0LSR[5]中读出 0：禁止 THRE 中断 1：使能 THRE 中断	0

（续）

位	位功能	描述	复位值
2	接收线状态中断使能	使能 UART 的 Rx 线状态中断。该中断的状态可从 U0LSR[4:1]中读出	0
		0：禁止 Rx 线状态中断	
		1：使能 Rx 线状态中断	
3	—	保留	—
6:4	—	保留。用户软件不应对保留位写入 1，从保留位读出的值未定义	NA
7	—	保留	0
8	自动波特率结束中断使能	使能自动波特率结束中断	0
		0：禁止自动波特率结束中断	
		1：使能自动波特率结束中断	
9	自动波特率超时中断使能	使能自动波特率超时中断	0
		0：禁止自动波特率超时中断	
		1：使能自动波特率超时中断	
31:10	—	保留。用户软件不应向保留位写入 1，从保留位读出的值未定义	NA

如果要执行接收中断 ISR，用户还需要在寄存器 ISPR 里使能 UART_IRQn。使能 RDA 中断操作示例：

```
LPC_UART->IER = 0x01;                                    /* 使能 RDA 中断                */
```

4. UART 中断标志寄存器（U0IIR – 0x4004 8008，只读）

U0IIR 提供状态码用于指示一个待处理中断的优先级和中断源。在访问 U0IIR 过程中，中断被冻结。如果在访问 U0IIR 过程中产生了中断，该中断将被记录，下次访问 U0IIR 时便可将其读出。UART 中断标志寄存器的位描述见表 4-29。

表 4-29　UART 中断标志寄存器位描述

位	功能	描述	复位值
0	中断状态	中断状态。注意 U0IIR[0]为低电平有效。待处理的中断可通过 U0IIR[3:1]来确定	1
		0：至少有一个中断正在等待处理	
		1：没有等待处理的中断	
3:1	中断标志	中断标志。U0IER[3:1]指示对应 UART Rx FIFO 的中断。下面未列出的其他组合都为保留值（100、101、111）	0
		011：1—接收线状态（RLS）	
		010：2a—接收数据可用（RDA）	
		110：2b—字符超时指示器（CTI）	
		001：3—THRE 中断	
		000：4—MODEM 中断	
5:4	—	保留。用户软件不应对保留位写入 1，从保留位读出的值未定义	NA
7:6	FIFO 使能	这些位等效于 U0FCR[0]	0
8	自动波特率中断结束标志	自动波特率中断结束。若已成功完成自动波特率检测且中断使能，则 ABEOInt 为真	0
9	自动波特率超时中断标志	自动波特率超时中断。若自动波特率发生了超时且中断使能，则 ABTOInt 为真	0
31:10	—	保留。用户软件不应对保留位写入 1，从保留位读出的值未定义	NA

U0IIR[9:8]反映了自动波特率的状态，当发生超时或者自动波特率结束时，相应的位会置位。自动波特率中断条件可以通过置位自动波特率控制寄存器中相应位来清除。UART 中断源和中断使能关系如图 4-10 所示。

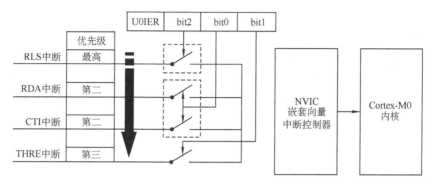

图 4-10　UART 中断源和中断使能关系图

注：图中并未标出自动波特率和 MODEM 的相关中断。

中断的处理见表 4-30。给定了 U0IIR[3:0]的状态，中断处理程序就能确定中断源以及如何清除有效的中断。在退出中断服务程序之前，必须读取 U0IIR 来清除中断。

表 4-30　UART 中断处理

U0IIR[3:0]	优先级	中断类型	中断源	中断复位
0001		无	无	
0110	最高	接收线状态中断	OE、PE、F 或 BI	U0LSR 读操作
0100	第二	接收数据可用	接收数据可用或达到 FIFO 的触发点	U0RBR 读操作或低于触发深度
1100	第二	字符超时指示	Rx FIFO 中至少有一个字符，并且在一段时间内没有字符输入或移出，该时间的长短取决于 FIFO 中的字符数以及在 3.5~4.5 字符的时间内的触发值 实际时间为：[(字长度)×7-2]×8+[(触发值-字符数)×8+1]RCLK	U0RBR 读操作
0010	第三	发送 FIFO 空	发送 FIFO 空	U0IIR 读或 THR 写操作

表 4-30 中未标出的 U0IIR[3:0]值 0000、0011、0101、0111、1000、1001、1010、1011、1101、1110、1111 均为保留值。

（1）UART 接收线状态中断（RLS 中断）

UART RLS 中断（U0IIR[3:1]=011）是最高优先级中断。只要 UART 在接收数据时产生下面 4 个错误中的任意一个，U0IIR 将产生相应的中断标志。

1）溢出错误（OE）；

2）奇偶错误（PE）；

3）帧错误（FE）；

4）间隔中断（BI）。

具体错误类型可通过查看 U0LSR[4:1]得到。当读取 U0LSR 寄存器时，自动清除该中断标志。

（2）UART 接收数据可用中断（RDA 中断）

UART RDA 中断（U0IIR[3:1]=010）与 CTI 中断（U0IIR[3:1]=110）共用第二优先级。当 UART Rx FIFO 深度到达 U0FCR[7:6]所定义的触发点时，RDA 就会被激活；当 UART Rx FIFO 深度低于触发点时，RDA 中断复位。当 RDA 中断激活时，CPU 可读出由触发点所定义的数据块。

（3）UART 字符超时中断（CTI 中断）

CTI 中断（U0IIR[3:1]=110）是一个第二优先级中断。当接收 FIFO 中的有效数据个数少于触发个数（至少有一个）时，如果经过了一段时间没有数据到达，将触发字符超时中断，此时 CPU 就认为一个完整的字符串已经结束，然后将接收 FIFO 中的剩余数据。

这个触发时间为：接收 3.5～4.5 个字符的时间。"3.5～4.5 个字符的时间"，其意思是在当前波特率下，发送 3.5～4.5B 所需要的时间。

产生字符超时中断后，对接收 FIFO 的以下操作都会清除该中断标志。

1）从接收 FIFO 中读取数据，即读取 U0RBR 寄存器。

2）有新的数据送入接收 FIFO，即接收到新数据。

需要注意的是，当接收 FIFO 中存在多个数据时，从 U0RBR 读取数据，但是没有读完所有数据，那么在经过 3.5～4.5B 的时间后将再次触发字符超时中断。

例如，一个外设向 LPC1100 系列 Cortex-M0 微控制器发送 85 个字符，而接收触发值为 8 个字符，那么前 80 个字符将使 CPU 接收 10 个接收数据可用中断，而剩下的 5 个字符使 CPU 接收 1～5 个字符超时中断（取决于服务程序）。

（4）UART 发送中断（THRE 中断）

UART THRE 中断（U0IIR[3:1]=001）为第三优先级中断。发送中断有以下特性：

1）系统启动时，虽然发送 FIFO 为空，但不会产生发送中断。

2）在上一次发生发送中断后，仅向发送 FIFO 中写入 1B 数据，将在延时 1B 加上一个停止位的时间后发生发送中断。

3）如果在发送 FIFO 中有过 2B 以上的数据，但是现在发送 FIFO 为空时，将立即触发发送中断。

发送 FIFO 的结构示意图如图 4-11 所示。当 FIFO 为空时，向其中写入 1B 的数据，该数据会直接传送到发送移位寄存器（U*n*TSR）中，这时发送 FIFO 为空。如果此时产生"发送中断"，那么会影响紧接着写入发送 FIFO 的数据，因此，要等到将该字节数据以及停止位发送完毕后才能产生中断。

如果发送 FIFO 中含有 2B 以上的数据，那么当发送 FIFO 为空后，便会产生发送中断。

当发送中断为当前有效的最高优先级中断时，向 U0THR 寄存器写数据，或者对 U0IIR 的读操作，都会清除 THRE 中断标志。

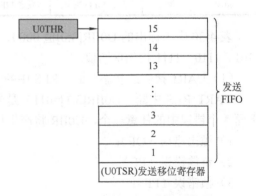

图 4-11 ·发送 FIFO 结构示意图

5. UART FIFO 控制寄存器（U0FCR – 0x4000 8008，只写）

U0FCR 控制 UART Rx 和 Tx FIFO 的操作，寄存器位的详细描述见表 4-31。

表 4-31 UART FIFO 控制寄存器位描述

位	符号	描述	复位值
0	FIFO 使能	0：UART FIFO 被禁止。禁止在应用中使用	0
		1：高电平有效，使能对 UART Rx FIFO 和 Tx FIFO 以及 U0FCR[7:1]的访问。该位必须置位以实现正确的 UART 操作。该位的任何变化都将使 UART FIFO 清空	
1	Rx FIFO 复位	0：对两个 UART FIFO 均无影响	0
		1：写 1 到 U0FCR[1]将会清零 UART Rx FIFO 中的所有字节，并复位指针逻辑。该位可以自动清零	
2	Tx FIFO 复位	0：对两个 UART FIFO 均无影响	0
		1：写 1 到 U0FCR[2]将会清零 UART Tx FIFO 中的所有字节，并复位指针逻辑。该位会自动清零	
3	—	保留	0
5:4	—	保留。用户软件不应对保留位写入 1，从保留位读出的值未定义	NA
7:6	Rx 触发选择	这两个位决定了接收 UART FIFO 在激活中断前必须写入的字符数量	0
		00：触发点 0（默认 1 字节或 0x01）	
		01：触发点 1（默认 4 字节或 0x04）	
		10：触发点 2（默认 8 字节或 0x08）	
		11：触发点 3（默认 14 字节或 0x0E）	
31:8	—	保留	—

操作示例：

```
LPC_UART->FCR = 0x81;          /*UART0 接收缓冲区的触发点为 8B        */
```

6. UART 线控制寄存器（U0LCR – 0x4000 800C）

U0LCR 决定了要发送和接收的数据字符格式，其具体的位描述见表 4-32。

表 4-32 UART 线控制寄存器位描述

位	符号	描述	复位值
1:0	字长度选择[1]	00：5 位字符长度	0
		01：6 位字符长度	
		10：7 位字符长度	
		11：8 位字符长度	
2	停止位选择	0：1 个停止位	0
		1：2 个停止位（若 U0LCR[1:0]==00 时为 1.5 个停止位）	
3	奇偶校验使能[2]	0：禁止校验的产生和检测	0
		1：使能校验的产生和检测	
5:4	奇偶校验控制	00：奇校验。1s 内的发送字符数和附加校验位为奇数	0
		01：偶校验。1s 内的发送字符数和附加校验位为偶数	
		10：强制"1"奇偶校验（stick parity）[3]	
		11：强制"0"奇偶校验（stick parity）	
6	间隔控制	0：禁止间隔传输	0
		1：使能间隔传输。当 U0LCR[6]是高电平有效时，强制使输出引脚 UART TXD 为逻辑 0	

（续）

位	符号	描述	复位值
7	除数锁存访问位	0：禁止对除数锁存器的访问	0
		1：使能对除数锁存器的访问	
31:8	—	保留	—

[1]此处的字长度是指数据位的个数，它不包括校验位。

[2]奇偶校验是检验是否出现通信错误的一种方法，一般分奇校验和偶校验两种。奇校验规定：正确的数据一个字节中 1 的个数必须是奇数，若非奇数，则在校验位置 1；偶校验规定：正确的数据一个字节中 1 的个数必须是偶数，若非偶数，则在校验位置 1。

[3]用户可将此特性用于 UART 多机通信，发送时输出校验位并强制该位为 0 或 1，接收时可通过判断校验位正确与否来区分地址和数据。

操作示例：

LPC_UART->LCR = 0x03;   /* UART 的工作模式为：8 位字符长度，1 个停止位，无奇偶校验位*/

7. UART 线状态寄存器（U0LSR – 0x4000 8014，只读）

U0LSR 是一个只读寄存器，提供 UART Tx 和 Rx 模块的状态信息，具体的寄存器位描述见表 4-33。

表 4-33　UART 线状态寄存器位描述

位	符号	描述	复位值
0	接收数据就绪（RDR）	当 U0RBR 包含未读字符时，U0LSR[0]就会被置位；当 UART 接收 FIFO 为空时，U0LSR[0]就会被清零	0
		0：U0RBR 为空	
		1：U0RBR 包含有效数据	
1	溢出错误（OE）	一旦发生错误，就设置溢出错误条件。读 U0LSR 会清零 U0LSR[1]。当 UART RSR 已有新的字符就绪，而 UART RBR FIFO 已满时，U0LSR[1]会置位。此时，UART 接收 FIFO 将不会被覆盖，UART RSR 内的字符将会丢失	0
		0：溢出错误状态无效	
		1：溢出错误状态有效	
2	奇偶错误（PE）	当接收字符的校验位处于错误状态时，校验错误就会产生。读 U0LSR 会清零 U0LSR[2]。校验错误检测时间取决于 U0FCR[0]　**注：校验错误与 UART RBR FIRO 顶部的字符相关**	0
		0：校验错误状态无效	
		1：校验错误状态有效	
3	帧错误（FE）	当接收字符的停止位为逻辑 0 时，就会发生帧错误。读 U0LSR 会清零 U0LSR[3]。帧错误检测时间取决于 U0FCR0。当检测到有帧错误时，Rx 会尝试与数据重新同步，并假设错误的停止位实际是一个超前的起始位。但即使没有出现帧错误，它也无法假设下一个接收到的字符是正确的　**注：帧错误与 UART RBR FIRO 顶部的字符相关**	0
		0：帧错误状态无效	
		1：帧错误状态有效	
4	间隔中断（BI）	在发送整个字符（起始位、数据、校验位以及停止位）过程中，RXD 如果保持在空闲状态（全 "0"），则产生间隔中断。一旦检测到间隔条件，接收器立即进入空闲状态，直到 RXD 进入标记状态（全 "1"）。读 U0LSR 会清零该状态位。间隔检测的时间取决于 U0FCR[0]　**注：间隔中断与 UART RBR FIRO 顶部的字符相关**	0
		0：间隔中断状态无效	
		1：间隔中断状态有效	

（续）

位	符号	描述	复位值
5	发送 FIFO 空[1]（THRE）	当检测到 UART THR 已空时，THRE 就会立即被设置。写 U0THR 会清零 THRE 0：U0THR 包含有效数据 1：U0THR 为空	1
6	发送器空（TEMT）	当 U0THR 和 U0TSR 同时为空时，TEMT 就会被设置；而当 U0TSR 或 U0THR 任意一个包含有效数据时，TEMT 就会被清零 0：U0THR 和/或 U0TSR 包含有效数据 1：U0THR 和 U0TSR 为空	1
7	Rx FIFO 错误（RXFE）	当一个带有 Rx 错误（如帧错误、校验错误或间隔中断）的字符载入到 U0RBR 时，U0LSR[7] 就会被置位。当 U0LSR 寄存器被读取并且 UART FIFO 中不再有错误时，该位就会清零 0：U0RBR 中没有 UART Rx 错误或 U0FCR[0]=0 1：UART RBR 包含至少一个 UART Rx 错误	0
31:8	—	保留	—

[1]发送 FIFO 空，并不意味着数据已发送完毕，可能还有数据在发送移位寄存器里。在需要确认数据发送完毕的场合（例如，RS-485 网络下，需要待数据发送完毕后，才改变 RS-485 的接收状态），用户应该查询 U0LSR[6]，即发送器空标志；其他情况则可查询发送 FIFO 空标志以提高发送效率。

8. UART 高速缓存寄存器（U0SCR – 0x4000 801C）

U0SCR 不会对 UART 操作有影响，用户可自由地对该寄存器进行读/写，不提供中断接口向主机指示 U0SCR 所发生的读或写操作。其具体的位描述见表 4-34。

表 4-34　UART 高速缓存寄存器位描述

位	符号	描述	复位值
7:0	Pad	一个可读、可写的字节	0x00
31:8	—	保留	—

操作示例：

```
uint32  Temp  = 0;
LPC_UART->SCR = 0x03;                    /* 写一个值 0x03 到 U0SCR          */
Temp = LPC_UART->SCR;                    /* 读出 U0SCR 的值 0x03           */
```

9. UART 自动波特率控制寄存器（U0ACR – 0x4000 8020）

在用户测量波特率的输入时钟/数据速率期间，整个测量过程就是由 UART 自动波特率控制寄存器（U0ACR）进行控制的。用户可自由地读/写该寄存器，其具体的位描述见表 4-35。

表 4-35　自动波特率控制寄存器位描述

位	符号	描述	复位值
0	Start	在自动波特率功能结束后，该位会自动清零 0：自动波特率功能停止（自动波特率功能不运行） 1：自动波特率功能启动（自动波特率功能正在运行）。自动波特率运行位。该位会在自动波特率功能结束后自动清零	0
1	Mode	自动波特率模式选择位 0：模式 0 1：模式 1	0

（续）

位	符号	描述	复位值
2	AutoRestart	0：不重新启动 1：如果超时则重新启动（计数器会在下一个 UART Rx 下降沿重新启动）	0
7:3	—	保留。用户软件不应对保留位写入 1，从保留位读出的值未定义	0
8	ABEOIntClr	自动波特率中断结束清零位（仅可写访问） 0：写 0 无影响 1：写 1 将 U0IIR 中相应的中断清除	0
9	ABTOIntClr	自动波特率超时中断清零位（仅可写访问） 0：写 0 无影响 1：写 1 将 U0IIR 中相应的中断清除	0
31:10	—	保留。用户软件不应对保留位写入 1，从保留位读出的值未定义	0

操作示例：

```
LPC_UART->ACR = 0x03;                        /* 自动波特率启动          */
while((LPC_UART->ACR&0x01) != 0);            /* 等待自动波特率完成      */
```

（1）自动波特率（Auto-baud）

UART 自动波特率功能可用于测量基于"AT"协议（Hayes 命令）的输入波特率。如果 UART 自动波特率功能使能，那么自动波特率功能部件将测量接收数据流（一般是字符"A"或"a"）中的 1 位所消耗的时间，并根据这个结果来设置除数锁存寄存器 U0DLM 和 U0DLL。

自动波特率功能通过置位 U0ACR 起始位来启动，并通过清零 U0ACR 起始位来停止。自动波特率一旦结束，U0ACR 起始位就将自动清零，并且读取该起始位将会返回自动波特率的状态（挂起/完成）。

可通过设置 U0ACR 模式位来使用两种自动波特率测量模式：

1）模式 0 通过对 UART Rx 引脚上两个连续的下降沿进行测量（起始位的下降沿和第一位的下降沿）来得出波特率；

2）模式 1 通过测量 UART Rx 引脚上的下降沿和后续的上升沿之间的时间（起始位的长度）来得出波特率。

自动波特率测量的两种模式决定了用于同步波特率的字符格式，见表 4-36。如果采用模式 0，那么发送的第一个字节数据的低两位为 01；如果采用模式 1，那么发送的第一个字节数据的低两位为 01/11；否则，自动波特率的测量就会出错。

表 4-36　自动波特率测量时对数据的要求

自动波特率模式	数据字节 bit[1:0]	举例
模式 0	01	0x01
模式 1	01	0x01
	11	0x03

两种自动波特率模式原理示意图如图 4-12 所示。

如果出现超时（速率测量计数器溢出），可以通过 U0ACR AutoRestart 位来自动重启波特率测量。若该位置位，速率测量将在 UART Rx 引脚的下一个下降沿重新启动。

自动波特率功能可产生两个中断：

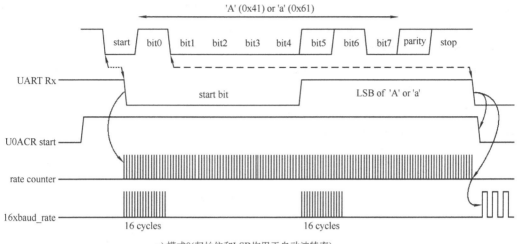

a) 模式0(起始位和LSB均用于自动波特率)

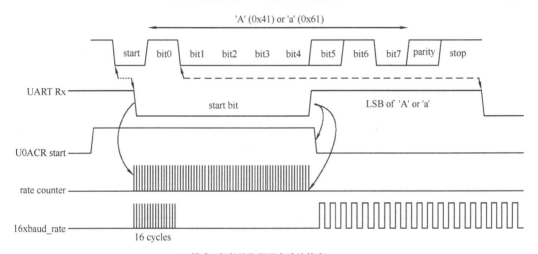

b) 模式1(仅起始位用于自动波特率)

图 4-12 自动波特率原理示意图

1）U0IIR ABTOInt 中断（U0IER ABTOIntEn 置位且自动波特率测量计数器溢出）；

2）U0IIR ABEOInt 中断（U0IER ABEOIntEn 置位且自动波特率成功完成）。

可以通过置位相应的 U0ACR ABTOIntClr 和 ABEOIntEn 位来清零自动波特率中断。

在自动波特率期间，小数波特率发生器通常被禁用（DIVADDVAL=0）。但是，如果小数波特率发生器被使能（DIVADDVAL>0），那么它将影响 UART Rx 引脚波特率的测量，但 U0FDR 寄存器的值在速率测量后不会被修改。此外，在使用自动波特率时，不能修改 U0DLM 和 U0DLL 寄存器。UART 支持的最小和最大波特率受 PCLK、数据的位数、停止位和奇偶校验位的影响：

$$波特率最小值 = \frac{2 \times PCLK}{16 \times 2^{15}} \leqslant UART波特率 \leqslant \frac{PCLK}{16 \times (2 + 数据位 + 奇偶位 + 停止位)} = 最大波特率$$

（2）自动波特率模式

当软件执行"AT"命令时，它采用期望的字符格式对 UART 进行配置并置位 U0ACR 起始位。用户不必关心除数锁存器 U0DLL 和 U0DLM 的初始值。由于"A"或"a"ASCII 编码（"A"=0x41，"a"=0x61）的关系，UART Rx 引脚检测起始位且目标字符的 LSB 的两个边界为两个下降沿。当 U0ACR 起始位置位时，自动波特率协议将执行以下阶段：

1）U0ACR 起始位一置位，波特率测量计数器立即复位，同时 UART U0RSR 复位。U0RSR 波特率切换为最高的速率。

2）UART Rx 引脚下降沿触发起始位的开始，速率测量计数器将开始对 PCLK（可选择被小数波特率发生器预分频）进行计数。

3）在接收起始位的过程中，U0RSR 波特率输入端产生 16 个脉冲，脉冲频率和被小数波特率发生器预分频的 UART 输入时钟相同，这样保证了起始位存放在 U0RSR 中。

4）在接收起始位以及模式 0 下字符 LSB 的过程中，速率计数器将随着被预分频的 UART 输入时钟（PCLK）递增。

5）如果是模式 0，那么速率计数器将在 UART Rx 引脚的下个下降沿停止；如果是模式 1，那么速率计数器将在 UART Rx 引脚的下个上升沿停止。

6）速率计数器的值被装入 U0DLM/U0DLL，并且波特率将自动切换为正常操作模式。在设置完 U0DLM/U0DLL 后，如果自动波特率结束中断被使能，U0IIR ABEOInt 将置位。接着 U0RSR 继续接收"A/a"字符剩下的其他位。

10．UART 除数锁存 LSB 和 MSB 寄存器（U0DLL – 0x4000 8000 和 U0DLM – 0x4000 8004，当 DLAB=1 时）

UART 除数锁存器是 UART 波特率发生器的一部分并保存使用的值，它与小数分频器一同使用，来分频 UART_PCLK 时钟以产生波特率时钟，该波特率时钟必须是所需波特率的 16 倍。U0DLL 寄存器的位描述见表 4-37，U0DLM 寄存器的位描述见表 4-38。

表 4-37　UART 除数锁存器 LSB 寄存器位描述

位	符号	描述	复位值
7:0	DLLSB	UART 除数锁存 LSB 寄存器与 U0DLM 寄存器一起决定 UART 的波特率	0x01
31:8	—	保留	—

表 4-38　UART 除数锁存器 MSB 寄存器位描述

位	符号	描述	复位值
7:0	DLMSB	UART 除数锁存 MSB 寄存器与 U0DLL 寄存器一起决定 UART 的波特率	0x00
31:8	—	保留	—

在不使用小数分频器的情况下（这也是默认情况），目标波特率为

$$baud = \frac{Fpclk}{16 \times (U0DLM : U0DLL)}$$

其中（U0DLM：U0DLL）是由 U0DLL 和 U0DLM 一起构成的 16 位除数。U0DLL 包含的是除数的低 8 位，U0DLM 包含的是除数的高 8 位。0x0000 被看作 0x0001，因为除数是不允许为 0 的。在访问 UART 除数锁存寄存器时，除数锁存访问位（DLAB）必须为 1。

操作示例：

```
LPC_UART->LCR    = 0x80;                    /* DLAB=1           */
```

```
LPC_UART->DLM    = ((Fpclk / 16) / baud) / 256;
LPC_UART->DLL    = ((Fpclk / 16) / baud) % 256;
```

11. UART 小数分频寄存器（U0FDR – 0x4000 8028）

UART 小数分频寄存器（U0FDR）控制产生波特率的时钟预分频器，并且用户可自由地对该寄存器进行读/写操作。该预分频器使用 APB 时钟并根据指定的小数要求产生输出时钟。UART 小数分频寄存器的位说明见表 4-39。

表 4-39 UART 小数分频寄存器位描述

位	符号	描述	复位值
3:0	DIVADDVAL	产生波特率的预分频除数值。如果该字段为 0，小数波特率发生器将不会影响 UART 的波特率	0
7:4	MULVAL	波特率预分频乘数值。不管是否使用小数波特率发生器，为了让 UART 正常运作，该字段必须大于或等于 1	1
31:8	—	保留。用户软件不应对保留位写入 1，从保留位读出的值未定义	0

如果小数分频器有效（DIVADDVAL>0）且 DLM=0，则 DLL 寄存器的值必须大于或等于 3，否则波特率不能正确初始化。

U0FDR 寄存器控制产生波特率时的小数分频系数：

$$\frac{MULVAL}{MULVAL + DIVADDAL}$$

启用小数分频器后，UART 的波特率计算公式变为

$$UART波特率 = \frac{Fpclk}{16 \times (U0DLM:U0DLL)} \times \frac{MULVAL}{MULVAL + DIVADDVAL} \tag{1}$$

根据这个表达式，小数波特率发生器部分也可以看成是对产生的波特率进行预分频的分频器，对目标波特率的分频系数为 MULVAL/(MULVAL+DIVADDVAL)。

MULVAL 和 DIVADDVAL 的值应遵循以下条件：

1）0<MULVAL≤15；

2）0≤DIVADDVAL<15；

3）DIVADDVAL<MULVAL；

4）在发送/接收数据时不能修改 U0FDR 的值。

如果 U0FDR 寄存器值不符合以上要求，那么小数分频器的输出将不能确定。如果 DIVADDVAL 为 0，那么小数分频器将被禁能。

UART 波特率的计算如图 4-13 所示。

例 1：UART_PCLK=14.7456MHz，BR=9600。

根据所提供的算法，DLest=PCLK/(16×BR)=14.7456MHz/(16×9600)=96。因为这里的 DLest 是一个整数，所以 DIVADDVAL=0，MULVAL=1，DLM=0 且 DLL=96。

例 2：UART_PCLK=12MHz，BR=115200。

根据所提供的算法，DLest=PCLK/(16×BR)=12MHz/(16×115200)=6.51。该算式中的 DLest 并不是整数，因此下一步就要对 FR 参数进行估算。使用 FRest=1.5 进行首次估算，得到新的 DLest=4，然后使用 FRest=1.628 再进行计算。由于 FRest=1.628 是在 1.1～1.9 的指定范围之内，因此 DIVADDVAL 和 MULVAL 的值可通过附带的查找表（见表 4-40）获得。

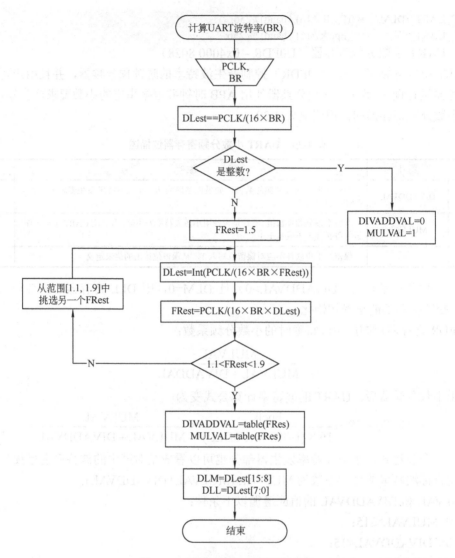

图 4-13 设置 UART 分频器的算法

表 4-40 小数分频器设置查找表

FR	DivAddVal/MulVal	FR	DivAddVal/MulVal	FR	DivAddVal/MulVal	FR	DivAddVal/MulVal
1.000	0/1	1.154	2/13	1.300	3/10	1.455	5/11
1.067	1/15	1.167	1/6	1.308	4/13	1.462	6/13
1.071	1/14	1.182	2/11	1.333	1/3	1.467	7/15
1.077	1/13	1.200	1/5	1.357	5/14	1.500	1/2
1.083	1/12	1.214	3/14	1.364	4/11	1.533	8/15
1.091	1/11	1.222	2/9	1.375	3/8	1.538	7/13
1.100	1/10	1.231	3/13	1.385	5/13	1.545	6/11
1.111	1/9	1.250	1/4	1.400	2/5	1.556	5/9
1.125	1/8	1.267	4/15	1.417	5/12	1.571	4/7
1.133	2/15	1.273	3/11	1.429	3/7	1.583	7/12
1.143	1/7	1.286	2/7	1.444	4/9	1.600	3/5

（续）

FR	DivAddVal/MulVal	FR	DivAddVal/MulVal	FR	DivAddVal/MulVal	FR	DivAddVal/MulVal
1.615	8/13	1.714	5/7	1.800	4/5	1.889	8/9
1.625	5/8	1.727	8/11	1.818	9/11	1.900	9/10
1.636	7/11	1.733	11/15	1.833	5/6	1.909	10/11
1.643	9/14	1.750	3/4	1.846	11/13	1.917	11/12
1.667	2/3	1.769	10/13	1.857	6/7	1.923	12/13
1.692	9/13	1.778	7/9	1.867	13/15	1.929	13/14
1.700	7/10	1.786	11/14	1.875	7/8	1.933	14/15

在表 4-40 中，最接近 FRest=1.628 的值为 FR=1.625。也就是说，DIVADDVAL=5 而 MULVAL=8。

基于这些查找结果，建议 UART 设置为 DLM=0，DLL=4，DIVADDVAL=5 和 MULVAL=8。根据式（1），UART 的波特率为 115384，该速率与原来指定的 115200 之间存在 0.16% 的相对误差。

12. UART FIFO 深度寄存器（U0FIFOLVL – 0x4000 8058，只读）

U0FIFOLVL 寄存器是一个只读寄存器，允许软件读取当前的 FIFO 深度状态。发送和接收 FIFO 的深度均存放在该寄存器中，其具体的位描述见表 4-41。

表 4-41　UART FIFO 深度寄存器位描述

位	符号	描述	复位值
3:0	RXFIFILVL	反映 UART 接收 FIFO 的当前水平 0=空，0xF=FIFO 为满	0x00
7:4	—	保留。从保留位读出的值未定义	NA
11:8	TXFIFOLVL	反映 UART 发送 FIFO 的当前水平 0=空，0xF=FIFO 为满	0x00
31:12	—	保留。从保留位读出的值未定义	NA

13. UART MODEM 控制寄存器（U0MCR – 0x4000 8010）

U0MCR 使能 MODEM 的回送模式并控制 MODEM 的输出信号，其位描述见表 4-42。

表 4-42　UART MODEM 控制寄存器位描述

位	功能	描述	复位值
0	DTR 控制	选择 MODEM 输出引脚 DTR。当 MODEM 回送模式激活时，该位读出为 0	0
1	RTS 控制	选择 MODEM 输出引脚 RTS。当 MODEM 回送模式激活时，该位读出为 0	0
3:2	—	保留。用户软件不应对保留位写入 1，从保留位读出的值未定义	0
4	回写模式选择	MODEM 回送模式提供了执行诊断回送测试的机制。发送器输出的串行数据在内部连接到接收器的串行输入端。输入引脚 RXD 对回送操作无影响，而输出引脚 TXD 保持为标记状态（Marking State）。4 个 MODEM 输入端（CTS、DSR、RI 和 DCD）与外部断开连接。从外部看来，MODEM 输出端（RTS、DTR）无效。而从内部看来，4 个 MODEM 输出端连接到 4 个 MODEM 输入上。这样连接的结果将导致 U0MSR 的高 4 位由 U0MCR 的低 4 位驱动，而不是在正常模式下由 4 个 MODEM 输入驱动。这样在回送模式下，写 U0MCR 的低 4 位可产生 MODEM 状态中断 0：禁能 MODEM 回送模式 1：使能 MODEM 回送模式	0

（续）

位	功能	描述	复位值
5	—	保留。用户软件不应对保留位写入 1，从保留位读出的值未定义	0
6	RTSen	0：禁止自动 RTS 流控制 1：使能自动 RTS 流控制	0
7	CTSen	0：禁止自动 CTS 流控制 1：使能自动 CTS 流控制	0

操作示例：

```
LPC_UART->MCR = 0x02;            /* 设置 DTR 为 0，使 MODEM 挂机并返回命令状态      */
```

自动流控制包括自动 RTS 和自动 CTS 模式。如果自动 RTS 模式被使能，那么将由 UART 的接收 FIFO 对 UART 的 RTS 输出进行控制。如果自动 CTS 模式被使能，那么只有 CTS 输入信号有效，UART 的 U0TSR 硬件才启动发送。

（1）自动 RTS

用户通过置位 RTSen 位可以使能自动 RTS 功能。自动 RTS 数据流控制在 U0RBR 模块中产生，并链接到已编程好的接收 FIFO 触发深度。如果自动 RTS 被使能，当接收到的数据长度达到 FIFO 的触发点时，RTS 失效（变为高电平）。因为发送方可能直到开始发送额外字节后，才知道 RTS 失效，所以发送方在检测到 RTS 失效后，会额外再发送一个字节（假设发送方还有数据要发送）。

RTS 失效以后，需要对接收 FIFO 进行读取。当接收 FIFO 中剩余的字节数达到前一个触发点的触发深度（见表 4-43）时，RTS 就会重新生效（变为低电平），指示发送方可以继续发送数据，这就减少了传输的中止时间，而令通信效率大为提高。自动 RTS 功能时序示意图如图 4-14 所示。

表 4-43　接收 FIFO 中剩余的字节数

接收 FIFO 的触发点	触发深度	RTS 重新有效时，接收 FIFO 中的剩余字节数
0	1	—
1	4	1
2	8	4
3	14	8

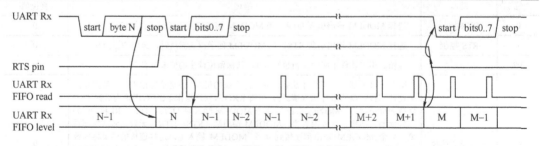

图 4-14　自动 RTS 功能时序图

实例：UART 在工业标准 16C550 下操作，接收 FIFO 的触发点设置为 2，即在 U0FCR 中的触发深度设为 8B。这样，如果自动 RTS 被使能，接收 FIFO 只要一包含 8B，UART 就让 RTS 输出变无效（高电平）。接下来读取接收 FIFO 中的数据，只要接收 FIFO 到达触发点 1 的触发深度（4B）时（即从接收 FIFO 中读出 4B），RTS 输出就将重新有效。

（2）自动 CTS

用户可以通过置位 CTSen 位来使能自动 CTS 功能。如果自动 CTS 被使能，U0TSR 模块中的发送电路将在发送下一个数据字节之前检查 CTS 输入。当 CTS 有效（低电平）时，发送器发送下一个字节。为了让发送器停止发送后面的数据，外界必须在发送最后一个停止位以前，将 CTS 设置成无效状态（高电平）。在自动 CTS 模式下，即使 U0MSR 中的 Delta CTS 位被置位，CTS 信号的变化也不会触发 MODEM 状态中断，除非 CTS Interrupt Enable 位被置位。表 4-44 列出了产生 MODEM 状态中断的情况。

表 4-44　MODEM 状态中断产生

使能 MODEM 状态中断 （U0IER[3]）	CTSen （U0MCR[7]）	CTS 中断使能 （U0IER[7]）	Delta CTS （U0MSR[0]）	Delta DCD 或后沿 RI 或 Delta DSR （U0MSR[3]或 U0MSR[2]或 U0MSR[1]）	MODEM 状态中断
0	x	x	x	x	否
1	0	x	0	0	否
1	0	x	1	x	是
1	0	x	x	1	是
1	1	0	x	0	否
1	1	0	x	1	是
1	1	1	0	0	否
1	1	1	1	x	是
1	1	1	x	1	是

自动 CTS 功能可减少对主机系统的中断。当流控制被使能时，CTS 状态的改变不会触发主机中断，因为器件会自动控制其发送器。不使用自动 CTS 时，发送器将会把任何存放在发送 FIFO 内的数据都发送出去，从而导致接收器发生溢出错误。图 4-15 给出了自动 CTS 的功能时序。

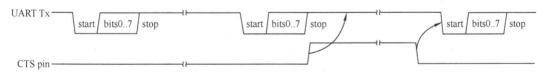

图 4-15　自动 CTS 功能时序图

开始发送第一个字符时，CTS 信号有效。一旦处理中的数据传输结束了，发送就会停止。只要 CTS 无效（被拉高）时，UART 会不断地发送"1"。一旦 CTS 变为有效，传输恢复且发送起始位，然后是下一个字符的数据位。

14. UART MODEM 状态寄存器（U0MSR – 0x4000 8018，只读）

U0MSR 是一个只读寄存器，提供 MODEM 输入信号的状态信息，其位描述见表 4-45。读 U0MSR 会清零 U0MSR[3:0]。需要注意的是，MODEM 信号不会对 UART 操作有直接影响，但有助于通过软件执行 MODEM 信号操作。

表 4-45　UART MODEM 状态寄存器位描述

位	符号	描述	复位值
0	Delta CTS	当输入端 CTS 的状态改变时，该位置位。读 U0MSR 会清零该位 0：没有检测到 MODEM 输入端 CTS 上的状态变化 1：检测到 MODEM 输入端 CTS 上的状态变化	0
1	Delta DSR	当输入端 DSR 的状态改变时，该位置位。读 U0MSR 会清零该位 0：没有检测到 MODEM 输入端 DSR 上的状态变化 1：检测到 MODEM 输入端 DSR 上的状态变化	0
2	Trailing Edge RI	当输入端 RI 上低电平到高电平跳变时，该位置位。读 U0MSR 会清零该位 0：没有检测到 MODEM 输入端 RI 上的状态变化 1：检测到 RI 上的低电平往高电平跳变的变化	0
3	Delta DCD	当输入端 DCD 的状态改变时，该位置位。读 U0MSR 会清零该位 0：没有检测到 MODEM 输入端 DCD 上的变化 1：检测到 MODEM 输入端 DCD 上的变化	0
4	CTS	清除发送状态。输入信号 CTS 的补码。在 MODEM 回送模式下，该位连接到 U0MCR[1]	0
5	DSR	数据设置就绪状态。输入信号 DSR 的补码。在 MODEM 回送模式下，该位连接到 U0MCR[0]	0
6	RI	响铃指示状态。输入 RI 的补码。在 MODEM 回送模式下，该位连接到 U0MCR[2]	0
7	DCD	数据载波检测状态。输入 DCD 的补码。在 MODEM 回送模式下，该位连接到 U0MCR[3]	0

操作示例：

```
if ((LPC_UART->MSR & 0x30) != 0x30) {          /* 判断 DSR、CTS 是否有效          */
/*
** 若有效则执行以下代码
*/
}
```

15．UART 发送使能寄存器（U0TER – 0x4000 8030）

除了配备完整的硬件流控制（自动 CTS 和自动 RTS 机制）之外，U0TER 还可以实现软件流控制。当 TxEN=1 时，只要数据可用，UART 发送器就会一直发送数据。一旦 TxEN 变为 0，UART 就会停止数据传输。

虽然表 4-46 描述了如何利用 TxEN 位来实现软件流控制，但强烈建议用户采用 UART 硬件所实现的自动流控制特性处理软件流控制，并限制 TxEN 位对软件流控制的范围。

表 4-46　UART 发送使能寄存器位描述

位	符号	描述	复位值
6:0	—	保留。用户软件不应对保留位写入 1，从保留位读出的值未定义	NA
7	TxEN	该位为 1 时（复位后），一旦先前的数据都被发送出去后，写入 THR 的数据就会在 TXD 引脚上输出。如果在发送某字符时该位被清零，那么在将该字符发送完毕后就不再发送数据，直到该位被置"1"。也就是说，该位为 0 时会阻止字符从 THR 或 Tx FIFO 传输到发送移位寄存器。当检测到硬件握手 TX-permit 信号（CTS）变为假时，或者在接收到 XOFF 字符（DC3）时，软件通过执行软件握手可以将该位清零。当检测到 TX-permit 信号变为真时，或者在接收到 XON 字符（DC1）时，软件又能将该位重新置位	1
31:8	—	保留	

操作示例：

```
LPC_UART->TER = 0;                      /* 禁止发送 UART0 THR 或 UART0 FIFO 里的数据      */
```

16. UART RS-485 控制寄存器（U0RS485CTRL – 0x4000 804C）

U0RS485CTRL 寄存器控制 UART 在 RS-485/EIA-485 模式下的配置，其具体描述见表 4-47。

表 4-47　UART RS-485 控制寄存器位描述

位	符号	值	描述	复位值
0	NMMEN	0	RS-485/EIA-485 普通多点模式（NMM）禁能	0
		1	使能 RS-485/EIA-485 普通多点模式（NMM）。在该模式下，当接收字符使 UART 设置校验错误并产生中断时，对地址进行检测	
1	RXDIS	0	使能接收器	0
		1	禁能接收器	
2	AADEN	0	禁能自动地址检测（AAD）	0
		1	使能自动地址检测（AAD）	
3	SEL	0	如果使能了方向控制（位 DCTRL=1），引脚 RTS 会被用于方向控制	0
		1	如果使能了方向控制（位 DCTRL=1），引脚 DTR 会被用于方向控制	
4	DCTRL	0	禁能自动方向控制	0
		1	使能自动方向控制	
5	OINV		该位保留了 RTS（或 DTR）引脚上方向控制信号的极性	0
		0	当发送器有数据要发送时，方向控制引脚会被驱动为逻辑"0"。在最后一个数据位被发送出去后，该位就会被驱动为逻辑"1"	
		1	当发送器有数据要发送时，方向控制引脚就会被驱动为逻辑"1"。在最后一个数据位被发送出去后，该位就会被驱动为逻辑"0"	
31:6	—	—	保留。用户软件不应对保留位写入 1，从保留位读出的值未定义	NA

操作示例：

```
LPC_UART->RS485CTRL = 0x04;                      /* 使能接收器和自动地址检测功能      */
```

17. UART RS-485 地址匹配寄存器（U0RS485ADRMATCH – 0x4000 8050）

U0RS485ADRMATCH 寄存器包含了 RS-485/EIA-485 模式的地址匹配值，其位描述见表 4-48。

表 4-48　UART RS-485 地址匹配寄存器位描述

位	符号	描述	复位值
7:0	ADRMATCH	包含了地址匹配值	0x00
31:8	—	保留	—

18. UART RS-485 延时值寄存器（U0RS485DLY – 0x4000 8054）

对于最后一个停止位离开 Tx FIFO 到撤销 RTS（或 DTR）信号之间的延时，用户在 8 位的 RS485DLY 寄存器内进行设定。该延迟时间是以波特率时钟周期为单位的，可设定任何从 0～255 的时间延时，U0RS485DLY 的位描述见表 4-49。

表 4-49 UART RS-485 延时值寄存器（U0RS485DLY）位描述

位	符号	描述	复位值
7:0	DLY	包含了方向控制（RTS 或 DTR）延时值。该寄存器与 8 位计数器一起工作	0x00
31:8	—	保留。用户软件不应向保留位写入 1，从保留位读出的值未定义	NA

4.2.4 RS-485/EIA-485 模式的操作

RS-485/EIA-485 特性允许 UART 配置为可寻址的从机。可寻址从机是其中一个由同一主机控制的多从机。

UART 主机发送器通过将校验位（第 9 位）置"1"来标识地址字符，而对于数据字符，校验位会被置"0"。

每一个 UART 从机接收器都会被配给一个唯一地址。从机可设定为手动或自动丢弃那些地址与本机地址不相符的数据。

1. RS-485/EIA-485 正常多点模式（NMM）

RS-485/EIA-485 正常多点模式是通过置位 RS485CTRL 的位 0 来启动的。在该模式下，当接收到的数据字节使 UART 设置校验错误并产生中断时，就会进行地址检测。

如果接收器被禁能（RS485CTRL 位 1="1"），任何接收到的数据字节都会被忽略且不会存放到 Rx FIFO 中。当检测到地址字节（校验位="1"）时，接收到的数据就会被存放到 Rx FIFO 中，并产生 Rx 数据就绪中断。此时，处理器可读出地址字节，并决定是否使能接收器接收后面的数据。

当接收器被使能（RS485CTRL 位 1="0"）时，所有接收到的字节（无论是数据还是地址）都会被存放到 Rx FIFO 中。当接收到地址字符时，校验错误中断就会产生，同时处理器会决定是否将接收器禁能。

2. RS-485/EIA-485 自动地址检测（AAD）模式

当 RS485CTRL 寄存器的位 0（9 位模式使能）和位 2（AAD 模式使能）同时置位时，UART 就会处于自动地址检测模式。在该模式下，接收器会将任何接收到的地址字符（校验位="1"）与 RS485ADRMATCH 寄存器中设定的 8 位地址值进行比较。

如果接收器被禁能（RS485CTRL 位 1="1"），则任何接收到的字节，无论是数据字节还是地址字节，只要与 RS485ADRMATCH 的值不匹配，都会被丢弃。

当检测到匹配的地址字符时，地址字符和校验位就会被存放到 Rx FIFO 中。此外，接收器将会自动使能（RS485CTRL 位 1 将会由硬件清零），接收器还会产生 Rx 数据就绪中断。

当接收器被使能（RS485CTRL 位 1="0"）时，所有接收到的字节都会被存放到 Rx FIFO 中，直到接收到与 RS485ADRMATCH 的值不匹配的地址字符为止。当出现不匹配时，接收器会通过硬件自动禁能（RS485CTRL 位 1 将会置位），所接收到的非匹配地址字符将不会被存放到 Rx FIFO 中。

3. RS-485/EIA-485 自动方向控制

RS-485/EIA-485 模式包括选择是否允许发送器自动控制 DIR 引脚的状态作为方向控制输出信号。该特性是通过将 RS485CTRL 的位 4 置"1"来使能的。

如果方向控制使能，当 RS485CTRL 的位 3=0 时，则使用 RTS 引脚；当 RS485CTRL 的位 3=1 时，则使用 DTR 引脚。

当自动方向控制使能时，被选中的引脚在 CPU 写数据到 Tx FIFO 时就会被拉低（驱动为低电平）。最后一个数据位一旦发送出去，选中的引脚就会被拉高（驱动为高电平）。请参见 RS485CTRL 寄存器的位 4 和位 5。

除了回送模式，RS485CTRL 位 4 对方向控制引脚的控制优先于所有其他机制。

4．RS-485/EIA-485 驱动器延时

驱动器延时是最后一个停止位移出 Tx FIFO 和撤销 RTS 信号之间的延时。该延迟时间是以波特率时钟周期为单位的，可设定任何从 0～255 的时间延时。

5．RS-485/EIA-485 输出反置

RTS（或 DTR）引脚上的方向控制信号极性可通过设置 U0RS485CTRL 寄存器的位 5 来改变。当该位置位时，方向控制引脚在发送器有数据要发送时就会驱动为逻辑"1"（高电平）。在最后一个数据位发送出去后，方向控制引脚就会驱动为逻辑"0"（低电平）。

4.2.5　UART 中断

LPC1100 系列 Cortex-M0 微控制器 UART 接口具有中断功能，而且由嵌套向量中断控制器（NVIC）管理，UART 位于 NVIC 中断通道 21。UART 接口中断与嵌套向量中断控制器（NVIC）的关系如图 4-16 所示。

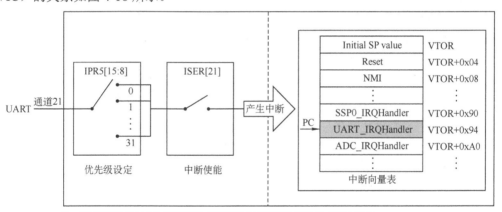

注：VTOR 默认地址为 0x00000000，ISER0(0xE000E100)，IPR5(0xE000E414)。

图 4-16　UART 与 NVIC 的关系

UART 中断占用 NVIC 的通道 21，中断使能寄存器 ISER 用来控制 NIVC 通道的中断使能。当 ISER[21]=1 时，通道 21 中断使能，即 UART 中断使能。

中断优先级寄存器 IPR 用来设定 NIVC 通道中断的优先级，IPR5[15:8]用来设定通道 21 的优先级，即 UART 中断的优先级。

当 UART 接口的优先级设定且中断使能后，若触发条件满足时，则会触发中断。当处理器响应中断后将自动定位到中断向量表，并根据中断号从向量表中找出 UART 中断处理的入口地址，然后 PC 指针跳转到该地址处执行中断服务函数。因此，用户需要在中断发生前将 UART 的中断服务函数地址（UART_IRQHandler）保存到向量表中。

UART 中断主要分为 5 类：接收中断、发送中断、接收线状态中断、MODEM 中断和自动波特率中断，如图 4-17 所示。其中，接收线状态中断指接收过程中发生了错误，即接收错误中断；自动波特率中断包括自动波特率结束中断和超时中断。

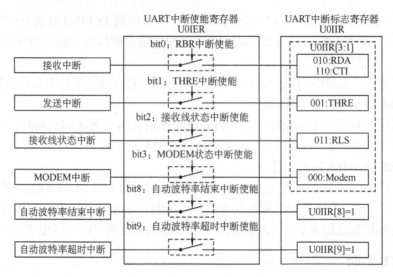

图 4-17　UART 中断示意图

1. 接收中断

对于 UART 接口来说，有两种情况可以触发 UART 接收中断：接收字节数达到接收 FIFO 的触发点（RDA）、接收超时（CTI）。

（1）接收字节数达到接收 FIFO 中的触发点（RDA）

LPC1100 系列 Cortex-M0 微控制器 UART 接口具有 16B 的接收 FIFO，接收触发点可以设置为 1、4、8、14 字节，当接收到的字节数达到接收触发点时，便会触发中断。

如图 4-18 所示，通过 UART FIFO 控制寄存器 U0FCR 将接收触发点设置为 "8 字节触发"。那么，当 UART 接收 8B 时，便会触发 RDA 中断（注：在接收中断使能的前提下）。

1）RDA 中断初始化。RDA 中断初始化函数需要设置两个寄存器：UART 中断使能寄存器 U0IER 和 UART FIFO

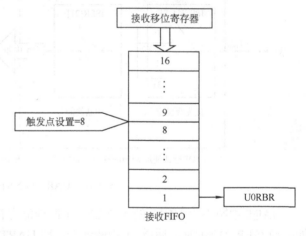

图 4-18　RDA 中断示意图

控制寄存器 U0FCR。其中，UART FIFO 控制寄存器 U0FCR 用来设置触发点。例如，将 UART 接口设置为 8B 触发，8B 接收中断设置代码如下：

```
LPC_UART->IER = 0x01;                    /* UART 接收中断使能 */
LPC_UART->FCR = 0x81;                    /* UART 接收缓冲区的触发点为 8B */
```

2）RDA 中断服务程序。如果 UART 接口触发 RDA 中断，那么中断服务程序只需要连续读取 UART 接收缓冲寄存器 U0RBR 即可。例如，已将 UART 设置为 8B 触发，那么 8B RDA 中断服务程序代码如下：

```
switch(LPC_UART->IIR & 0x0f) {
    case 0x04:                           /* 发生 RDA 中断 */
```

```
for(i = 0; i < 8; i++) {          /* 连续读取 U0RBR 寄存器 8 次 */
    RcvBuf[ i ] = LPC_UART->RBR;   /* 将接收到的数据保存到接收缓冲区 RcvBuf 中 */
    }
}
```

（2）接收超时（CTI）

当接收 FIFO 中的有效数据个数少于触发个数时（注：接收 FIFO 中至少有 1B），如果长时间没有数据到达，将触发 CTI 中断。这个时间为：3.5～4.5 个字符的时间。

如图 4-19 所示，将接收 FIFO 的触发点设置为 8B，而外部设备只发了 4B 的数据，则经过一段时间（3.5～4.5 个字符时间）后，UART接口便会触发"接收超时中断"。

接收超时中断的初始化设置与 RDA 中断的设置完全一致，而中断服务程序却有一些区别：对于 RDA 中断，可以确定当前接收 FIFO 中的字符数，而 CTI 中断却不清楚当前的字符

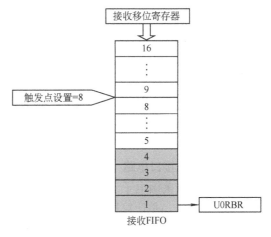

图 4-19　CTI 中断示意图

个数，只能够通过判断当前接收 FIFO 是否为空来实现。CTI 中断服务程序示例代码如下：

```
switch(LPC_UART->IIR & 0x0f) {
    case 0x0c:                           /* 发生超时中断——CTI */
    while((LPC_UART->LSR & 0x01) == 1) { /* 如果接收 FIFO 中含有数据，就读取 U0RBR 寄存器 */
    RcvBuf [ i++ ] = LPC_UART->RBR;     /* 将数据保存到接收缓冲区 RcvBuf 中 */
    }
    break;
}
```

2. 发送中断

LPC1100 系列 Cortex-M0 微控制器 UART 接口具有 16B 的发送 FIFO，当发送 FIFO 由非空变为空时，便会触发"发送中断"。

如图 4-20 所示，UART 发送数据时，首先都是将数据送入"发送 FIFO"。现在连续将 8 个字节的数据送入"发送FIFO"，则当 FIFO 变为空时，会触发 THRE 中断。发生 THRE 中断后，读取 UART 中断标志寄存器（U0IIR）可以清除 THRE 中断标志位。此外，对 UART 发送保持寄存器 U0THR 执行写操作也可以清除 THRE 中断。

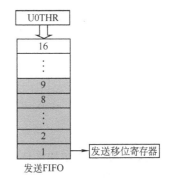

图 4-20　发送中断示意图

3. 接收线状态中断

在 UART 接收数据时，如果出现溢出错误（OE）、奇偶错误（PE）、帧错误（FE）和间隔中断（BI）中的任意一个错误，都会触发接收线状态中断。具体的错误标志可以通过读取 UART 状态寄存器 U0LSR[4:1]得到。当读取 U0LSR 寄存器时，会清除该中断标志。

4. MODEM 中断

当 MODEM 输入引脚 DCD、DSR 或 CTS 上发生状态变化时，都会触发 MODEM 中断。此外，MODEM 输入引脚 RI 上低到高电平的跳变也会产生一个 MODEM 中断。MODEM 中

断源可通过检查 U0MSR[3:0]得到，读取 U0MSR 可以清除 MODEM 中断标志。

5．自动波特率中断

LPC1100 系列 Cortex-M0 微控制器 UART 接口还具有自动波特率中断。当使用自动波特率时，如果成功完成自动波特率检测且中断使能，会触发自动波特率结束中断。如果自动波特率发生了超时且中断使能，则触发自动波特率超时中断。通过设置自动波特率控制寄存器（U0ACR）中相应的位清除中断标志。

4.2.6 UART 接口电路设计

LPC1100 处理器的 UART 接口是 TTL 电平，不能直接与计算机的 RS-232 串口相连，需要进行电平转换。RS-485 是另外一种串口通信电平标准，UART 与之接口也要有相应的电平转换和控制电路。

1．RS-232 接口电路

RS-232C 是美国电子工业协会(EIA)制定的全双工串行通信标准，它可以同时进行数据接收和发送的工作，是计算机与设备通信里应用最广泛的一种串行接口电平标准。它被定义为一种在低速率串行通信中增加通信距离的单端标准，由于其最大通信距离的限制，因此常用于本地设备之间的通信。在电气特性上，RS-232C 标准采用负逻辑方式，标准逻辑"1"对应 $-5\sim-15$V 电平，标准逻辑"0"对应$+5\sim+15$V 电平。因此，UART 的 TTL 电平需要进行 RS-232C 电平转换后，才能与 RS-232 接口连接并通信，可以使用 MAX3232E 芯片进行电平转换。RS-232 串口电路原理图如图 4-21 所示。

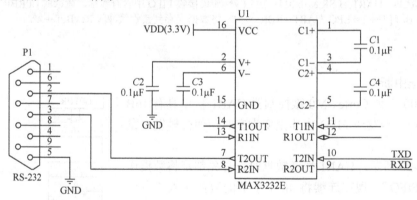

图 4-21　RS-232 串口电路原理图

RS-232C 标准采用的接口是 9 针（DB9）或 25 针（DB25）的 D 形插头。常用的 9 针 D 形插头（包括 9 针和 9 孔）的引脚定义见表 4-50 和表 4-51，在多数情况下主要使用 RXD、TXD 和 GND 信号。

表 4-50　RS-232C 接口定义（DB9/针）

引脚	符号	功能
1	DCD	数据载波检测
2	RXD	接收数据
3	TXD	发送数据
4	DTR	数据终端准备就绪

（续）

引脚	符号	功能
5	GND	信号地
6	DSR	数据设备准备就绪
7	RTS	请求发送
8	CTS	清除发送
9	RI	振铃指示

表 4-51　RS-232C 接口定义（DB9/孔）

引脚	符号	功能
1	DCD	数据载波检测
2	TXD	发送数据
3	RXD	接收数据
4	DSR	数据设备准备就绪
5	GND	信号地
6	DTR	数据终端准备就绪
7	CTS	清除发送
8	RTS	请求发送
9	RI	振铃指示

2．RS-485 接口电路

RS-485 是一种常用的远距离和多机通信的半双工串行总线接口电平标准。RS-485 只是定义电压和阻抗，编程方式和普通串口类似，与 RS-232 的主要区别在于其电气特性。RS-485 有两线制和四线制两种接线方式，四线制只能实现点对点的通信方式，现很少采用，现在多采用的是两线制接线方式，这种接线方式为总线型拓扑结构，在同一总线上最多可以挂接 32 个节点。RS-485 接口采用差分方式传输信号，理论上，通信速率在 100kbit/s 及以下时，RS-485 的最长传输距离可达 1200m。LPC1100 系列处理器 UART 支持 RS-458/EIA-485 的 9 位模式和输出使能 RTS，UART 与 MAX485 接口电路如图 4-22 所示。

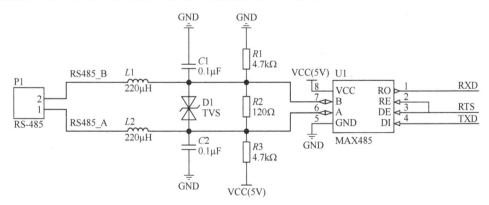

图 4-22　RS-485 接口电路原理图

3．UART 与 MODEM 接口电路

MODEM 模块通常提供标准 RS-232 接口，使用 6 根串行通信信号线：TXD、RXD、DTR、

CTS、RTS 和 GND，其通信波特率范围为 2400～115200 波特。

LPC1100 系列处理器的 UART 包含一组完整的 9 芯 MODEM 信号，可以使用其中对应的 6 根来与 MODEM 通信，但由于是 3.3V 电平逻辑，要与 MODEM 的 RS-232 接口连接还需要电平转换。虽然 MODEM 使用 6 根 MODEM 信号线，但为了兼容其他各型号的串行 MODEM，提高系统的兼容性和升级能力，设计中通常将 UART 提供的完整 MODEM 信号全部用 MAX3243E 进行 3.3V 和 RS-232 电平转换。

MAX3243E 是 MAXIM 公司推出的 RS-232 电平转换芯片，其内部含有独立电荷泵，可以从 3.0～5.5V 的电源电压产生 2VCC 的 RS-232 电平，使得其只需外接 4 个 0.1μF 的电容和一路 3.3V 工作电源即可正常工作，大大简化了电路设计。MAX3243E 具有 5 个接收器和 3 个驱动器，符合标准 MODEM 信号方向的配置，适合 MODEM 连接。UART1 与 MAX3243E 的接口电路如图 4-23 所示。

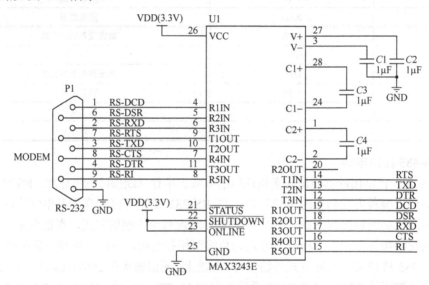

图 4-23　UART 与 MODEM 模块接口电路原理图

4. MCU 间 UART 接口电路

多个 MCU 之间可以使用 UART 进行数据交换，由于 LPC1100 系列 Cortex-M0 微控制器的 I/O 电压为 3.3V（但 I/O 口可承受 5V 电压），所以连接时注意电平的匹配。两个 MCU 之间的 UART 通信电路如图 4-24 所示。除了 TXD 和 RXD 两个引脚相互交叉连接之外，还需要将 GND 连在一起，也就是要共地。

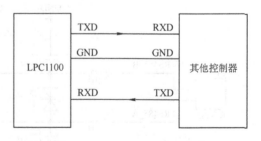

图 4-24　UART TTL 接口电路

4.2.7　UART 程序设计示例

LPC1100 系列 Cortex-M0 微控制器的 UART 具有 16B 的收发 FIFO，寄存器位置符合 16C550 工业标准，内置波特率发生器，而且带有完全的调制解调器控制握手接口。使用 UART 时，数据位的宽度是由波特率来决定的。LPC1100 系列 Cortex-M0 微控制器从 UART 接口发送一字节数据 0x55，波特率 9600，8 位数据位，1 位停止位，无奇偶校验位，TTL 电平和 RS-232 电平的数据发送/接收时序参考图 4-25 和图 4-26。

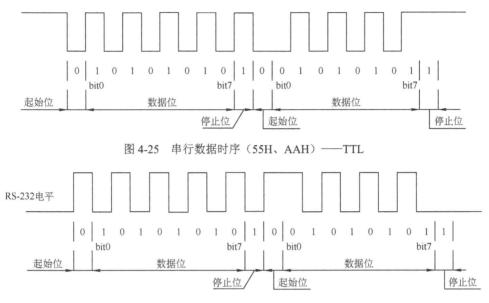

图 4-25　串行数据时序（55H、AAH）——TTL

图 4-26　串行数据时序（55H、AAH）——RS-232C

1. UART 初始化

在进行 UART 操作之前，必须要先对 UART 进行初始化设置。对 UART 的设置主要包括波特率的设置、通信模式的设置等，此外还可以根据实际需要来设置一些中断。

设置 UART 通信波特率，就是设置寄存器 U0DLL 和 U0DLM 的值，U0DLL 和 U0DLM 寄存器是波特率发生器的除数锁存寄存器，用于设置合适的串口波特率。寄存器 U0DLL 与 U0RBR/U0THR、U0DLM 与 U0IER 具有同样的地址，如果要访问 U0DLL、U0DLM，除数访问位 DLAB 必须为 1。在不使用小数分频器时，寄存器 U0DLL 和 U0DLM 的计算如下：

$$\text{U0DLM:U0DLL} = \frac{\text{Fpclk}}{16 \times \text{baud}}$$

注：baud 为所需要的波特率。

实际应用中，通信波特率有时不可能做到完全一致，因此，在 UART 通信过程中，UART 接口器件都会具有一定的容错特性。对于 LPC1100 系列 Cortex-M0 微控制器来说，CPU 以 16 倍波特率的采样速率（即波特率时钟）对 RXD 信号不断采样，一旦检测到由 1 到 0 的跳变，内部的计数器便复位，这个计数频率与波特率时钟相同，是通信波特率的 16 倍。这样，在每一个接收位期间内都含有 16 个波特率时钟周期，为尽可能靠近接收位中点，处理器在这 16 个波特率周期中的第 7、8、9 个波特率周期内对 RXD 信号进行采样，并以"3 取 2"的表决方式确定所接收位的数据。

如图 4-27 所示，在接收某一位数据时，第 7、8 个波特率周期采样值为"1"，第 9 个波特率周期采样值为"0"，按照 3 取 2 的原则，这一个接收位的值为"1"。可见，如果打算使接收的第 N 位数据为正确位时，需要满足：

$$\text{所允许的波特率误差} \times N < 0.5$$

当字长度为 8 位数据位时，如果要确保数据接收正确，那么波特率的误差必须要在 5%以内。例如，标准波特率为 9600，那么 LPC1100 系列 Cortex-M0 微控制器允许的波特率范围为 9120～10080。在对波特率有严格要求的场合，可以使用小数分频器进行调整。

启用小数分频器后，UART 的波特率计算公式变为

$$\text{UART波特率} = \frac{Fpclk}{16 \times (\text{U0DLM:U0DLL})} \times \frac{\text{MULVAL}}{\text{MULVAL} + \text{DIVADDVAL}}$$

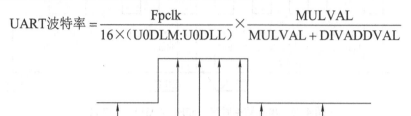

波特率时钟周期： 1   5 6 7 8   9   16

图 4-27   UART 采样数据示意图

LPC1100 系列 Cortex-M0 微控制器的 UART 初始化还包含一个重要的工作——设置 UART 的工作模式，如字长度选择、停止位个数、奇偶校验位等。此外，还要根据实际情况设置中断。

UART0 初始化示例如下所示，程序将串口波特率设置为 115200，8 位数据长度，1 位停止位，无奇偶校验。按照程序的设置，波特率=$12 \times 10^6/(16 \times 4) \times 8/(8+5) \approx 115384$，波特率误差=$(115384-115200)/115200 = 184/115200 \approx 0.16\% < 5\%$，符合波特率误差要求。

UART0 初始化示例：

```c
void UART_Init(void)
{
    /* configure PINs GPIO1.6, GPIO1.7 for UART */
    LPC_SYSCON->SYSAHBCLKCTRL |= ((1UL << 6) |   /* enable clock for GPIO      */
                                  (1UL << 16) ); /* enable clock for IOCON     */

    LPC_IOCON->PIO1_6  = (1UL << 0);             /* P1.6 is RxD                */
    LPC_IOCON->PIO1_7  = (1UL << 0);             /* P1.7 is TxD                */

    /* configure UART0 */
    LPC_SYSCON->SYSAHBCLKCTRL |= (1UL << 12);    /* Enable clock to UART       */
    LPC_SYSCON->UARTCLKDIV     = (4UL << 0);     /* UART clock =   CCLK / 4     */

    LPC_UART->LCR = 0x83;                         /* 8 bits, no Parity, 1 Stop bit */
                                                 /* DLAB = 1，可设置波特率     */
                                                 /* 设置波特率                 */
    LPC_UART->DLL = 4;                           /* 115200 Baud Rate @ 12.0 MHz PCLK */
    LPC_UART->FDR = 0x85;                         /* FR 1.627, DIVADDVAL 5, MULVAL 8 */
    LPC_UART->DLM = 0;                            /* High divisor latch = 0     */
    LPC_UART->LCR = 0x03;                         /* DLAB = 0                   */
}
```

2. UART 发送数据

LPC1100 系列 Cortex-M0 微控制器 UART 含有一个 16B 的发送 FIFO，在发送数据的过程中，发送 FIFO 是一直使能的，即 UART 发送的数据首先保存到发送 FIFO 中，发送移位寄存器会从发送 FIFO 中获取数据，并通过 TXD 引脚发送出去，如图 4-28 所示。

图 4-28　UART 发送数据示意图

寄存器 U0RBR 与 U0THR 是同一地址，但物理上是分开的，读操作时为 U0RBR，而写操作时为 U0THR。

在寄存器 U0LSR 中，有两个位可以用在 UART 发送过程中，即 U0LSR[5] 和 U0LSR[6]。

（1）U0LSR[5]——THRE

当发送 FIFO 为空时，THRE 置位。从上面的描述可知，当发送 FIFO 变空时，发送 FIFO 中的数据已经保存到了发送移位寄存器中，因此，移位寄存器此时正开始传输一个新的数据。当再次向 U0THR 寄存器中写入数据时，THRE 位会自动清零。

例如，发送 FIFO 和移位寄存器均为空，然后向 U0THR 寄存器中写入数据，那么，在发送起始位期间，THRE 会置位，因为，U0THR 寄存器中的数据通过发送 FIFO 传送到了移位寄存器中，U0THR 寄存器为空。

（2）U0LSR[6]——TEMT

当发送 FIFO 和移位寄存器都为空时，TEMT 置位。由于所有发送的数据都是从移位寄存器中发送出去的，因此，当 TEMT 置位时，表示 UART 数据已经发送完毕，而且，此时发送 FIFO 也已经没有数据了。当再次向 U0THR 寄存器中写入数据时，TEMT 位会自动清零。

还是以上面的例子为例，在发送停止位期间，TEMT 会置位。只要 TEMT 位置位，则 THRE 位也一定会置位。

UART 接口发送操作可以采用两种方式：中断方式和查询方式，见表 4-52。

表 4-52　UART 接口发送操作方式

操作方式	操作说明
中断方式	① 设置 UART 中断使能寄存器（U0IER），使 U0IER[1] = 1 ② 开放系统中断，当发送 FIFO 为空时，便会触发中断
查询方式	通过查询寄存器 U0LSR 中的位 U0LSR[5] 或 U0LSR[6]，均可以完成 UART 发送操作。但是，建议查询位 U0LSR[6]——TEMT

采用查询方式发送一字节数据，程序代码如下：

```
void UART0_SendByte(UCHAR8 data)
{
    LPC_UART->THR = data;              /* 发送数据 */
    while ( (LPC_UART->LSR&0x40)==0 );  /* 等待数据发送完毕 */
}
```

采用中断方式发送数据,首先应该在 UART 初始化程序 UART_Init(void)中增加两条语句:

```
LPC_UART->IER |= 0x02;              /* 设置 UART 中断使能寄存器（U0IER），使 U0IER[1] = 1 */
NVIC_EnableIRQ(UART_IRQn);          /* 设置 UART 中断并使能 */
```

然后在主程序中先将一个（组）数据写入 U0THR,数据发送完成后就会触发一个 UART 中断,在中断子程序中判断是否为发送中断,并清中断,写入下一个（组）数据,返回。中断方式可实现连续多个（组）数据的发送。

3. UART 接收数据

LPC1100 系列 Cortex-M0 微控制器 UART 有一个 16B 的 FIFO,用来作为接收缓冲区,缓冲区中的数据只能够通过寄存器 U0RBR 来获取,如图 4-29 所示。U0RBR 是 UART 接收 FIFO 的最高字节,它包含了最早接收到的字符。每读取一次 U0RBR,接收 FIFO 便丢掉一个字符。

图 4-29　UART 接收数据示意图

例如,UART 的接收 FIFO 为空,现在 UART 连续接收到 2B 数据:DATA1 和 DATA2,先接收到数据 DATA1,后接收到数据 DATA2,如图 4-30 所示。

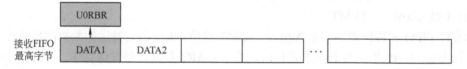

图 4-30　UART 接收到 2B 数据:DATA1、DATA2

对 U0RBR 读取一次后,能够获得第一个字节数据——DATA1,此时,接收 FIFO 会将数据 DATA1 丢掉,如图 4-31 所示。

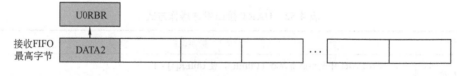

图 4-31　读取一次 U0RBR 后

再次读取 U0RBR 后,能够获得数据——DATA2,此时,接收 FIFO 中便没有数据了,即接收 FIFO 为空,同样,U0RBR 也为空,如图 4-32 所示。

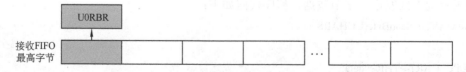

图 4-32　再次读取一次 U0RBR 后,接收 FIFO 变空

可见,只要接收 FIFO 中含有数据,则寄存器 U0RBR 便不会为空,就会包含有效数据,

即 U0LSR[0] = 1。

　　UART 接收数据时，可以使用查询方式接收，也可以使用中断方式接收，见表 4-53。

表 4-53　UART 接收操作方式

操作方式	操作说明
查询方式	通过查询寄存器 U0LSR 中的位 U0LSR[0]实现。只要接收到数据，U0LSR[0]位就会置位
中断方式	① 设置 UART 中断使能寄存器（U0IER），使 U0IER[0] = 1 ② 开放系统中断 如果接收 FIFO 中的数据达到 U0LSR 中设置的触发点时，便会触发中断——RDA。 若接收了数据，但接收个数小于触发点，过一段时间后即发生字符超时中断——CTI

　　采用查询方式接收 1B 数据，程序代码如下：

```
UNCHAR8 UART0_RcvByte(void)
{
    UNCHAR8 rcv_data;
    while ((LPC_UART->LSR&0x01) == 0);                /* 查询数据是否接收完毕 */
    rcv_data = LPC_UART->RBR;
    return (rcv_data);
}
```

　　使用中断方式接收数据时，如果发生 RDA 中断，则循环从 U0RBR 中读取数据即可。如果发生了字符超时中断——CTI，可以通过 U0LSR[0]来判断 FIFO 中是否含有有效数据，如图 4-33 所示。

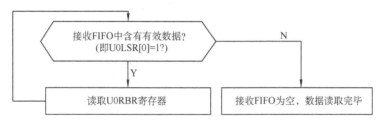

图 4-33　发生 CTI 中断后，读取数据的方法

　　UART 中断方式接收数据，程序代码如下：

```
void UART_IRQHandler(void)
{
    ……
    switch(LPC_UART->IIR & 0x0f)
    {
    case 0x04:                          /* 发生 RDA 中断                */
    /*
    ** 从接收 FIFO 中读取数据
    */
    break;
```

```
    case 0x0c:                                  /* 发生字符超时中断——CTI          */
    while((LPC_UART->LSR & 0x01) == 1) {
      /*
      ** 如果接收 FIFO 中含有有效数据，就读取 U0RBR 寄存器
      */
      RcvData[i++] = LPC_UART->RBR;
    }
    break;
    ......
  default:
  break;
  }
  ......
}
```

注：彻底清除 UART 中断标志后才可退出中断服务程序，否则会导致处理器反复陷入中断。

4.3 I²C 总线接口

4.3.1 I²C 总线接口描述

I²C（Inter-Intergrated Circuit）总线是飞利浦公司为实现芯片之间的有效控制而开发的一种简单的双向两线总线，具有协议完善、支持芯片较多和占用 I/O 线少等优点。随着 I²C 总线技术的发展，各大半导体厂商相继推出了许多带 I²C 总线接口的器件，大量应用于视频、音像、存储及通信等领域。现在，I²C 总线已经成为一个国际标准，在超过 100 种不同的集成电路上实现，得到超过 50 家公司的许可，应用涉及家电、通信、控制等众多领域，特别是在嵌入式系统开发中得到广泛应用。

I²C 总线上的设备分为主设备（处理器）和从设备两种，总线支持多主设备，是一个多主总线，即它可以由多个连接器件控制。主设备通过寻址来识别总线上的存储器、LCD 驱动器、I/O 扩展芯片及其他 I²C 总线器件，省去了每个器件的片选线，因而使整个系统的连接极其简洁。

LPC1100 系列 Cortex-M0 微控制器的 I²C 结构框图如图 4-34 所示。

LPC1100 系列 I²C 模块特性：

1）标准 I²C 兼容总线接口，可配置为主机、从机或主/从机；

2）在同时发送的主机之间进行仲裁，而不会破坏总线上的串行数据；

3）可编程时钟允许调整 I²C 传输速率；

4）主机和从机之间的数据传输是双向的；

5）串行时钟同步允许具有不同位速率的设备通过一条串行总线进行通信；

6）串行时钟同步用作握手机制以挂起及恢复串行传输；

7）支持快速模式 Plus；

8）可识别多达 4 个不同的从机地址；

9）监控模式可观察所有的 I²C 总线通信量，而不用考虑从机地址；

10）I²C 总线可用于测试和诊断；

11）I²C 总线包含一个带有 2 个引脚的 I²C 兼容总线接口。

快速模式 Plus 支持 1Mbit/s 的传输速率与 NXP 半导体现在所提供的 I²C 产品通信。要使用快速模式 Plus，就必须正确配置 IOCONFIG 寄存器块中的 I²C 引脚。在快速模式 Plus 中，可选择的速率在 400kHz 以上，高达 1MHz。

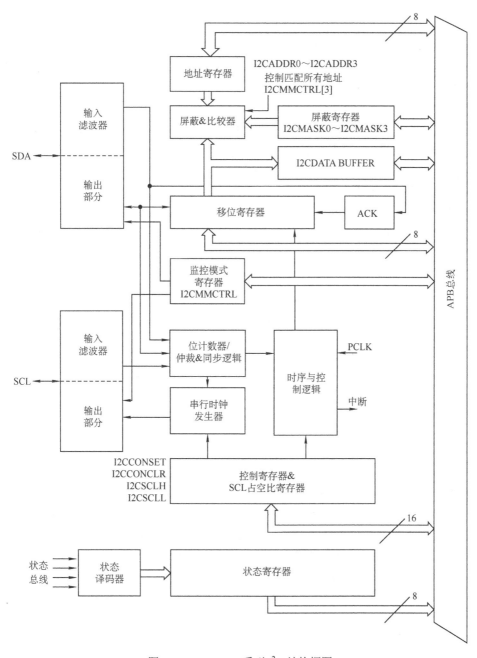

图 4-34　LPC1100 系列 I²C 结构框图

LPC1100 系列 I^2C 引脚描述见表 4-54。

表 4-54 I^2C 总线引脚描述

引脚名称	CPU 引脚	类型	描述
SDA	PIO0_5	输入/输出	I^2C 串行数据
SCL	PIO0_4	输入/输出	I^2C 串行时钟

4.3.2 I^2C 总线配置

I^2C 总线引脚必须通过 IOCON_PIO0_4 和 IOCON_PIO0_5 寄存器配置，以用于标准/快速模式或快速模式 Plus。在这些模式下，I^2C 总线引脚为开漏输出并且完全兼容 I^2C 总线规范。

I^2C 总线接口的时钟（PCLK_I2C）由系统时钟提供。这个时钟可通过 SYSAHBCLKCTRL 寄存器的位 5 来禁止，以节省功耗。

I^2C 总线接口通过以下寄存器进行配置。

1）引脚：I^2C 引脚功能和 I^2C 模式都通过 IOCONFIG 寄存器进行配置。

2）电源和外设时钟：通过 SYSAHBCLKCTRL 寄存器中第 5 位进行设置。

3）复位：在访问 I^2C 模块之前，确保 PRESETCTRL 寄存器中 I2C_RST_N 位被设置为 1，这将拉高 I^2C 模块的复位信号。

典型的 I^2C 总线配置如图 4-35 所示。根据方向位的状态（R/W），I^2C 总线上可能存在以下两种类型的数据传输方式。

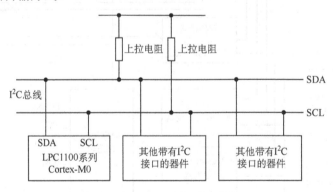

图 4-35 I^2C 总线配置

1）由主发送器向从接收器传输数据。主机发送的第一个字节是从机地址，接下来是数据字节。从机每接收一个字节后返回一个应答位。

2）由从发送器向主接收器传输数据。由主机发送第一个字节（从机地址），然后从机返回一个应答位；接下来是由从机发送数据字节到主机，主机接收到所有字节（最后一个字节除外）后返回一个应答位，接收到最后一个字节后，主机返回"非应答"位。主机设备产生所有的串行时钟脉冲及起始和停止条件，以停止或重复起始条件结束传输。由于重复起始条件也是下一次串行传输的开始，因此不释放 I^2C 总线。

4.3.3 I^2C 寄存器与功能描述

I^2C 寄存器框图如图 4-36 所示。

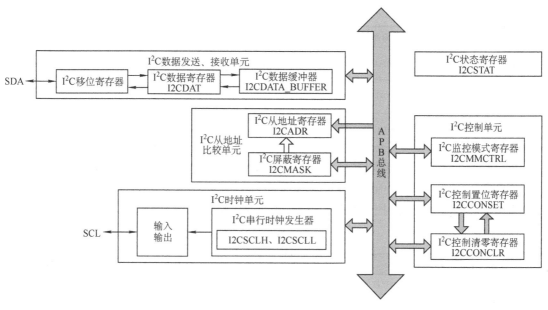

图 4-36　I^2C 寄存器框图

LPC1100 系列微控制器 I^2C 接口包含 16 个寄存器，见表 4-55。

表 4-55　I^2C 寄存器映射（基址 0x4000 0000）

名称	访问	地址偏移量	描述	复位值
I2C0CONSET	R/W	0x000	I^2C 控制置位寄存器。当向该寄存器的位写 1 时，I^2C 控制寄存器中的相应位置位，写 0 时对 I^2C 控制寄存器的相应位没有影响	0x00
I2C0STAT	RO	0x004	I^2C 状态寄存器。在 I^2C 工作期间，该寄存器提供详细的状态码，允许软件决定需要执行的下一步操作	0xF8
I2C0DAT	R/W	0x008	I^2C 数据寄存器。在主/从发送模式期间，要发送的数据写入该寄存器。在主/从接收模式期间，可从该寄存器读出已接收的数据	0x00
I2C0ADR0	R/W	0x00C	I^2C 从地址寄存器 0。包含 7 位从地址，用于从模式下 I^2C 接口操作，不用于主模式下。最低位决定从机是否对通用调用地址做出响应	0x00
I2C0SCLH	R/W	0x010	SCH 占空比寄存器高半字。决定 I^2C 时钟的高电平时间	0x04
I2C0SCLL	R/W	0x014	SCL 占空比寄存器低半字。决定 I^2C 时钟的低电平时间。I2C0SCLL 和 I2C0SCLH 一起决定 I^2C 主机产生的时钟频率及从模式下所用的时间	0x04
I2C0CONCLR	WO	0x018	I^2C 控制清零寄存器。当向该寄存器的位写 1 时，I^2C 控制寄存器中的相应位清零，写 0 时对 I^2C 控制寄存器中相应位没有影响	NA
I2C0MMCTRL	R/W	0x01C	监控模式控制寄存器	0x00
I2C0ADR1	R/W	0x020	I^2C 从地址寄存器 1。包含 7 位从地址，用于从模式下的 I^2C 接口操作，不用于主模式下。最低位决定从机是否对通用调用地址做出响应	0x00
I2C0ADR2	R/W	0x024	I^2C 从地址寄存器 2。包含 7 位从地址，用于从模式下的 I^2C 接口操作，不用于主模式下。最低位决定从机是否对通用调用地址做出响应	0x00
I2C0ADR3	R/W	0x028	I^2C 从地址寄存器 3。包含 7 位从地址，用于从模式下的 I^2C 接口操作，不用于主模式下。最低位决定从机是否对通用调用地址做出响应	0x00
I2C0DATABUFFER	RO	0x02C	数据缓冲寄存器。每次从总线接收到 9 个位（8 位数据和 ACK 或 NACK）后，I2C0DAT 移位寄存器的高 8 位的内容将自动传输到 DATABUFFER	0x00
I2C0MASK0	R/W	0x030	I^2C 从地址屏蔽寄存器 0。该屏蔽寄存器与 I2C0ADR0 一起决定地址匹配。当与通用调用地址（0000000）比较时，屏蔽寄存器不起作用	0x00

（续）

名称	访问	地址偏移量	描述	复位值
I2C0MASK1	R/W	0x034	I^2C 从地址屏蔽寄存器 1。该屏蔽寄存器与 I2C0ADR1 一起决定地址匹配。当与通用调用地址（0000000）比较时，屏蔽寄存器不起作用	0x00
I2C0MASK2	R/W	0x038	I^2C 从地址屏蔽寄存器 2。该屏蔽寄存器与 I2C0ADR2 一起决定地址匹配。当与通用调用地址（0000000）比较时，屏蔽寄存器不起作用	0x00
I2C0MASK3	R/W	0x03C	I^2C 从地址屏蔽寄存器 3。该屏蔽寄存器与 I2C0ADR3 一起决定地址匹配。当与通用调用地址（0000000）比较时，屏蔽寄存器不起作用	0x00

1. I^2C 控制置位寄存器（I2C0CONSET – 0x4000 0000）

I2C0CONSET 寄存器控制 I2C0CON 寄存器中位的设置，这些位控制 I^2C 接口的操作。向该寄存器的位写 1 会使 I^2C 控制寄存器中的相应位置位，写 0 没有影响。其位描述见表 4-56。

表 4-56 I^2C 控制置位寄存器位描述

位	符号	描述	复位值
1:0	—	保留。用户软件不应向保留位写 1，从保留位读出的值未定义	NA
2	AA	声明应答标志	0
3	SI	I^2C 中断标志	0
4	STO	停止标志	0
5	STA	起始标志	0
6	I2EN	I^2C 接口使能	0
7	—	保留。用户软件不应向保留位写 1，从保留位读出的值未定义	NA

I2EN：I^2C 接口使能。当 I2EN 置位时，I^2C 接口使能。可通过向 I2C0CONCLR 寄存器中的 I2ENC 位写 1 来清零 I2EN 位。当 I2EN 为 0 时，I^2C 接口禁能，忽略 SDA 和 SCL 输入信号，I^2C 块处于"不可寻址"的从状态，STO 位强制为"0"。I2EN 不用于暂时释放 I^2C 总线，因为当 I2EN 复位时，I^2C 总线状态丢失，应使用 AA 标志代替。

STA：起始标志。当 STA=1 时，I^2C 接口进入主模式并发送一个起始条件，如果已经处于主模式，则发送一个重复起始条件。

当 STA 为 1 且 I^2C 接口没有处于主模式时，它将进入主模式，校验总线并在总线空闲时产生一个起始条件。如果总线忙，则等待一个停止条件（释放总线）并在延迟半个内部时钟发生器周期后发送一个起始条件。当 I^2C 接口已经处于主模式且已发送或接收了数据时，I^2C 接口会发送一个重复起始条件。STA 可在任意时间置位，当 I^2C 接口处于可寻址的从模式时，STA 也可以置位。

可通过向 I2C0CONCLR 寄存器中的 STAC 位写 1 来清零 STA。当 STA 为 0 时，不会产生起始条件或重复起始条件。

STA 和 STO 都置位时，如果 I^2C 接口处于主模式，则向 I^2C 总线发送一个停止条件，然后再发送一个起始条件；如果 I^2C 接口处于从模式，则产生内部停止条件，但不发送到总线上。

STO：停止标志。在主模式下，该位置位会使 I^2C 接口发送一个停止条件，或在从模式下从错误状态中恢复。当主模式下 STO=1 时，向 I^2C 总线发送停止条件。当总线检测到停止条件时，STO 自动清零。

从模式下，置位 STO 位可从错误状态中恢复。这种情况下不向总线发送停止条件，硬件的表现就好像是接收到一个停止条件并切换到不可寻址的从接收模式。STO 标志由硬件自动清零。

SI：I²C 中断标志。当 I²C 状态改变时 SI 置位。但是，进入状态 0xF8 不会使 SI 置位，因为在这种情况下中断服务程序不起作用。

当 SI 置位时，SCL 线上的串行时钟低电平持续时间扩展，且串行传输被中止。当 SCL 为高时，它不受 SI 标志的状态影响。SI 必须通过软件复位，通过向 I2C0CONCLR 寄存器的 SIC 位写入 1 来实现。

AA：应答标志位。当 AA 置 1 时，在 SCL 线的应答时钟脉冲内出现下面的任意情况时都将返回一个应答信号（SDA 线为低电平）。

1）接收到从地址寄存器中的地址；

2）当 I2C0ADR 中的通用调用位（GC）置位时，接收到通用调用地址；

3）当 I²C 接口处于主接收模式时，接收到一个数据字节；

4）当 I²C 接口处于可寻址的从接收模式时，接收到一个数据字节；

5）可通过向 I2C0CONCLR 寄存器中的 AAC 位写 1 来清零 AA 位。

当 AA 位为 0 时，在 SCL 线上的应答时钟脉冲内出现下列任意情况时将返回一个非应答信号（SDA 为高电平）。

1）当 I²C 处于主接收模式时，接收到一个数据字节；

2）当 I²C 处于可寻址的从接收模式时，接收到一个数据字节。

2. I²C 控制清零寄存器（I2C0CONCLR – 0x4000 0018）

I2C0CONCLR 寄存器控制对 I2C0CONSET 寄存器中的位清零，这些位控制 I²C 接口的操作。向该寄存器写入 1 会清零 I2C0CONSET 寄存器中对应的位，写入 0 无效。其位描述见表 4-57。

表 4-57 I²C 控制清零寄存器位描述

位	符号	描述	复位值
1:0	—	保留。用户软件不应向保留位写 1，从保留位读出的值未定义	NA
2	AAC	声明应答清零位	0
3	SIC	I²C 中断清零位	0
4	—	保留。用户软件不应向保留位写 1，从保留位读出的值未定义	NA
5	STAC	START 标志清零位	0
6	I2ENC	I²C 接口禁能位	0
7	—	保留。用户软件不应向保留位写 1，从保留位读出的值未定义	NA

AAC：应答标志清零位。向该位写 1 可清零 I2C0CONSET 寄存器中的 AA 位，写 0 无效。

SIC：I²C 中断标志清零位。向该位写 1 可清零 I2C0CONSET 寄存器中的 SI 位，写 0 无效。

STAC：起始标志清零位。向该位写 1 可清零 I2C0CONSET 寄存器中的 STA 位，写 0 无效。

I2ENC：I²C 接口禁能位。向该位写 1 可清零 I2C0CONSET 寄存器中的 I2EN 位，写 0 无效。

3. I²C 状态寄存器（I2C0STAT – 0x4000 0004）

每个 I²C 状态寄存器反映相应 I²C 接口的情况。I²C 状态寄存器为只读寄存器，其位描述见表 4-58。

表 4-58 I²C 状态寄存器位描述

位	符号	描述	复位值
2:0	—	这些位未使用且一直为 0	0
7:3	Status	这些位提供关于 I²C 接口的实际状态信息	0x1F

Status：状态码。当状态码为 0xF8 时，没有相关信息可用且 SI 位不会置位。所有其他 25 种状态代码都对应一个已定义的 I²C 状态，当进入这些状态中的任一状态时，SI 位将置位。

4. I²C 数据寄存器（I2C0DAT – 0x4000 0008）

I2C0DAT 寄存器包含要发送的数据或刚接收的数据。SI 位置位后，只有在该寄存器没有进行字节移位时，CPU 才可以对其进行读/写操作。只要 SI 位置位，I2C0DAT 中的数据就保持不变。I2C0DAT 中的数据总是从右向左移位：要发送的第一位是 MSB（位 7），接收到一个字节后，接收到数据的第一位放在 I2C0DAT 的 MSB 位。其位描述见表 4-59。

表 4-59 I²C 数据寄存器位描述

位	符号	描述	复位值
7:0	数据	该寄存器保存已接收或将要发送的数据值	0

5. I²C 监控模式控制寄存器（I2C0MMCTRL – 0x4000 001C）

I2C0MMCTRL 寄存器控制监控模式的使能，它可以使 I²C 模块监控 I²C 总线的通信量，并且不需要实际参与通信或干扰 I²C 总线。其位描述见表 4-60。

表 4-60 I²C 监控模式控制寄存器位描述

位	符号	值	描述	复位值
0	MM_ENA		监控模式使能	0
		0	监控模式禁能	
		1	该位置位时，I²C 模块将进入监控模式。在该模式下，SDA 输出将被强制为高电平。这可防止 I²C 模块向 I²C 数据总线输出任何类型的数据（包括 ACK）。根据 ENA_SCL 位状态，也可以将输出强制为高电平，以防止模块控制 I²C 时钟线	
1	ENA_SCL		SCL 输出使能	0
		0	当模块处于监控模式时，清零该位则 SCL 输出将被强制为高电平。如上所述，这可防止模块控制 I²C 时钟线	
		1	该位置位时，I²C 模块将以与正常操作中相同的方法控制时钟线。这意味着，作为从机设备，I²C 模块可"延长"时钟线（使其为低电平），直到它有时间响应 I²C 中断为止[1]	
3	MATCH_ALL		选择中断寄存器匹配	0
		0	该位清零时，只有在 4 个（最多）地址寄存器（如上面所描述的）中的一个出现匹配时，才会产生中断。也就是说，模块会作为普通的从机响应，直到有地址识别	
		1	当该位置 1 且 I²C 处于监控模式时，可在任意接收的地址上产生中断。这将使器件监控总线上的所有通信量	

[1]当 ENA_SCL 位清零且 I²C 不能再延迟总线时，中断响应时间就变得很重要。为了使器件在这些情况下能有更多时间对 I²C 中断做出响应，就需要使用 I2C0DATABUFFER 寄存器来保存接收到的数据，保存时间为发送完一个 9 位字的时间。

如果 MM_ENA 为 0（模块没有处于监控模式），则 ENA_SCL 和 MATCH_ALL 位无效。

（1）监控模式下的中断

当模块处于监控模式时所有中断将正常出现。这意味着检测到地址匹配时就会产生第一个中断（如果 MATCH_ALL 位置位，则接收到任意地址都会产生中断，否则只有在地址与 4 个地址寄存器中的一个匹配时才会产生中断）。

检测地址匹配后，对于从机写传输，每接收到一个字节就会产生中断；对于从机读传输，每发送完模块"认为"要发送的字节后产生中断。在第二种情况下，数据寄存器实际上包含了总线上其他从机发送的数据，这些从机实际上是被主机寻址的。

所有中断产生后，处理器可读数据寄存器以查看总线上实际发送的数据。

（2）监控模式下仲裁丢失

在监控模式下，I^{2}C 模块不能响应总线主机的信息请求或发布应答，而是由总线上的其他从机作出响应。这很可能会导致仲裁丢失。

软件应当意识到模块在监控模式中并且不应当对任何检测到的仲裁状态丢失做出响应。另外，模块中还可设计一个硬件以阻止一些/所有仲裁丢失状态发生（如果这些状态会阻止产生想要的中断或产生不想要的中断）。是否需要附加硬件仍待定。

6. I^{2}C 数据缓冲寄存器（I2C0DATABUFFER – 0x4000 002C）

在监控模式下，如果 ENA_SCL 没有置位，则 I^{2}C 模块就不能延长时钟（使总线延迟）。这意味着处理器读取总线接收数据内容的时间有限。如果处理器读 I2C0DAT 移位寄存器，则在接收数据被新数据覆写前，通常只有一个位时间对中断做出响应。

为了使处理器有更多时间响应，将增加一个新的 8 位只读 DATABUFFER 寄存器。总线上每接收到 9 位（8 位数据加上 1 位 ACK 或 NACK）后，I2C0DAT 移位寄存器高 8 位的内容将自动传输到 DATABUFFER。这意味着处理器有 9 位发送时间响应中断及在数据被覆写前读取数据。

处理器仍可直接读 I2C0DAT，I2C0DAT 无论如何是不会改变的。

尽管 DATABUFFER 寄存器主要是用于监控模式（ENA_SCL 位=0），但它也可用于在任何操作模式下随时读取数据。I2C0DATABUFFER 寄存器的位描述见表 4-61。

表 4-61　I^{2}C 数据缓冲寄存器位描述

位	符号	描述	复位值
7:0	数据	该寄存器保存 I2C0DAT 移位寄存器中高 8 位的内容	0

7. I^{2}C 从地址寄存器（I2C0ADR[0,1,2,3] – 0x4000 00[0C,20,24,28]）

I2C0ADR 寄存器可读/写，只有在 I^{2}C 接口设置为从模式时才可用。在主模式下，该寄存器无效。I2C0ADR 的 LSB（Least Significant Bit，最低有效位）为通用调用位，当该位置位时，可识别通用调用地址（0x00）。

如果寄存器的值是 0x00，I^{2}C 将不与总线上的任意地址匹配，复位时 4 个寄存器（ADR0～ADR3）都要清零到该禁能状态。I2C0ADR 的位描述见表 4-62。

表 4-62　I^{2}C 从地址寄存器位描述

位	符号	描述	复位值
0	GC	通用调用使能位	0
7:1	地址	从模式的 I^{2}C 器件地址	0x00

8. I^{2}C 屏蔽寄存器（I2C0MASK[0,1,2,3] – 0x4000 00[30,34,38,3C]）

4 个屏蔽寄存器各包含 7 个有效位（7:1）。这些寄存器中的任一位置 1 都会使接收地址的相应位自动比较（当它与屏蔽寄存器关联的 I2C0ADR*n* 寄存器比较时）。也就是说，决定地址匹配时不考虑 I2C0ADR*n* 寄存器中被屏蔽的位。

复位时所有屏蔽寄存器中的位清零。与通用调用地址（0000000）比较时，屏蔽寄存器无效。屏蔽寄存器的位[31:8]和位 0 未使用且不应写入值，读这些位总返回 0。I2C0MASK 寄存器的位描述见表 4-63。

表 4-63   I²C 屏蔽寄存器位描述

位	符号	描述	复位值
0	—	保留。用户软件不应向保留位写 1。读取该位总是返回 0	0
7:1	MASK	屏蔽位	0x00
31:8	—	保留。用户软件不应向保留位写 1。读取该位总是返回 0	0

当产生地址匹配中断时，处理器必须读数据寄存器（I2C0DAT）以决定实际引起匹配的接收地址。

9. I²C SCL 高电平占空比寄存器和低电平占空比寄存器（I2C0SCLH – 0x4000 0010 和 I2C0SCLL – 0x4000 0014）

I²C SCL 高电平/低电平占空比寄存器的位描述见表 4-64。

表 4-64   I²C SCL 高电平/低电平占空比寄存器位描述

位	符号	描述	复位值
15:0	SCLH	SCL 高电平周期选择	0x0004
15:0	SCLL	SCL 低电平周期选择	0x0004

软件必须设定寄存器 I2C0SCLH 和 I2C0SCLL 的值以选择适当的数据速率和占空比。I2C0SCLH 定义了 SCL 高电平期间 PCLK_I2C 的周期数，I2C0SCLL 定义了 SCL 低电平期间 PCLK_I2C 的周期数。SCL 频率由下面公式得出（PCLK_I2C 是 I²C 外设时钟的频率）：

$$\text{FSCL} = \frac{\text{PCLK\_I2C}}{\text{SCLH} + \text{SCLL}}$$

选用的 I2C0SCLH 和 I2C0SCLL 值必须确保得出的总线速率在 I²C 总线速率的范围之内。各寄存器的值必须大于或等于 4。表 4-65 给出了根据 PCLK_I2C 频率和 I2C0SCLL 及 I2C0SCLH 值计算出来的 I²C 总线速率的示例。

表 4-65   用于选择 I²C 时钟值的 I2C0SCLL+I2C0SCLH 值

I²C 模式	I²C 位频率	I²C CLK/MHz								
		6	8	10	12	16	20	30	40	50
		SCLH + SCLL								
标准模式	100kHz	60	80	100	120	160	200	300	400	500
快速模式	400kHz	15	20	25	30	40	50	75	100	125
快速模式 Plus	1MHz	—	8	10	12	16	20	30	40	50

I2C0SCLL 和 I2C0SCLH 的值不一定要相同。软件可通过设定这两个寄存器得到 SCL 的不同占空比。例如，I²C 总线规范定义在快速模式下和在快速模式 Plus 下的 SCL 低电平时间和高电平时间是不同的。

10. 比较器

比较器将接收的 7 位从地址与其自身的从地址（I2C0ADR 中的 7 个最高位）进行比较。

它还将先接收到的 8 位字节与通用调用地址（0x00）进行比较。如果任一比较相等，则将相应状态位置位并请求中断。

11. 移位寄存器

8 位移位寄存器包含一个要发送的串行数据字节或一个刚接收到的字节。I2C0DAT 中的数据通常是从右向左移动：要发送的第一位是 MSB（位 7），接收到一个字节后，接收到数据的第一位放置到 I2C0DAT 的 MSB。当数据被移出时，总线上的数据同时移入。I2C0DAT 通常包含总线上出现的最后一个字节。因此，在仲裁丢失时，主发送器到从接收器的转变和 I2C0DAT 中数据的更新同时进行。

12. 仲裁及同步逻辑

在主发送模式下，仲裁逻辑校验每个发送的逻辑 1 在 I^2C 总线上是否真正以逻辑 1 出现。如果总线上另一个器件否定逻辑 1 并将 SDA 线拉低，则仲裁丢失，I^2C 块立即由主发送器转换成从接收器。I^2C 块将继续输出时钟脉冲（在 SCL 上），直到发送完当前串行字节为止。

主接收模式下也可能丢失仲裁。在该模式下，只有在 I^2C 块向总线返回一个"无应答（逻辑 1）"时，才会丢失仲裁。当总线上另一个器件将该信号拉低时，仲裁丢失。由于这只会在串行字节结束时出现，因此 I^2C 块不再产生时钟脉冲。图 4-37 所示为仲裁过程。

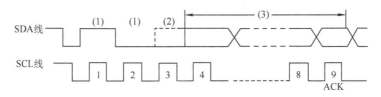

图 4-37　仲裁过程

注：（1）另一个器件发送串行数据。

（2）另一个器件通过将 SDA 线拉低撤消了该 I^2C 主机发送的一个逻辑（虚线）。仲裁丢失，该 I^2C 进入从接收模式。

（3）该 I^2C 为从接收模式，但仍产生时钟脉冲，直到当前字节发送完为止。I^2C 不会为下一个字节产生时钟脉冲。一旦赢得仲裁，SDA 上的数据就由新的主机产生。

同步逻辑将使串行时钟发生器与来自另一个器件的 SCL 线上的时钟脉冲同步。如果有 2 个或多个主机器件产生时钟脉冲，则高电平周期由产生最短高电平持续时间的器件决定，低电平周期由产生最长低电平持续时间的器件决定。图 4-38 所示为同步过程。

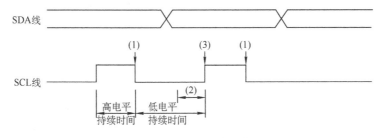

图 4-38　串行时钟同步

注：（1）另一个器件在 I^2C 定时一个完整的高电平时间前将 SCL 线拉低。其他器件决定了（最短）高电平持续时间。

（2）另一个器件在 I^2C 定时一个完整的低电平时间并释放 SCL 后继续将 SCL 线拉低。I^2C 时钟发生器必须等待，直到 SCL 变为高电平。其他器件决定（最长）低电平持续时间。

（3）释放 SCL 线，时钟发生器开始对高电平时间计时。

从机可延长低电平时间以使总线主机减速，也可以通过延长低电平时间实现握手。可在每位或一个完整字节传输后延长低电平时间。发送或接收到一个字节后，I^2C 块将延长 SCL 低电平时间且已发送应答位。设置串行中断标志（SI），继续延长低电平时间，直到串行中断清零为止。

13．串行时钟发生器

I^2C 块处于主发送或主接收模式时，可编程时钟脉冲发生器提供 SCL 时钟脉冲。当 I^2C 块处于从模式时，时钟脉冲发生器关闭。I^2C 输出时钟频率和占空比可通过 I^2C 时钟控制寄存器编程。除非总线与上面描述的其他 SCL 时钟源同步，否则输出时钟脉冲使用设定的占空比。

14．时序和控制

时序和控制逻辑块为处理串行字节产生时序和控制信号。该逻辑块为 I2C0DAT 提供移位脉冲，可使能比较器、产生并检测起始和停止条件、接收并发送应答位、控制主/从模式，还包含中断请求逻辑并监控 I^2C 总线状态。

15．状态解码器和状态寄存器

状态解码器读取所有内部状态位并将其压缩成 5 位代码。该代码与各 I^2C 总线状态一一对应。5 位代码可用于产生向量地址，以快速处理不同的服务程序。每个服务程序处理一个特定的总线状态。如果使用 I^2C 块的所有 4 种模式，则存在 26 种可能的总线状态。当串行中断标志置位（通过硬件）并保持置位（直到中断标志被软件清零为止）时，将 5 位状态码锁存到状态寄存器的 5 个最高位。状态寄存器的 3 个最低位总为 0。如果状态码用作服务程序的向量，则程序转移到 8 位地址指向的空间。大多数的服务程序不会超过 8B。

4.3.4　I^2C 接口中断

从前面的描述可以看出，对于硬件 I^2C 接口，通常都使用中断的方式进行操作。当 I^2C 的状态发生变化时，就会产生中断。因此，发生 I^2C 中断时，必须要读取 I^2C 状态寄存器，根据当前的状态采取相应的措施。I^2C 接口的状态与其所处的模式有关，每种模式所对应的状态在表 4-68、表 4-69 和表 4-72～表 4-74 中介绍。I^2C 接口中断与嵌套向量中断控制器（NVIC）的关系如图 4-39 所示。

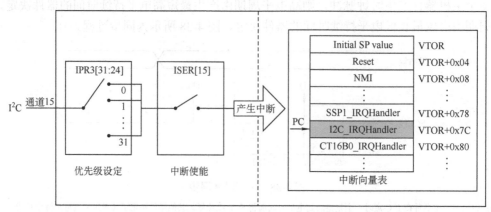

注：VTOR默认地址为0x00000000, ISER(0xE000E100), IPR3(0xE000E40C)。

图 4-39　I^2C 接口中断与 NVIC 的关系

I^2C 处于 NVIC 的通道 15，中断使能寄存器 ISER 用来控制 NVIC 通道的中断使能，当

ISER[15]=1 时，通道 15 中断使能，即 I^{2}C 中断使能；中断优先级寄存器 IPR 用来设定 NIVC 通道中断的优先级，IPR3[31:24]用来设定通道 15 的优先级，即 I^{2}C 中断的优先级。

当处理器响应中断后将自动定位到中断向量表，并根据中断号从向量表中找出 I^{2}C 中断处理的入口地址，然后 PC 指针跳转到该地址处执行中断服务函数。因此，用户需要在中断发生前将 I^{2}C 的中断服务函数地址（I2C_IRQHandler）保存到向量表中。

4.3.5　I^{2}C 操作模式详解

LPC1100 系列 I^{2}C 接口遵循整个 I^{2}C 规范，是字节导向型的 I^{2}C 接口，简单说就是把一个字节数据写入 I^{2}C 数据寄存器 I2C0DAT 后，即可由 I^{2}C 接口自动完成所有数据位的发送。LPC1100 系列微控制器的 I^{2}C 接口可以配置为 I^{2}C 主机，也可以配置为 I^{2}C 从机，或同时作主机和从机，所以具有 4 种操作模式：主发送模式、主接收模式、从接收模式和从发送模式。

在从机模式，I^{2}C 硬件查找其 4 个从地址中的任何一个地址及通用调用地址。如果检测到其中一个地址，则请求中断。如果处理器想成为总线主机，则在进入主机模式前，硬件将一直等待，直到总线空闲，这样就不会中断可能存在的从机操作。如果在总线模式下丢失总线仲裁，则 I^{2}C 将立即切换到从机模式并在同一串行传输中检测自身的从地址。

各模式下数据传输操作如图 4-40～图 4-44 所示，表 4-66 说明了图中缩写的含义。

表 4-66　用于描述 I^{2}C 操作的缩写

缩写	说明
S	起始条件
SLA	7 位从机地址
R	读数据位（SDA 为高电平）
W	写数据位（SDA 为低电平）
A	应答位（SDA 为低电平）
$\overline{A}$	非应答位（SDA 为高电平）
DATA	8 位数据字节
P	停止条件

图 4-40～图 4-44 中，圆圈用来指示串行中断标志何时被置位。圆圈中的数字表示 I2C0STAT 寄存器中的状态代码，每当出现这些状态代码时，必须执行服务程序来继续或结束串行传输。若串行传输被挂起，这些服务程序就不再重要，直至串行中断标志被软件清除。

当进入串行中断程序时，I2C0STAT 的状态代码用来指向跳转到的相应服务程序。

1. 主发送模式

在主发送模式下，数据由主机发送到从机。在进入主发送模式前，必须初始化 I2C0CONSET 寄存器。I2EN 位必须置 1 以使能 I^{2}C 功能。如果 AA 位为 0，则当另一个器件为总线上的主机时，I^{2}C 接口不会对任何地址做出应答，因此不能进入从机模式。STA、STO 和 SI 位必须为 0。通过向 I2C0CONCLR 寄存器中的 SIC 位写 1 来清零 SI 位。写从地址后应清零 STA 位。

在主发送模式中，向从接收器发送数据字节（见图 4-40）。在进入主发送模式之前，I2C0CONSET 必须按表 4-67 进行初始化。

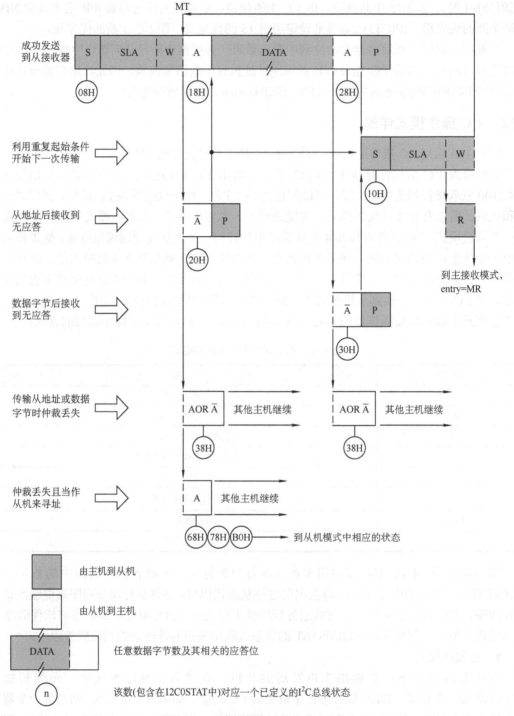

图 4-40 主发送模式下的格式和状态

表 4-67 **I2C0CONSET** 用于初始化主发送模式

位	7	6	5	4	3	2	1	0
符号	—	I2EN	STA	STO	SI	AA	—	—
值	—	1	0	0	0	x	—	—

发送的第一个字节包含接收器件的从地址（7 位）和数据方向位。在主发送模式下，数据方向位（R/W）应为 0，表示执行写操作。发送的第一个字节包含从地址和写操作位。一次发送 8 位数据。每发送完一个字节后，接收到一个应答位。输出起始和停止条件指示串行传输的起始和结束。

软件置位 STA 位时，I^2C 接口将进入主发送模式。一旦总线空闲，I^2C 逻辑就会发送起始条件。发送起始条件后，SI 位置位，I2C0STAT 寄存器中的状态代码为 0x08。该状态代码引导状态服务程序，将从地址和写操作位装入 I2C0DAT 寄存器，然后清零 SI 位。通过向 I2C0CONCLR 寄存器中的 SIC 位写入 1 清零 SI 位。

当已发送从地址和 R/W 位并接收到应答位后，SI 位再次置位，此时，主机模式下可能的状态为 0x18、0x20 或 0x38，如果从机模式使能（将 AA 位置 1），则可能为 0x68、0x78 或 0xB0。

I^2C 速率也必须在 I2C0SCLL 和 I2C0SCLH 寄存器中配置。必须将 I2EN 位设置为逻辑 1 来使能 I^2C 模块。如果 AA 位复位，则当另一个器件正变成总线主机时，I^2C 模块将不会应答其自身的从机地址或通用调用地址。也就是说，如果 AA 位复位，则 I^2C 接口就不能进入从机模式。STA、STO 和 SI 必须复位。

此时，可通过置位 STA 位进入主发送模式。一旦总线空闲，I^2C 逻辑会立即测试 I^2C 总线并产生一个起始条件。当发送起始条件时，串行中断标志（SI）置位，状态寄存器（I2C0STAT）中的状态代码为 0x08。中断服务程序利用该状态代码进入相应的状态服务程序，将从机地址和数据方向位（SLA+W）装入 I2C0DAT。I2C0CONSET 的 SI 位必须在串行传输继续之前复位。

当发送完从机地址和方向位且接收到一个应答位时，串行中断标志（SI）再次置位，I2C0STAT 中可能是一系列不同的状态代码，主机模式下为 0x18、0x20 或 0x38，从机模式（AA=逻辑 1）下为 0x68、0x78 或 0xB0。在发送完重复起始条件（状态 0x10）后，I^2C 模块通过将 SLA+R 装入 I2C0DAT 切换到主接收模式。主发送模式所对应的 I^2C 接口状态见表 4-68。

表 4-68　主发送模式

状态代码 (I2C0STAT)	I^2C 总线和硬件的状态	应用软件的响应					I^2C 硬件执行的下一个操作
		写/读 I2C0DAT	写 I2C0CONSET				
			STA	STO	SI	AA	
0x08	已发送起始条件	装入 SLA+W 清零 STA	X	0	0	X	将发送 SLA+W；接收 ACK 位
0x10	已发送重复的起始条件	装入 SLA+W	X	0	0	X	将发送 SLA+W；接收 ACK 位
		装入 SLA+R 清零 STA	X	0	0	X	将发送 SLA+R；I^2C 将切换为 MST/REC 模式
0x18	已发送 SLA+W；已接收 ACK	装入数据字节	0	0	0	X	将发送数据字节，接收 ACK 位
		无 I2C0DAT 操作	1	0	0	X	将发送重复的起始条件
		无 I2C0DAT 操作	0	1	0	X	将发送停止条件；STO 标志将复位
		无 I2C0DAT 操作	1	1	0	X	将发送停止条件，然后发送起始条件；STO 标志将复位
0x20	已发送 SLA+W；已接收非 ACK	装入数据字节	0	0	0	X	将发送数据字节，接收 ACK 位
		无 I2C0DAT 操作	1	0	0	X	将发送重复的起始条件
		无 I2C0DAT 操作	0	1	0	X	将发送停止条件；STO 标志将复位
		无 I2C0DAT 操作	1	1	0	X	将发送停止条件，然后发送起始条件；STO 标志将复位

（续）

状态代码 (I2C0STAT)	I²C 总线和 硬件的状态	应用软件的响应					I²C 硬件执行的下一个操作
		写/读 I2C0DAT	写 I2C0CONSET				
			STA	STO	SI	AA	
0x28	已发送 I2C0DAT 中的数据字节；已接 收 ACK	装入数据字节	0	0	0	X	将发送数据字节，接收 ACK 位
		无 I2C0DAT 操作	1	0	0	X	将发送重复的起始条件
		无 I2C0DAT 操作	0	1	0	X	将发送停止条件；STO 标志将复位
		无 I2C0DAT 操作	1	1	0	X	将发送停止条件，然后发送起始条件； STO 标志将复位
0x30	已发送 I2C0DAT 中的数据字节；已接 收非 ACK	装入数据字节	0	0	0	X	将发送数据字节，接收 ACK 位
		无 I2C0DAT 操作	1	0	0	X	将发送重复的起始条件
		无 I2C0DAT 操作	0	1	0	X	将发送停止条件；STO 标志将复位
		无 I2C0DAT 操作	1	1	0	X	将发送停止条件，然后发送起始条件； STO 标志将复位
0x38	在 SLA+R/W 或数 据字节中丢失仲裁	无 I2C0DAT 操作	0	0	0	X	I²C 总线将被释放；进入不可寻址从模式
		无 I2C0DAT 操作	1	0	0	X	当总线空闲时发送起始条件

2. 主接收模式

在主接收模式下，从发送器接收数据。发起传输的方式与在主发送模式下的方式相同。发送完起始条件后，中断服务程序必须将从地址和数据方向位装入 I²C 数据寄存器（I2C0DAT），然后清零 SI 位。这种情况下，数据方向位（R/W）应为 1 以指示读操作。发送完从地址和数据方向位并接收到应答位后，SI 位置位，状态寄存器将显示状态代码。对于主机模式，状态代码可能为 0x40、0x48 或 0x38；对于从机模式，状态代码可能为 0x68、0x78 或 0xB0。详细信息参见表 4-69。

表 4-69　主接收模式

状态代码 (I2C0STAT)	I²C 总线和 硬件的状态	应用软件的响应					I²C 硬件执行的下一个操作
		写/读 I2C0DAT	写 I2C0CONSET				
			STA	STO	SI	AA	
0x08	已发送起始条件	装入 SLA+R	X	0	0	X	将发送 SLA+R；接收 ACK 位
0x10	已发送重复的起 始条件	装入 SLA+R	X	0	0	X	将发送 SLA+R；接收 ACK 位
		装入 SLA+W	X	0	0	X	将发送 SLA+W；I²C 将切换为 MST/TRX 模式
0x38	在非 ACK 位中丢 失仲裁	无 I2C0DAT 操作	0	0	0	X	I²C 总线将被释放；进入不可寻址从模式
		无 I2C0DAT 操作	1	0	0	X	当总线空闲时发送起始条件
0x40	已发送 SLA+R；已 接收 ACK	无 I2C0DAT 操	0	0	0	0	将接收数据字节，返回非 ACK 位
		无 I2C0DAT 操作	0	0	0	1	将接收数据字节，返回 ACK 位
0x48	已发送 SLA+R；已 接收 ACK	无 I2C0DAT 操作	1	0	0	X	将发送重复的起始条件
		无 I2C0DAT 操作	0	1	0	X	将发送停止条件；STO 标志将复位
		无 I2C0DAT 操作	1	1	0	X	将发送停止条件，然后发送起始条件； STO 标志将复位
0x50	已接收数据字节， ACK 已返回	读取数据字节	0	0	0	0	将接收数据字节，返回非 ACK 位
		读取数据字节	1	0	0	1	将接收数据字节，返回 ACK 位
0x58	已接收数据字节， 非 ACK 已返回	读取数据字节	1	0	0	X	将发送重复的起始条件
		读取数据字节	1	0	0	X	将发送停止条件；STO 标志将复位
		读取数据字节	1	1	0	X	将发送停止条件，然后发送起始条件； STO 标志将复位

在主接收模式中，主机所接收的数据字节来自从发送器（见图 4-41）。按主发送模式中的方法初始化传输。当发送完起始条件后，中断服务程序必须把 7 位从机地址和数据方向位（SLA+R）装入 I2C0DAT。必须先清除 I2C0CONSET 中的 SI 位，再继续执行串行传输。

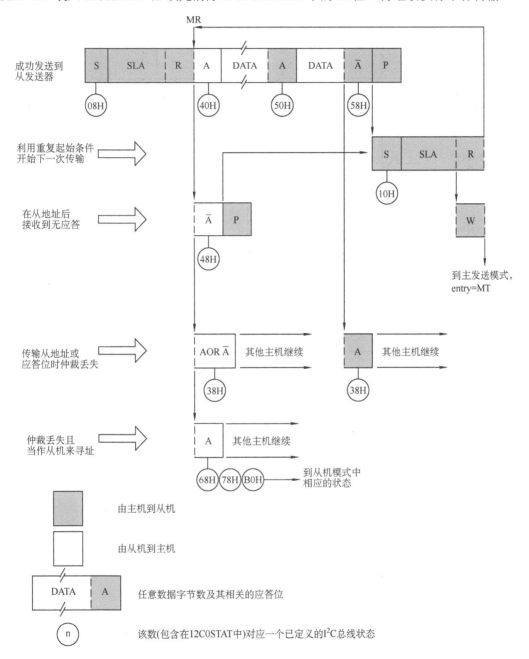

图 4-41　主接收模式下的格式和状态

当发送完从机地址和数据方向位且接收到一个应答位时，串行中断标志 SI 再次置位，这时，I2C0STAT 中可能是一系列不同的状态代码，主机模式下为 0x40、0x48 或 0x38，从机模式（AA=1）下为 0x68、0x78 或 0xB0。在发送完重复起始条件（状态 0x10）后，I²C 模块通过将 SLA+W 装入 I2C0DAT 切换到主发送模式。

3. 从接收模式

在从接收模式中,从机接收的数据字节来自主发送器(见图 4-42)。要初始化从接收模式,必须按照表 4-70 和表 4-71 来配置 I2C0ADR 和 I2C0CONSET。

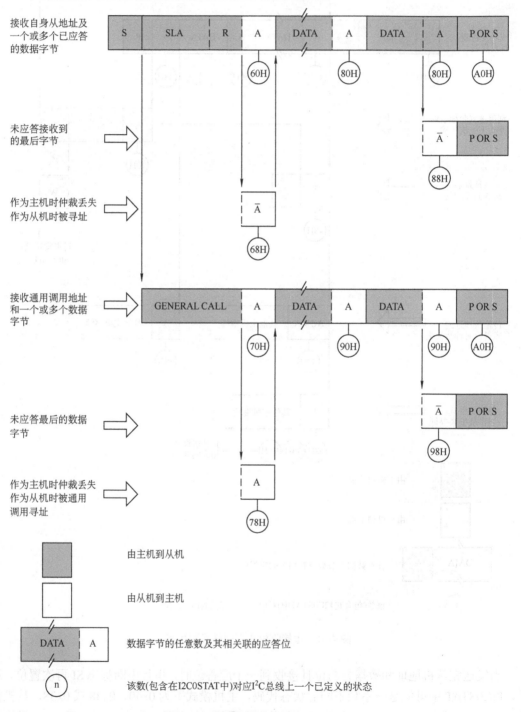

图 4-42 从接收模式下的格式和状态

表 4-70　在从接收模式中使用的 I2C0ADR

位	7	6	5	4	3	2	1	0
符号	自身 7 位从地址							GC

高 7 位是主机寻址时 I^2C 模块响应的地址。如果 LSB（GC）被置位，则 I^2C 模块将响应通用调用地址（0x00），否则忽略通用调用地址。

表 4-71　初始化从接收模式时 I2C0CONSET 的配置

位	7	6	5	4	3	2	1	0
符号	—	I2EN	STA	STO	SI	AA	—	—
值	—	1	0	0	0	1	—	—

I2EN 位必须置 1 以使能 I^2C 功能。AA 位必须置 1 以应答其自身的从机地址或通用调用地址。STA、STO 和 SI 位置 0。

当 I2C0ADR 和 I2C0CONSET 完成初始化后，I^2C 模块一直等待，直至被从机地址寻址，后面跟随着数据方向位，为了工作在从接收模式下，数据方向位必须为 0（W）。接收完其自身的从机地址和 W 位后，串行中断标志（SI）置位，可从 I2C0STAT 中读出一个有效的状态代码。该状态代码用作状态服务程序的向量，每个状态代码的对应操作见表 4-72。如果 I^2C 模块在主机模式中仲裁丢失，也可进入从接收模式（请参考状态 0x68、0x78 的描述）。

表 4-72　从接收模式

状态代码 (I2C0STAT)	I^2C 总线和硬件的状态	应用软件的响应					I^2C 硬件执行的下一个操作
		写/读 I2C0DAT	写 I2C0CONSET				
			STA	STO	SI	AA	
0x60	已接收自身的 SLA+W；已返回 ACK	无 I2C0DAT 操作	X	0	0	0	将接收数据字节，返回非 ACK 位
		无 I2C0DAT 操作	X	0	0	1	将接收数据字节，返回 ACK 位
0x68	主控器时在 SLA+R/W 中丢失仲裁；已接收自身 SLA+W，已返回 ACK	无 I2C0DAT 操作	X	0	0	0	将接收数据字节，返回非 ACK 位
0x70	已接收通用调用地址（0x00）；已返回 ACK	无 I2C0DAT 操作	X	0	0	0	将发送 SLA+W；I^2C 将切换为 MST/REC 模式
		无 I2C0DAT 操作	X	0	0	1	将接收数据字节，返回 ACK 位
0x78	主控器时在 SLA+R/W 中丢失仲裁；已接收通用调用地址，已返回 ACK	无 I2C0DAT 操作	X	0	0	0	将接收数据字节，返回非 ACK 位
		无 I2C0DAT 操作	X	0	0	1	将接收数据字节，返回 ACK 位
0x80	前一次寻址使用自身从地址；已接收数据字节；已返回 ACK	读取数据字节	X	0	0	X	将接收数据字节，返回非 ACK
		读取数据字节	X	0	0	1	将接收数据字节，返回 ACK 位
		无 I2C0DAT 操作	0	1	0	X	将发送停止条件；STO 标志将复位

（续）

状态代码 (I2C0STAT)	I²C 总线和硬件的状态	应用软件的响应					I²C 硬件执行的下一个操作
		写/读 I2C0DAT	写 I2C0CONSET				
			STA	STO	SI	AA	
0x88	前一次寻址使用自身 SLA；已接收数据字节；已返回非 ACK	读取数据字节	0	0	0	0	切换到不可寻址 SLV 模式；不识别自身 SLA 或通用调用地址
		读取数据字节	0	0	0	1	切换到不可寻址 SLV 模式；识别自身 SLA；如果 I2C0ADR[0]=逻辑 1，将识别通用调用地址
		读取数据字节	1	0	0	0	切换到不可寻址 SLV 模式；不识别自身 SLA 或通用调用地址；当总线空闲后发送起始条件
		无 I2C0DAT 操作	1	1	0	X	切换到不可寻址 SLV 模式；识别自身 SLA；如果 I2C0ADR[0]=逻辑 1，将识别通用调用地址；当总线空闲后发送起始条件
0x90	前一次寻址使用通用调用地址；已接收数据字节；已返回 ACK	读取数据字节	X	0	0	0	将发送数据字节，返回非 ACK 位
		读取数据字节	X	0	0	1	将接收数据字节，返回 ACK 位
0x98	前一次寻址使用通用调用地址；已接收数据字节；已返回非 ACK	读取数据字节	0	0	0	0	切换到不可寻址 SLV 模式；不识别自身 SLA 或通用调用地址
		读取数据字节	0	0	0	1	切换到不可寻址 SLV 模式；识别自身 SLA；如果 I2C0ADR[0]=逻辑 1，将识别通用调用地址
		读取数据字节	1	0	0	0	切换到不可寻址 SLV 模式；不识别自身 SLA 或通用调用地址；当总线空闲后发送起始条件
		读取数据字节	1	0	0	1	切换到不可寻址 SLV 模式；识别自身 SLA；如果 I2C0ADR[0]=1，将识别通用调用地址；当总线空闲后发送起始条件
0xA0	当使用 SLV/REC 或 SLV/TRX 静态寻址时，接收到停止条件或重复的起始条件	无 STDAT 操作	0	0	0	0	切换到不可寻址 SLV 模式；不识别自身 SLA 或通用调用地址
		无 STDAT 操作	0	0	0	1	切换到不可寻址 SLV 模式；识别自身 SLA；如果 I2C0ADR[0]=逻辑 1，将识别通用调用地址
		无 STDAT 操作	1	0	0	0	切换到不可寻址 SLV 模式；不识别自身 SLA 或通用调用地址；当总线空闲后发送起始条件
		无 STDAT 操作	1	0	0	1	切换到不可寻址 SLV 模式；识别自身 SLA；如果 I2C0ADR[0]=1，将识别通用调用地址；当总线空闲后发送起始条件

如果 AA 位在传输过程中复位，则在接收完下一个数据字节后 I²C 模块将向 SDA 返回一个非应答（逻辑 1）。当 AA 复位时，I²C 模块不响应其自身的从机地址或通用调用地址。但是，I²C 总线仍被监控，而且，地址识别可随时通过置位 AA 来恢复。这就意味着 AA 位可临时将 I²C 模块从 I²C 总线上分离出来。

4. 从发送模式

从发送模式下接收和处理第一个字节的方式与从接收模式下相同。但是，在该模式下，方向位为 1，指示读操作。通过 SDA 发送串行数据，通过 SCL 输入串行时钟。起始和停止条件分别看作串行传输的开始和结束。在特定应用中，I^2C 可作为主机/从机。在从机模式下，I^2C 硬件查寻自身从地址和通用调用地址。如果检测到其中一个地址，则请求中断。当微控制器想要变成总线主机时，在进入主机模式之前，硬件开始等待，直到总线空闲为止，这样就不会中断可能存在的从机操作。如果主机模式时丢失总线仲裁，则 I^2C 接口将立即切换到从机模式，并可在同一串行传输中检测自身从地址。

在从发送模式中，向主接收器发送数据字节（见图 4-43）。数据传输按照从接收模式中的情况初始化。当初始化 I2C0ADR 和 I2C0CONSET 后，I^2C 模块一直等待，直至被自身的从机地址寻址，之后是数据方向位，该数据方向位必须为 1（R），以便 I^2C 模块工作在从发送模式下。接收完其自身的从机地址和 R 位后，串行中断标志（SI）置位，并且可从 I2C0STAT 中读取一个有效的状态代码。该状态代码用作状态服务程序的向量，每个状态代码的对应操作见表 4-73。如果 I^2C 模块在主机模式下仲裁丢失，则可进入从发送模式（见状态 0xB0）。

如果 AA 位在传输过程中复位，则 I^2C 模块将发送最后一个字节并进入状态 0xC0 或 0xC8。I^2C 模块切换到非寻址的从机模式，如果继续传输，它将忽略主接收器。因此，主接收器接收所有 1 作为串行数据。当 AA 复位时，I^2C 模块不响应其自身的从机地址或通用调用地址。但是，I^2C 总线仍被监控，而且，地址识别可随时通过置位 AA 来恢复。这就意味着 AA 位可用来暂时将 I^2C 模块从 I^2C 总线上分离出来。

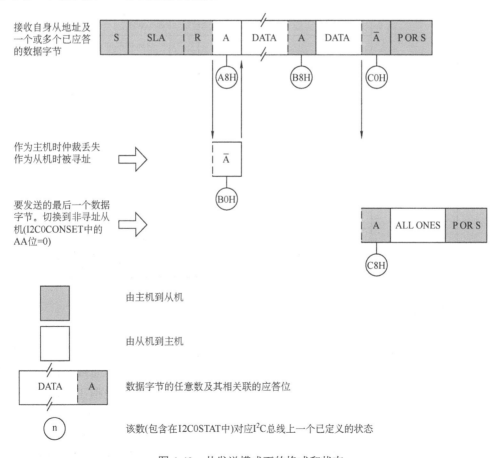

图 4-43　从发送模式下的格式和状态

表 4-73 从发送模式

状态代码 (I2C0STAT)	I²C 总线和硬件的状态	应用软件的响应					I²C 硬件执行的下一个操作
		写/读 I2C0DAT	写 I2C0CONSET				
			STA	STO	SI	AA	
0xA8	已接收自身的 SLA+W；已返回 ACK	无 I2C0DAT 操作	X	0	0	0	将接收数据字节，返回非 ACK 位
		无 I2C0DAT 操作	X	0	0	1	将发送最后一个数据字节，接收 ACK 位
0xB0	主控器时在 SLA+R/W 中丢失仲裁；已返回 ACK	装入数据字节	X	0	0	1	将接收数据字节，返回非 ACK 位
		装入数据字节	X	0	0	0	将发送数据字节，接收 ACK 位
0xB8	已发送 I2C0DAT 中的数据字节；已接收 ACK	装入数据字节	X	0	0	0	将发送最后一个数据字节，接收 ACK 位
		装入数据字节	X	0	0	1	将发送数据字节，接收 ACK 位
0xC0	主控器时在 SLA+R/W 中丢失仲裁；已接收通用调用地址；已返回 ACK	无 I2C0DAT 操作	0	0	0	0	切换到不可寻址 SLV 模式；不识别自身 SLA 或通用调用地址
		无 I2C0DAT 操作	0	0	0	1	切换到不可寻址 SLV 模式；识别自身 SLA；如果 I2C0ADR[0]=逻辑 1，将识别通用调用地址
		无 I2C0DAT 操作	1	0	0	0	切换到不可寻址 SLV 模式；不识别自身 SLA 或通用调用地址；当总线空闲后发送起始条件
		无 I2C0DAT 操作	1	0	0	1	切换到不可寻址 SLV 模式；识别自身 SLA；如果 I2C0ADR[0]=1，将识别通用调用地址；当总线空闲后发送起始条件
0xC8	I2C0DAT 中的最后一个数据字节已被发送（AA=0）；已接收 ACK	无 I2C0DAT 操作	X	0	0	X	切换到不可寻址 SLV 模式；不识别自身 SLA 或通用调用地址；如果 I2C0ADR[0]=逻辑 1，将识别通用调用地址
		无 I2C0DAT 操作	X	0	0	1	切换到不可寻址 SLV 模式；识别自身 SLA；如果 I2C0ADR[0]=逻辑 1，将识别通用调用地址
		无 I2C0DAT 操作	0	1	0	X	切换到不可寻址 SLV 模式；不识别自身 SLA 或通用调用地址；当总线空闲后发送起始条件
		无 I2C0DAT 操作	1	0	0	1	切换到不可寻址 SLV 模式；识别自身 SLA；如果 I2C0ADR[0]=1，将识别通用调用地址；当总线空闲后发送起始条件

5. 其他状态（见表 4-74）

1）I2C0STAT=0xF8。这个状态码表示没有任何可用的相关信息，因为串行中断标志 SI 还没有置位。这种情况在其他状态和 I²C 模块还未开始执行串行传输之间出现。

2）I2C0STAT=0x00。该状态代码表示在 I²C 串行传输过程中出现了总线错误。当格式帧的非法位置上出现了起始或停止条件时总线错误产生。这些非法位置是指在串行传输过程中的地址字节、数据字节或应答位。当外部干扰影响到内部 I²C 模块信号时也会产生总线错误。总线错误出现时 SI 置位。要从总线错误中恢复，STO 标志必须置位，SI 必须被清除。这使得 I²C 模块进入"非寻址的"从机模式（已定义的状态）并清除 STO 标志（I2C0CONSET 中的其他位不受影响）。SDA 和 SCL 线被释放（不发送停止条件）。

表 4-74 其他状态

状态代码 (I2C0STAT)	I²C 总线和硬件的状态	应用软件的响应					I²C 硬件执行的下一个操作
		写/读 I2C0DAT	写 I2C0CONSET				
			STA	STO	SI	AA	
0xF8	无可用的相关状态信息；SI=0	无 I2C0DAT 操作	无 I2C0CONSET 操作				等待或执行当前传输
0x00	由于非法起始或停止条件的出现在 MST 或选择的从机模式中将出现总线错误。当外部干扰使 I²C 模块进入未定义的状态时也出现 0x00 状态	无 I2C0DAT 操作	0	1	0	X	只有 MST 或寻址的 SLV 模式中的内部硬件受影响。一般情况下，总线被释放、I²C 模块切换到非寻址的 SLV 模式。STO 复位

6. 某些特殊情况

I²C 硬件可以处理串行传输过程中出现的以下几种特殊情况。

（1）两个主机同时启动重复起始条件

在主发送模式或主接收模式下可以产生重复起始条件。如果此时另一个主机同时产生重复起始条件，就出现特殊情况（见图 4-44）。在出现这种情况之前，任何一个主机都不会丢失仲裁，因为它们发送的数据相同。

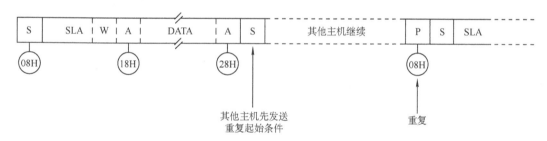

图 4-44 两个主机同时发送重复起始条件

如果 I²C 硬件在产生重复起始条件之前在 I²C 总线上检测到重复起始条件，则它将释放总线，并且不产生中断请求。如果另一个主机通过产生停止条件来释放总线，则 I²C 模块将发送一个正常的起始条件（状态 0x08），并开始重新进行完整的串行数据传输。

（2）仲裁丢失后的数据传输

在主发送模式和主接收模式中仲裁可能会丢失。I2C0STAT 寄存器中的状态代码 0x38、0x68、0x78 和 0xB0 可表示仲裁丢失。

如果 I2C0CONSET 中的 STA 标志由服务这些状态的程序置位，则当总线再次空闲时，会发送一个起始条件（状态 0x08），并且不受 CPU 的影响，开始重新尝试完整的串行数据传输。

（3）强制访问 I²C 总线

在某些应用中，不可控制源可能会造成总线挂起。在这种情况下，干扰、总线的暂时中断或 SDA 和 SCL 之间的暂时短路都会导致总线挂起。如果不可控制源产生了一个多余的起始条件或屏蔽了一个停止条件，则 I²C 总线一直保持忙碌状态。如果 STA 标志置位且在相应的时间内未访问总线，那么 I²C 总线有可能会被强制访问。这可通过在 STA 标志仍被设置时置位 STO 标志来实现。不发送停止条件。I²C 的硬件操作就好像是接收到停止条件一样，可以发送起始条件，STO 标志通过硬件清零。图 4-45 为强制访问忙 I²C 总线。

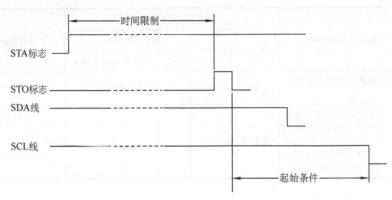

图 4-45　强制访问忙 I²C 总线

（4）SCL 或 SDA 低电平妨碍 I²C 总线的操作

如果 SDA 或 SCL 被总线上任何一个器件拉低，I²C 总线就会挂起。如果 SCL 线被总线上的器件拉低，不能继续串行传输，这时可通过拉低 SCL 线的器件来处理。

一般来说，SDA 线可能会被总线上另一个不和当前总线主机同步的器件拉低，不同步的原因可能是丢失了一个时钟周期或是以噪声脉冲作为时钟信号。在这种情况下，可通过向 SCL 发送另外的时钟脉冲来处理（见图 4-46）。虽然 I²C 接口没有专门用来检测总线挂起的定时器，但可以用系统的其他定时器来完成。当检测到总线挂起时，软件会强制给 SCL（要求最多 9 个）时钟信号，直至 SDA 被器件释放。此时，从机可能还是不同步，所以还要发送一个起始条件以确保所有 I²C 外设同步。

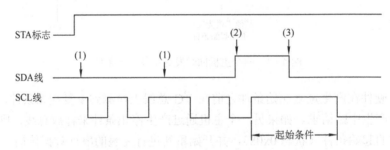

图 4-46　从由 SDA 上低电平引起的总线干扰中恢复

注：（1）尝试发送起始条件失败。

（2）释放 SDA 线。

（3）发送起始条件成功，进入 08H 状态。

（5）总线错误

当格式帧的非法位置上出现起始或停止条件时总线错误产生。非法位置是指串行传输过程中的地址字节、数据位或应答位。

仅当 I²C 硬件作为主机或被寻址的从机进行串行传输时，它才对总线错误有反应。检测到总线错误时，I²C 模块会立即切换成非寻址的从机模式，并释放 SDA 和 SCL 线，设置中断标志，并将 0x00 装入状态寄存器。该状态代码可用作状态服务程序的向量，尝试再次终止串行传输或从错误状态中恢复。

4.3.6　I²C 状态服务程序

本小节将介绍不同 I²C 状态服务程序都必须执行的操作，它们包括复位后 I²C 模块的初始化、I²C 中断服务、支持 4 种 I²C 操作模式的 26 种状态服务程序。

1. 初始化

在初始化示例中，I²C 模块可在主机模式和从机模式中使能。对于每种模式，缓冲区可用于发送和接收数据。初始化程序将执行以下操作：向 I2C0ADR 装入器件自身的从机地址和通用调用位（GC）；置位 I²C 中断使能位和中断优先级位；通过同时设置 I2C0CONSET 寄存器中的 I2EN 和 AA 位来使能从机模式；通过装载 I2C0SCLH 和 I2C0SCLL 寄存器来定义串行时钟频率（主机模式）。主机程序必须从主程序开始执行。这时，I²C 硬件开始在 I²C 总线上检查自身的从机地址和通用调用位。一旦检测到通用调用位或自身从地址，则请求中断且把相应的状态信息装入 I2C0STAT。

2. I²C 中断服务

当进入 I²C 中断时，I2C0STAT 含有一个状态代码，可识别要执行的 26 个状态服务中的其中一个。

3. 状态服务程序

每个状态程序都是 I²C 中断程序的组成部分，分别用来处理 26 种状态。

配合实际应用的状态服务示例演示了响应 26 个 I²C 状态代码必须执行的典型操作。如果 4 种 I²C 操作模式中有一种或几种没被用到，则模式的相关状态服务可被忽略，只要小心处理，那些状态就不会出现。

在应用中，可能需要在 I²C 操作过程中执行一些超时处理，来限制无效总线或丢失服务程序。

4.3.7　I²C 总线接口应用示例

如图 4-47 所示，可以利用 LPC1100 系列 Cortex-M0 作为 I²C 总线的主机，在总线上挂接 I²C 器件。该总线上挂接着 2 个 I²C 器件作为从机，分别为 RTC 器件 DS1307 和温度传感器 LM75BD。由于 LPC1100 系列 I²C 总线的 SDA 和 SCL 端口为开漏输出，所以必须在 SDA 和 SCL 线上分别外接一个上拉电阻 R7、R8。

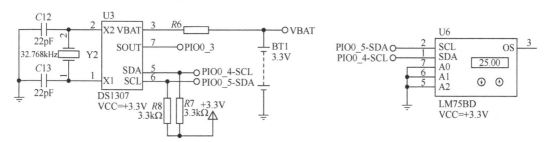

图 4-47　利用 LPC1100 系列芯片构成的 I²C 总线电路

由于一条 I²C 总线上可以挂接多个器件，LPC1100 系列 Cortex-M0 可以访问该总线上的这 2 个器件，至于访问哪一个器件是由器件地址决定的。DS1307 在 I²C 总线上是从器件，地址固定为"1101 0000"（0xD0），因此一个系统只能有一片 DS1307；而 LM75BD 有 3 个可选的逻辑地址引脚，使得同一总线上可同时连接 8 个 LM75BD 器件而不发生地址冲突，按照图 4-47 中接法，LM75BD 的地址为"0100 1000"（0x48），如果有其他的 LM75BD 在总线上，A0、A1、A2 必须要分别接到相应的电平，地址为"0100 1 A2 A1 A0"，其中 A2 A1 A0 分别对应引脚 5、6、7 上相应的电平，低电平为 0，高电平为 1，因此 LM75BD 可用的地址范围为 0x48～0x4F。

1. DS1307 时钟/日历芯片

DS1307 是低功耗、I^2C 接口的时钟/日历芯片，时钟和日历数据按 BCD 码存取。它提供秒、分、小时、星期、日期、月和年等时钟日历数据。下面给出 DS1307 与 LPC1100 系列 I^2C 总线连接的电路原理。BT1 为 3.3V 备用电池；7 脚 SOUT 为方波输出，把该脚接到单片机的能够检测电平变化中断的引脚 PIO0_3，如设置成每秒输出 1 个方波，则会每秒中断一次，读取时间用以显示。

DS1307 写操作（被控接收模式）：LPC1100 按以下顺序将数据写入到 DS1307 寄存器或内部 RAM 中。

第一步：START 信号；

第二步：写 SLA+W(0xd0)字节，DS1307 应答（ACK）；

第三步：写 1 字节内存地址（在以下第四步写入的第一字节将存入到 DS1307 内该地址处），DS1307 应答；

第四步：写数据（可写多个字节，每一字节写入后 DS1307 内部地址计数器加 1，DS1307 应答）；

第五步：STOP 信号。

详情请参阅 DS1307 用户手册。

2. LM75BD 温度传感器

LM75BD 是一款内置带隙温度传感器和 $\sum—\Delta$ 模数转换技术的数字温度传感器，它也是温度检测器，可提供过热输出功能。LM75BD 包含多个数据寄存器：配置寄存器（Conf）用来存储器件的某些设置，如器件的工作模式、OS 工作模式、OS 极性和 OS 错误队列等；温度寄存器（Temp）用来存储读取的数字温度；设定点寄存器（Tos & Thyst）用来存储可编程的过热关断和滞后限制。器件通过两线的串行 I^2C 总线接口与控制器通信。LM75BD 还包含一个开漏输出（OS）引脚，当温度超过编程限制的值时该输出有效。LM75BD 有 3 个可选的逻辑地址引脚，使得同一总线上可同时连接 8 个器件而不发生地址冲突。

LM75BD 可配置成不同的工作模式。它可设置成在正常工作模式下周期性地对环境温度进行监控，或进入关断模式来将器件功耗降至最低。OS 输出有两种可选的工作模式：OS 比较器模式和 OS 中断模式。OS 输出可选择高电平或低电平有效。错误队列和设定点限制可编程，可以激活 OS 输出。

温度寄存器通常存放着一个 11 位的二进制数的补码，用来实现 0.125℃的精度，在需要精确地测量温度偏移或超出限制范围的应用中非常有用。当 LM75BD 在转换过程中不产生中断（I^2C 总线部分与 $\sum—\Delta$ 转换部分完全独立）或 LM75BD 不断被访问时，器件将一直更新温度寄存器中的数据。

正常工作模式下，当器件上电时，OS 工作在比较器模式，温度阈值为 80℃，滞后 75℃。这时，LM75BD 就可用作独立的温度控制器，预定义温度设定点。

详细编程操作请参阅 LM75BD 的用户手册。

4.3.8　I²C 程序设计

1．初始化程序

将 I²C 接口初始化用作从机和/或主机的例子。

第 1 步：将自身的从机地址装入 I2C0ADR，使能通用调用识别（如果需要的话）。

第 2 步：使能 I²C 中断。

第 3 步：向寄存器 I2C0CONSET 写入 0x44 来置位 I2EN 和 AA 位，并使能从机功能。对于主机功能，可向寄存器 I2C0CONSET 写入 0x40。

I²C 初始化子程序如下：

```
/***********************************************************************
** Function name:        I2CInit
** Descriptions:         Initialize I2C controller
** parameters:           I2cMode is either MASTER or SLAVE
** Returned value:       true or false, return false if the I2C interrupt handler was not installed correctly
***********************************************************************/
uint32_t I2CInit( uint32_t I2cMode )
{
  LPC_SYSCON->PRESETCTRL |= (0x1<<1);
  LPC_SYSCON->SYSAHBCLKCTRL |= (1<<5);
  LPC_IOCON->PIO0_4 &=~0x3F;    /* I2C I/O config */
  LPC_IOCON->PIO0_4 |= 0x01;    /* I2C SCL */
  LPC_IOCON->PIO0_5 &=~0x3F;
  LPC_IOCON->PIO0_5 |= 0x01;    /* I2C SDA */
  LPC_I2C->CONCLR = 0x6C;       /*--- Clear flags and Reset registers ---*/
#if FAST_MODE_PLUS
  LPC_IOCON->PIO0_4 |= (1<<9);
  LPC_IOCON->PIO0_5 |= (1<<9);
  LPC_I2C->SCLL     = 0x00000015;
  LPC_I2C->SCLH     = 0x00000015;
#else
  LPC_I2C->SCLL     = 0x00000180;
  LPC_I2C->SCLH     = 0x00000180;
#endif
  LPC_I2C->CONSET = 0x40;
  if ( I2cMode == I2CSLAVE )
  {
    LPC_I2C->ADR0 = 0x01;       /* Enable GC bit and set addr 0x00 */
    LPC_I2C->CONSET = 0x44;
  }
  NVIC_EnableIRQ(I2C_IRQn);     /* Enable the I2C Interrupt */
  return( TRUE );
}
```

2．启动主机发送/接收功能

首先建立缓冲区、指针和数据计数器，然后启动起始条件来执行主发送/接收操作。

第 1 步：初始化主机数据计数器。

第 2 步：建立数据将被发送到的从机地址，并且添加写位。

第 3 步：向 I2C0CONSET 写入 0x20 来置位 STA 位。

第 4 步：在主发送缓冲区内建立要发送的数据/建立主接收缓冲区。

第 5 步：初始化主机数据计数器来匹配正在发送/接收到的信息长度。

第 6 步：退出。

1）I²C 启动子程序如下：

```
/******************************************************************************
** Function name:      I2CStart
** Descriptions:       Create I2C start condition, a timeout
**                     value is set if the I2C never gets started, and timed out. It's a fatal error.
** parameters:         None
** Returned value:     true or false, return false if timed out
******************************************************************************/
uint32_t I2CStart( void )
{
    uint32_t timeout = 0;
    uint32_t retVal = FALSE;
    /*--- Issue a start condition ---*/
    LPC_I2C->CONSET = 0x20;    /* Set Start flag */
    /*--- Wait until START transmitted ---*/
    while( 1 )
    {
        if ( I2CMasterState == 1 )
        {
            retVal = TRUE;
            break;
        }
        if ( timeout >= 0x00FFFFFF )     /* MAX_TIMEOUT */
        {
            retVal = FALSE;
            break;
        }
        timeout++;
    }
    return( retVal );
}
```

2）I²C 停止子程序如下：

```
/******************************************************************************
** Function name:      I2CStop
** Descriptions:       Set the I2C stop condition, if the routine never exit, it's a fatal bus error.
** parameters:         None
** Returned value:     true or never return
******************************************************************************/
uint32_t I2CStop( void )
{
    LPC_I2C->CONSET = ( 1<<4 );          /* Set Stop flag */
    LPC_I2C->CONCLR = ( 1<<3 );    /* Clear SI flag */
    /*--- Wait for STOP detected ---*/
    while( LPC_I2C->CONSET & ( 1<<4 ));
    return TRUE;
}
```

3．I²C 中断程序

确定 I²C 的状态和处理该状态的状态程序。

第 1 步：从 I2C0STAT 中读出 I²C 的状态。

第 2 步：使用状态值跳转到 26 个可能状态程序中的一个。

（1）无指定模式的状态

[1]状态：0x00

总线错误。进入不可寻址的从机模式并释放总线。

第 1 步：向 I2C0CONSET 写入 0x14 来置位 STO 和 AA 位。

第 2 步：向 I2C0CONCLR 写入 0x08 来清除 SI 标志。

第 3 步：退出。

[2]主机状态

状态 08 和 10 适用于主发送模式和主接收模式。R/W 位决定了下一个状态是在主发送模式中还是在主接收模式中。

[3]状态：0x08

已发送起始条件。即将发送从机地址＋R/W 位和接收 ACK 位。

第 1 步：向 I2C0DAT 写入从机地址和 R/W 位。

第 2 步：向 I2C0CONSET 写入 0x04 来置位 AA 位。

第 3 步：向 I2C0CONCLR 写入 0x08 来清除 SI 标志。

第 4 步：建立主发送模式数据缓冲区。

第 5 步：建立主接收模式数据缓冲区。

第 6 步：初始化主机数据计数器。

第 7 步：退出。

[4]状态：0x10

已发送重复起始条件。即将发送从机地址＋R/W 位和接收 ACK 位。

第 1 步：向 I2C0DAT 写入从机地址和 R/W 位。

第 2 步：向 I2C0CONSET 写入 0x04 来置位 AA 位。

第 3 步：向 I2C0CONCLR 写入 0x08 来清除 SI 标志。

第 4 步：建立主发送模式数据缓冲区。

第 5 步：建立主接收模式数据缓冲区。

第 6 步：初始化主机数据计数器。

第 7 步：退出。

（2）主发送状态

[1]状态：0x18

之前状态为 08 或 10 表示已发送从机地址和写操作位，并接收了应答。即将发送第一个数据字节和接收 ACK 位。

第 1 步：将主发送缓冲区的第一个数据字节装入 I2C0DAT。

第 2 步：向 I2C0CONSET 写入 0x04 来置位 AA 位。

第 3 步：向 I2C0CONCLR 写入 0x08 来清除 SI 标志。

第 4 步：主发送缓冲区指针加 1。

第 5 步：退出。

[2]状态：0x20

已发送从机地址和写操作位，并接收了非应答。即将发送停止条件。

第 1 步：向 I2C0CONSET 写入 0x14 来置位 STO 和 AA 位。

第 2 步：向 I2C0CONCLR 写入 0x08 来清除 SI 标志。

第 3 步：退出。

[3]状态：0x28

已发送数据并接收了 ACK。如果发送的数据是最后一个数据字节，则发送一个停止条件，否则发送下一个数据字节。

第 1 步：主机数据计数器减 1，如果发送的不是最后一个数据字节就跳至第 5 步。

第 2 步：向 I2C0CONSET 写入 0x14 来置位 STO 和 AA 位。

第 3 步：向 I2C0CONCLR 写入 0x08 来清除 SI 标志。

第 4 步：退出。

第 5 步：将主发送缓冲区的下一个数据字节装入 I2C0DAT。

第 6 步：向 I2C0CONSET 写入 0x04 来置位 AA 位。

第 7 步：向 I2C0CONCLR 写入 0x08 来清除 SI 标志。

第 8 步：主机发送缓冲区指针加 1。

第 9 步：退出。

[4]状态：0x30

已发送数据并接收到非应答。即将发送停止条件。

第 1 步：向 I2C0CONSET 写入 0x14 来置位 STO 和 AA 位。

第 2 步：向 I2C0CONCLR 写入 0x08 来清除 SI 标志。

第 3 步：退出。

[5]状态：0x38

仲裁已在发送从机地址和写操作位或数据的过程中丢失。总线已被释放且进入非寻址的从机模式。当总线再次空闲时将发送一个新的起始条件。

第 1 步：向 I2C0CONSET 写入 0x24 来置位 STA 和 AA 位。

第 2 步：向 I2C0CONCLR 写入 0x08 来清除 SI 标志。

第 3 步：退出。

（3）主接收状态

[1]状态：0x40

前面的状态是 08 或 10 表示已发送从机地址和读操作位，并接收到 ACK。将接收数据和返回 ACK。

第 1 步：向 I2C0CONSET 写入 0x04 来置位 AA 位。

第 2 步：向 I2C0CONCLR 写入 0x08 来清除 SI 标志。

第 3 步：退出。

[2]状态：0x48

已发送从机地址和读操作位，并接收到非应答。将发送停止条件。

第 1 步：向 I2C0CONSET 写入 0x14 来置位 STO 和 AA 位。

第 2 步：向 I2C0CONCLR 写入 0x08 来清除 SI 标志。

第 3 步：退出。

[3]状态：0x50

已接收到数据，并返回 ACK。将从 I2C0DAT 读取数据。将接收其他数据。如果这是最后一个数据字节，则返回非应答，否则返回 ACK。

第 1 步：读取 I2C0DAT 中的数据字节，存放到主机接收缓冲区。

第 2 步：主机数据计数器减 1，如果不是最后一个数据字节就跳到第 5 步。

第 3 步：向 I2C0CONCLR 写入 0x0C 来清除 SI 标志和 AA 位。

第 4 步：退出。

第 5 步：向 I2C0CONSET 写入 0x04 来置位 AA 位。

第 6 步：向 I2C0CONCLR 写入 0x08 来清除 SI 标志。

第 7 步：主机接收缓冲区指针加 1。

第 8 步：退出。

[4]状态：0x58

已接收到数据，已返回非应答。将从 I2C0DAT 中读取数据并发送停止条件。

第 1 步：读取 I2C0DAT 中的数据字节，存放到主机接收缓冲区。

第 2 步：向 I2C0CONSET 写入 0x14 来置位 STO 和 AA 位。

第 3 步：向 I2C0CONCLR 写入 0x08 来清除 SI 标志。

第 4 步：退出。

主模式 I^2C 中断服务子程序如下：

```
/*****************************************************************************
** Function name:      I2C_IRQHandler
** Descriptions:       I2C interrupt handler, deal with master mode only.
** parameters:         None
** Returned value:     None
*****************************************************************************/
void I2C_IRQHandler(void)
{
  uint8_t StatValue;
  timeout = 0;
  /* this handler deals with master read and master write only */
  StatValue = LPC_I2C->STAT;
  switch ( StatValue )
  {
      case 0x08:              /* A Start condition is issued. */
      WrIndex = 0;
      LPC_I2C->DAT = I2CMasterBuffer[WrIndex++];
      LPC_I2C->CONCLR = (I2CONCLR_SIC | I2CONCLR_STAC);
      break;

      case 0x10:              /* A repeated started is issued */
      RdIndex = 0;
      /* Send SLA with R bit set, */
      LPC_I2C->DAT = I2CMasterBuffer[WrIndex++];
      LPC_I2C->CONCLR = (I2CONCLR_SIC | I2CONCLR_STAC);
```

```
break;

case 0x18:              /* Regardless, it's a ACK */
if ( I2CWriteLength == 1 )
{
    LPC_I2C->CONSET = I2CONSET_STO;       /* Set Stop flag */
    I2CMasterState = I2C_NO_DATA;
}
else
{
    LPC_I2C->DAT = I2CMasterBuffer[WrIndex++];
}
LPC_I2C->CONCLR = I2CONCLR_SIC;
break;

case 0x28:              /* Data byte has been transmitted, regardless ACK or NACK */
if ( WrIndex < I2CWriteLength )
{
    LPC_I2C->DAT = I2CMasterBuffer[WrIndex++]; /* this should be the last one */
}
else
{
    if ( I2CReadLength != 0 )
    {
        LPC_I2C->CONSET = I2CONSET_STA;       /* Set Repeated-start flag */
    }
    else
    {
        LPC_I2C->CONSET = I2CONSET_STO;       /* Set Stop flag */
        I2CMasterState = I2C_OK;
    }
}
LPC_I2C->CONCLR = I2CONCLR_SIC;
break;

case 0x30:
LPC_I2C->CONSET = I2CONSET_STO;              /* Set Stop flag */
I2CMasterState = I2C_NACK_ON_DATA;
LPC_I2C->CONCLR = I2CONCLR_SIC;
break;

case 0x40: /* Master Receive, SLA_R has been sent */
if ( ( RdIndex + 1 ) < I2CReadLength )
{
    /* Will go to State 0x50 */
    LPC_I2C->CONSET = I2CONSET_AA;          /* assert ACK after data is received */
}
else
{
    /* Will go to State 0x58 */
    LPC_I2C->CONCLR = I2CONCLR_AAC;         /* assert NACK after data is received */
```

```
      }
      LPC_I2C->CONCLR = I2CONCLR_SIC;
      break;

      case 0x50:  /* Data byte has been received, regardless following ACK or NACK */
      I2CSlaveBuffer[RdIndex++] = LPC_I2C->DAT;
      if ( (RdIndex + 1) < I2CReadLength )
      {
          LPC_I2C->CONSET = I2CONSET_AA;          /* assert ACK after data is received */
      }
      else
      {
          LPC_I2C->CONCLR = I2CONCLR_AAC;         /* assert NACK on last byte */
      }
      LPC_I2C->CONCLR = I2CONCLR_SIC;
      break;

      case 0x58:
      I2CSlaveBuffer[RdIndex++] = LPC_I2C->DAT;
      I2CMasterState = I2C_OK;
      LPC_I2C->CONSET = I2CONSET_STO;             /* Set Stop flag */
      LPC_I2C->CONCLR = I2CONCLR_SIC;             /* Clear SI flag */
      break;

      case 0x20:                                  /* regardless, it's a NACK */
      case 0x48:
      LPC_I2C->CONSET = I2CONSET_STO;             /* Set Stop flag */
      I2CMasterState = I2C_NACK_ON_ADDRESS;
      LPC_I2C->CONCLR = I2CONCLR_SIC;
      break;

      case 0x38:                                  /* Arbitration lost, in this example, we don't
                                                     deal with multiple master situation */
      default:
      I2CMasterState = I2C_ARBITRATION_LOST;
      LPC_I2C->CONCLR = I2CONCLR_SIC;
      break;
  }
  return;
}
```

（4）从接收状态

[1]状态：0x60

已接收到自身从机地址和写操作位，已返回 ACK。将接收数据和返回 ACK。

第 1 步：向 I2C0CONSET 写入 0x04 来置位 AA 位。

第 2 步：向 I2C0CONCLR 写入 0x08 来清除 SI 标志。

第 3 步：建立从接收模式数据缓冲区。

第 4 步：初始化从机数据计数器。

第 5 步：退出。

[2]状态：0x68

用作总线主机时仲裁已在传输从机地址和 R/W 位时丢失。已接收到自身从机地址和写操作位，并已返回 ACK。将接收数据和返回 ACK。当总线再次空闲后置位 STA 来重启主机模式。

第 1 步：向 I2C0CONSET 写入 0x24 来置位 STA 和 AA 位。

第 2 步：向 I2C0CONCLR 写入 0x08 来清除 SI 标志。

第 3 步：建立从接收模式数据缓冲区。

第 4 步：初始化从机数据计数器。

第 5 步：退出。

[3]状态：0x70

已接收到通用调用地址和返回 ACK。将接收数据和返回 ACK。

第 1 步：向 I2C0CONSET 写入 0x04 来置位 AA 位。

第 2 步：向 I2C0CONCLR 写入 0x08 来清除 SI 标志。

第 3 步：建立从接收模式数据缓冲区。

第 4 步：初始化从机数据计数器。

第 5 步：退出。

[4]状态：0x78

用作总线主机时仲裁已在传输从机地址和 R/W 位时丢失。已接收到通用调用地址和返回 ACK。将接收数据和返回 ACK。当总线再次空闲后置位 STA 来重启主机模式。

第 1 步：向 I2C0CONSET 写入 0x24 来置位 STA 和 AA 位。

第 2 步：向 I2C0CONCLR 写入 0x08 来清除 SI 标志。

第 3 步：建立从接收模式数据缓冲区。

第 4 步：初始化从机数据计数器。

第 5 步：退出。

[5]状态：0x80

之前寻址自身从机地址。已接收到数据并返回 ACK。将读取其他数据。

第 1 步：读取 I2C0DAT 的数据字节，存放到从机接收缓冲区。

第 2 步：从机数据计数器减 1，如果不是最后一个数据字节就跳到第 5 步。

第 3 步：向 I2C0CONCLR 写入 0x0C 来清除 SI 标志和 AA 位。

第 4 步：退出。

第 5 步：向 I2C0CONSET 写入 0x04 来置位 AA 位。

第 6 步：向 I2C0CONCLR 写入 0x08 来清除 SI 标志。

第 7 步：从机接收缓冲区指针加 1。

第 8 步：退出。

[6]状态：0x88

之前寻址自身从机地址。已接收到数据并返回非应答。不会保存接收到的数据。进入非寻址的从机模式。

第 1 步：向 I2C0CONSET 写入 0x04 来置位 AA 位。

第 2 步：向 I2C0CONCLR 写入 0x08 来清除 SI 标志。

第 3 步：退出。

[7]状态：0x90

之前寻址通用调用地址。已接收到数据并返回 ACK。将保存接收到的数据。只接收第一个数据字节并接收 ACK。接收其他数据字节后返回非应答。

第 1 步：读取 I2C0DAT 的数据字节，并放入从机接收缓冲区。

第 2 步：向 I2C0CONCLR 写入 0x0C 来清除 SI 标志和 AA 位。

第 3 步：退出。

[8]状态：0x98

之前寻址通用调用地址。已接收到数据并返回非应答。不会保存接收到的数据。进入非寻址的从机模式。

第 1 步：向 I2C0CONSET 写入 0x04 来置位 AA 位。

第 2 步：向 I2C0CONCLR 写入 0x08 来清除 SI 标志。

第 3 步：退出。

[9]状态：0xA0

已接收停止条件或重复起始条件，但仍作为从机寻址。不保存接收到的数据。进入非寻址的从机模式。

第 1 步：向 I2C0CONSET 写入 0x04 来置位 AA 位。

第 2 步：向 I2C0CONCLR 写入 0x08 来清除 SI 标志。

第 3 步：退出。

（5）从发送状态

[1]状态：0xA8

已接收自身从机地址和读操作位，并返回 ACK。将发送数据和接收 ACK 位。

第 1 步：将从机发送缓冲区的第一个数据字节装入 I2C0DAT。

第 2 步：向 I2C0CONSET 写入 0x04 来置位 AA 位。

第 3 步：向 I2C0CONCLR 写入 0x08 来清除 SI 标志。

第 4 步：建立从发送模式数据缓冲区。

第 5 步：从机发送缓冲区指针加 1。

第 6 步：退出。

[2]状态：0xB0

用作总线主机时，在传输从机地址和 R/W 位时丢失仲裁。已接收自身从机地址和读操作位，并返回 ACK。将发送数据和接收 ACK 位。当总线再次空闲后置位 STA 来重启主机模式。

第 1 步：将从机发送缓冲区的第一个数据字节装入 I2C0DAT。

第 2 步：向 I2C0CONSET 写入 0x24 来置位 STA 和 AA 位。

第 3 步：向 I2C0CONCLR 写入 0x08 来清除 SI 标志。

第 4 步：建立从发送模式数据缓冲区。

第 5 步：从机发送缓冲区指针加 1。

第 6 步：退出。

[3]状态：0xB8

已发送数据并接收到 ACK。将发送数据和接收 ACK 位。

第 1 步：将从机发送缓冲区的数据字节装入 I2C0DAT。

第 2 步：向 I2C0CONSET 写入 0x04 来置位 AA 位。

第 3 步：向 I2C0CONCLR 写入 0x08 来清除 SI 标志。

第 4 步：从机发送缓冲区指针加 1。

第 5 步：退出。

[4]状态：0xC0

已发送数据并接收到非应答。进入非寻址的从机模式。

第 1 步：向 I2C0CONSET 写入 0x04 来置位 AA 位。

第 2 步：向 I2C0CONCLR 写入 0x08 来清除 SI 标志。

第 3 步：退出。

[5]状态：0xC8

已发送最后一个数据字节并接收到 ACK。进入非寻址的从机模式。

第 1 步：向 I2C0CONSET 写入 0x04 来置位 AA 位。

第 2 步：向 I2C0CONCLR 写入 0x08 来清除 SI 标志。

第 3 步：退出。

从模式 I²C 中断服务子程序如下：

```
/***********************************************************************
** Function name:      I2C_IRQHandler
** Descriptions:       I2C interrupt handler, deal with slave mode only.
** parameters:         None
** Returned value:     None
***********************************************************************/
void I2C_IRQHandler(void)
{
  uint8_t StatValue;
  StatValue = LPC_I2C->STAT;
  switch ( StatValue )
  {
    case 0x60:                                /* An own SLA_W has been received. */
    case 0x68:
    RdIndex = 0;
    LPC_I2C->CONSET = I2CONSET_AA;            /* assert ACK after SLV_W is received */
    LPC_I2C->CONCLR = I2CONCLR_SIC;
    I2CSlaveState = I2C_WR_STARTED;
    break;

    case 0x80:                                /*   data receive */
    case 0x90:
    if ( I2CSlaveState == I2C_WR_STARTED )
    {
      I2CRdBuffer[RdIndex++] = LPC_I2C->DAT;
      LPC_I2C->CONSET = I2CONSET_AA;          /* assert ACK after data is received */
    }
    else
    {
      LPC_I2C->CONCLR = I2CONCLR_AAC;         /* assert NACK */
    }
```

```
        LPC_I2C->CONCLR = I2CONCLR_SIC;
        break;

        case 0xA8:                                  /* An own SLA_R has been received. */
        case 0xB0:
        RdIndex = 0;
        LPC_I2C->CONSET = I2CONSET_AA;              /* assert ACK after SLV_R is received */
        LPC_I2C->CONCLR = I2CONCLR_SIC;
        I2CSlaveState = I2C_RD_STARTED;
        WrIndex = I2CRdBuffer[0];                   /* The 1st byte is the index. */
        break;

        case 0xB8:                                  /* Data byte has been transmitted */
        case 0xC8:
        if ( I2CSlaveState == I2C_RD_STARTED )
        {
           LPC_I2C->DAT = I2CRdBuffer[WrIndex+1];   /* write the same data back to master */
           WrIndex++;                               /* Need to skip the index byte in RdBuffer */
           LPC_I2C->CONSET = I2CONSET_AA;           /* assert ACK   */
        }
        else
        {
           LPC_I2C->CONCLR = I2CONCLR_AAC;          /* assert NACK   */
        }
        LPC_I2C->CONCLR = I2CONCLR_SIC;
        break;

        case 0xC0:                                  /* Data byte has been transmitted, NACK */
        LPC_I2C->CONCLR = I2CONCLR_AAC;             /* assert NACK   */
        LPC_I2C->CONCLR = I2CONCLR_SIC;
        I2CSlaveState = DATA_NACK;
        break;

        case 0xA0:                                  /* Stop condition or repeated start has */
        LPC_I2C->CONSET = I2CONSET_AA;              /* been received, assert ACK.   */
        LPC_I2C->CONCLR = I2CONCLR_SIC;
        I2CSlaveState = I2C_IDLE;
        break;

        default:
        LPC_I2C->CONCLR = I2CONCLR_SIC;
        LPC_I2C->CONSET = I2CONSET_I2EN | I2CONSET_SI;
        break;
    }
    return;
}
```

4.4　SSP 同步串行端口控制器

SSP（Synchronous Serial Port）是同步串行端口控制器，可兼容 Motorola SPI、4 线 TI SSI

或美国国家半导体 Microwire 总线的操作。在一条总线上可以有多个主机或从机。在一次数据传输中，总线上只有一个主机和一个从机进行通信。数据传输原则上为全双工方式，4 位到 16 位数据帧由主机发送到从机或由从机发送到主机。实际上通常情况下只有一个方向上的数据流包含有意义的数据。

LPC1100 系列微控制器具有 2 个 SSP 控制器 SSP0 和 SSP1，第二个 SSP 控制器（即 SSP1）只有 LQFP48 和 PLCC44 封装有，HVQFN33 封装没有。

LPC1100 系列 SSP 控制器特性如下：

1）兼容 SPI、4 线 SSI 和 Microwire 总线；

2）同步串行通信；

3）主/从操作；

4）8 帧收发 FIFO；

5）每帧 4～16 位。

4.4.1 引脚描述

SSP 引脚描述见表 4-75。

表 4-75　SSP 引脚描述

引脚编号	类型	引脚名称功能			引脚描述
		SPI	SSI	Microwire	
SCK0/1	I/O	SCK	CLK	SK	串行时钟。SCK/CLK/SK 是用于使数据传输同步的时钟信号。它受主机驱动，由从机接收 当使用 SPI 接口时，可将时钟编程为高电平有效或低电平有效，否则一直是高电平有效 SCK 只在数据传输期间跳变。在其他时间，SSP 接口使其保持无效状态或不驱动它（使其处于高阻态）
SSEL0/1	I/O	SSEL	FS	CS	帧同步/从机选择。当 SSP 接口为总线主机时，它在串行数据发起前将该信号驱动到有效状态，再在发送数据后将信号释放到无效状态 该信号是高电平有效还是低电平有效取决于所选择的总线模式。当 SSP 接口为总线从机时，该信号根据使用的协议限定从主机发出的数据 当只有一个总线主机和一个总线从机时，来自主机的帧同步或从选择信号可直接连接到从机的相应输入。当总线上有多于一个从机时，就有必要进一步限制其帧选择/从选择输入，以避免多个从机对传输做出响应
MISO0/1	I/O	MISO	DR(M) DX(S)	SI(M) SO(S)	主机输入从机输出。MISO 将串行数据由从机传输到主机。当 SSP0 是从机时，从该信号上输出串行数据。当 SSP0 为主机时，它记录从该信号发出的串行数据。当 SSP0 为从机，且不被 FS/SSEL 选择时，它不驱动该信号（使其处于高阻态）
MOSI0/1	I/O	MOSI	DX(M) DR(S)	SO(M) SI(S)	主机输出从机输入。MOSI 信号将串行数据从主机传输到从机。当 SSP0 为主机时，串行数据从该引脚输出。当 SSP0 为从机时，该引脚接收从主机输入的数据

SCK0 功能会被复用到 3 个不同的引脚位置（HVQFN 封装为两个位置）。使用 IOCON_LOC 寄存器选择 SCK0 功能的物理存储单元，并且选择 IOCON 寄存器中的功能。SCK1 引脚不会被复用。

4.4.2　基本配置

SSP 模块是由 SYSAHBCLKCTRL 寄存器选通的，SSP 时钟分频器和预分频器所使用的外围设备则由 SSP0/1CLKDIV 寄存器控制。SSP0/1 通过以下寄存器进行配置。

1）引脚：SSP 的引脚必须在 IOCONFIG 寄存器中进行配置。另外，通过 IOCON_LOC 寄存器来选择为 SCK0 功能。

2）电源：SYSAHBCLKCTRL 寄存器中 11 位和 18 位。

3）外设时钟：可以允许软件写入 SSP0/1CLKDIV 寄存器来配置 SSP0/1 外设时钟。

4）复位：在访问 SSP 模块之前，要确保 PRESETCTRL 寄存器中 SSP_RST_N 位被设置为 1，这将拉高 SSP 模块的复位信号。

4.4.3　寄存器描述

SSP 控制器的寄存器地址见表 4-76 和表 4-77。

表 4-76　寄存器概述：**SSP0**（基址 0x4004 0000）

名称	访问	地址偏移量	描述	复位值
SSP0CR0	R/W	0x000	控制寄存器 0。选择串行时钟速率、总线类型和数据长度	0
SSP0CR1	R/W	0x004	控制寄存器 1。选择主/从机及其他模式	0
SSP0DR	R/W	0x008	数据寄存器。写满发送 FIFO，读空接收 FIFO	0
SSP0SR	RO	0x00C	状态寄存器	—
SSP0CPSR	R/W	0x010	时钟预分频寄存器	0
SSP0IMSC	R/W	0x014	中断屏蔽设置和清零寄存器	0
SSP0RIS	RO	0x018	原始中断状态寄存器	—
SSP0MIS	RO	0x01C	屏蔽中断状态寄存器	0
SSP0ICR	WO	0x020	SSP 中断清零寄存器	NA

表 4-77　寄存器概述：**SSP1**（基址 0x4005 8000）

名称	访问	地址偏移量	描述	复位值
SSP1CR0	R/W	0x000	控制寄存器 0。选择串行时钟速率、总线类型和数据长度	0
SSP1CR1	R/W	0x004	控制寄存器 1。选择主/从机及其他模式	0
SSP1DR	R/W	0x008	数据寄存器。写满发送 FIFO，读空接收 FIFO	0
SSP1SR	RO	0x00C	状态寄存器	—
SSP1CPSR	R/W	0x010	时钟预分频寄存器	0
SSP1IMSC	R/W	0x014	中断屏蔽设置和清零寄存器	0
SSP1RIS	RO	0x018	原始中断状态寄存器	—
SSP1MIS	RO	0x01C	屏蔽中断状态寄存器	0
SSP1ICR	WO	0x020	SSP 中断清零寄存器	NA

1. SSP 控制寄存器 0（SSP0CR0 – 0x4004 0000，SSP1CR0 – 0x4005 8000）

SSP 控制寄存器 0 控制 SSP 控制器的基本操作，包括传输数据长度、帧格式、时钟输出极性（SPI）、时钟输出相位（SPI）、串行时钟速率，其位描述见表 4-78。

表 4-78　SSP 控制寄存器 0 位描述

位	符号	值	描述	复位值
3:0	DSS		数据长度选择。该字段控制每帧中传输的位的数目。不支持且不使用值 0000～0010	0000
		0011	4 位传输	
		0100	5 位传输	
		0101	6 位传输	
		0110	7 位传输	
		0111	8 位传输	
		1000	9 位传输	
		1001	10 位传输	
		1010	11 位传输	
		1011	12 位传输	
		1100	13 位传输	
		1101	14 位传输	
		1110	15 位传输	
		1111	16 位传输	
5:4	FRF		帧格式	00
		00	SPI	
		01	TI SSI	
		10	Microwire	
		11	不支持且不使用该组合	
6	CPOL		时钟输出极性。该位只用于 SPI 模式	0
		0	SSP 控制器使帧之间的总线时钟保持为低电平	
		1	SSP 控制器使帧之间的总线时钟保持为高电平	
7	CPHA		时钟输出相位。该位只用于 SPI 模式	0
		0	SSP 控制器在帧传输的第一次时钟跳变时捕获串行数据，也就是说跳变远离时钟线的帧间状态	
		1	SSP 控制器在帧传输的第二次时钟跳变时捕获串行数据，也就是说跳变回到时钟线的帧间状态	
15:8	SCR		串行时钟速率。SCR 的值为总线上传输的每一个数据位对应的 SSP 时钟数减 1。假设 CPSDVSR 为预分频器分频值，APB 时钟 PCLK 计时预分频器，则位频率为 PCLK/(CPSDVSR×[SCR+1])	0x00

2．SSP 控制寄存器 1（SSP0CR1 – 0x4004 0004，SSP1CR1 – 0x4005 8004）

SSP 控制寄存器 1 控制 SSP 控制器操作的回写模式、主/从模式和从机输出禁能，其位描述见表 4-79。

表 4-79　SSP 控制寄存器 1 位描述

位	符号	值	描述	复位值
0	LBM		回写模式	0
		0	正常操作	
		1	串行输入脚可用作串行输出脚（MOSI 或 MISO），而不是仅作为串行输入脚（MISO 或 MOSI 分别起作用）	

（续）

位	符号	值	描述	复位值
1	SSE		SSP 使能	0
		0	SSP 控制器禁能	
		1	SSP 控制器可与串行总线上的其他设备相互通信。置位该位前，软件应向其他 SSP 寄存器和中断控制寄存器写入合适的控制信息	
2	MS		主/从模式。只有在 SSE 位为 0 时才能对该位进行写操作	0
		0	SSP 控制器作为总线主机，驱动 SCLK、MOSI 和 SSEL 线并接收 MISO 线	
		1	SSP 控制器作为总线上的从机，驱动 MISO 线并接收 SCLK、MOSI 及 SSEL 线	
3	SOD		从机输出禁能。只有在从模式下才与该位有关（MS=1）。如果值为 1，则禁止 SSP 控制器驱动发送数据线（MISO）	0
7:4	—		保留。用户软件不应向保留位写入 1，从保留位读出的值未定义	NA

3. SSP 数据寄存器（SSP0DR – 0x4004 0008，SSP1DR – 0x4005 8008）

软件可向 SSP 数据寄存器写入要发送的数据，或从该寄存器读出已接收的数据。SSP 数据寄存器的位描述见表 4-80。

表 4-80　SSP 数据寄存器位描述

位	符号	描述	复位值
15:0	DATA	写：当状态寄存器中的 TNF 位置 1（指示 Tx FIFO 未满）时，软件就可以将要发送的帧数据写入该寄存器。如果 Tx FIFO 原来为空且总线上的 SSP 控制器空闲，则立即开始发送数据；否则，只要前面所有的数据都已发送（或接收），写入该寄存器的数据将会被发送。如果数据长度长度小于 16 位，则软件必须使写入该寄存器的数据向右对齐 读：只要状态寄存器中的 RNE 位置 1（指示 Rx FIFO 未满），软件就可以从该寄存器读出数据。当软件读该寄存器时，SSP 控制器返回 Rx FIFO 中最早接收到的帧数据。如果数据长度小于 16 位，那么使该字段的数据向右对齐，高位补 0	0x0000

4. SSP 状态寄存器（SSP0SR – 0x4004 000C，SSP1SR – 0x4005 800C）

SSP 状态寄存器反映 SSP 控制器的当前状态。该寄存器为只读寄存器，其位描述见表 4-81。

表 4-81　SSP 状态寄存器位描述

位	符号	描述	复位值
0	TFE	发送 FIFO 为空。发送 FIFO 为空时该位置 1，反之为 0	1
1	TNF	发送 FIFO 未满。Tx FIFO 满时该位为 0，反之为 1	1
2	RNF	接收 FIFO 未空。接收 FIFO 为空时该位为 0，反之为 1	0
3	RFF	接收 FIFO 满。接收 FIFO 满时该位为 1，反之为 0	0
4	BSY	忙。SSP 控制器空闲时该位为 0，当前发送/接收一个帧和/或 Tx FIFO 不为空时该位为 1	0
7:5	—	保留。用户软件不能向保留位写 1，从保留位读出的值未定义	NA

5. SSP 时钟预分频寄存器（SSP0CPSR – x4004 0010，SSP1CPSR – 0x4005 8010）

预分频器用来对 SSP 外设时钟 SSP_PCLK 进行分频以获得预分频时钟，其分频因数由 SSP 时钟预分频寄存器控制，而预分频时钟被 SSP*n*CR0 中的 SCR 因数分频后会得到位时钟。必须适当地对 SSP*n*CPSR 值进行初始化，否则 SSP 控制器不能正确发送数据。SSP 时钟预分频寄存器的位描述见表 4-82。

表 4-82 SSP 时钟预分频寄存器位描述

位	符号	描述	复位值
7:0	CPSDVSR	该值为 2~254 的一个偶数，SSP_PCLK 通过该值进行分频产生预分频输出时钟。位 0 读出时总为 0	0

在从模式下，主机提供的 SSP 时钟速率不能超过 SSP 外设时钟的 1/12。SSP 外设时钟的选择由系统 AHB 时钟分频寄存器 SYSAHBCLKCTRL 位 11（SSP0）和位 18（SSP1）来确定。SSPnCPSR 寄存器的内容与此无关。

在主模式下，$CPSDVSR_{min}=2$ 或更大的值（只能为偶数）。

6. SSP 中断屏蔽置位/清零寄存器（SSP0IMSC –0x4004 0014，SSP1IMSC –0x4005 8014）

SSP 中断屏蔽置位/清零寄存器控制是否使能 SSP 控制器中的 4 个中断条件，其位描述见表 4-83。

表 4-83 SSP 中断屏蔽置位/清零寄存器位描述

位	符号	描述	复位值
0	ROIM	出现接收上溢（即当 Rx FIFO 满时且另一个帧完全接收）时，软件应将该位置位以使能中断。ARM 规范表明，出现这种情况时，原来的帧数据会被新的帧数据覆写	0
1	RTIM	出现接收超时条件时，软件应将该位置位以使能中断。当 Rx FIFO 不为空且在"超时周期"没有读出任何数据时，就会出现接收超时	0
2	RXIM	Rx FIFO 至少有一半为满时，软件应将该位置位以使能中断	0
3	TXIM	Tx FIFO 至少有一半为空时，软件应将该位置位以使能中断	0
7:4	—	保留。用户软件不能向保留位写 1，从保留位读出的值未定义	NA

7. SSP 原始中断状态寄存器（SSP0RIS – 0x4004 0018，SSP1RIS –0x4005 8018）

不管 SSPnIMSC 中的中断是否使能，只要出现有效的中断条件，SSP 原始中断状态寄存器就将相应的位置 1。SSP 原始中断状态寄存器的位描述见表 4-84。

表 4-84 SSP 原始中断状态寄存器位描述

位	符号	描述	复位值
0	RORRIS	如果 Rx FIFO 为满时又完全接收到另一帧数据，则该位置 1。ARM 规范指明出现这种情况时，前面的帧数据会被新的帧数据覆写	0
1	RTRIS	当 Rx FIFO 不为空，且在"超时周期"没有被读出时，该位置 1	0
2	RXRIS	当 Rx FIFO 至少有一半为满时，该位置 1	0
3	TXRIS	当 Tx FIFO 至少有一半为空时，该位置 1	1
7:4	—	保留。用户软件不能向保留位写 1，从保留位读出的值未定义	NA

8. SSP 屏蔽中断状态寄存器（SSP0MIS – 0x4004 001C，SSP1MIS – 0x4005 801C）

当中断条件出现且相应的中断在 SSPnIMSC 寄存器中使能时，SSP 屏蔽中断状态寄存器中对应的位就会置 1。当出现 SSP 中断时，中断服务程序可通过读该寄存器来判断中断源。SSP 屏蔽中断状态寄存器的位描述见表 4-85。

表 4-85　SSP 屏蔽中断状态寄存器位描述

位	符号	描述	复位值
0	RORMIS	当 Rx FIFO 为满并又完全接收另一帧数据，且中断使能时，该位置 1	0
1	RTMIS	当 Rx FIFO 不为空并在"超时周期"没有被读，且中断使能时，该位置 1	0
2	RXMIS	当 Rx FIFO 至少有一半为满时，该位置 1	0
3	TXMIS	当 Tx FIFO 至少有一半为空时，该位置 1	0
7:4	—	保留。用户软件不能向保留位写 1，从保留位读出的值未定义	NA

9. SSP 中断清零寄存器（SSP0ICR – 0x4004 0020，SSP1ICR – 0x4005 8020）

软件可向 SSP 中断清零寄存器写入 1 个或多个 1 将 SSP 控制器中相应的中断条件清零。其他两个中断条件 RXIM、TXIM 可通过写或读相应的 FIFO 清除，或通过清零 SSPnIMSC 中的相应位将其禁能。SSP 中断清零寄存器的位描述见表 4-86。

表 4-86　SSP 中断清零寄存器位描述

位	符号	描述	复位值
0	RORIC	向该位写 1 以清除"Rx FIFO 为满时接收帧"中断	NA
1	RTRC	向该位写 1 以清除"Rx FIFO 不为空且在超时周期内没有被读出"中断	NA
7:2	—	保留。用户软件不应向保留位写 1，从保留位读出的值未定义	NA

4.4.4　SPI 帧格式

SPI（Serial Peripheral Interface，串行外设接口）是 Motorola 公司推出的一种高速的、全双工、同步的串行通信总线接口。SPI 总线接口利用四线方式进行通信：一条时钟线 SCK、一条数据输出线 MOSI（主机输出从机输入）、一条数据输入线 MISO（主机输入从机输出）、一条片选线 SSEL。SPI 总线以主-从方式工作，可以当作主机或从机工作，可以同时发出和接收串行数据，提供频率可编程时钟、发送结束中断标志、写冲突保护、总线竞争保护等。SPI 接口可以工作在一主多从连接方式下，如图 4-48 所示。

SPI 接口是 4 线接口，其中 SSEL 信号用作从机选择。SPI 格式的主要特性是 SCK 信号的无效状态和相位可通过对 SSPnCR0 控制寄存器内的 CPOL 和 CPHA 位编程设定。

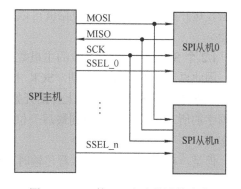

图 4-48　SPI 接口一主多从连接方式

1. 时钟极性（CPOL）及相位（CPHA）控制

CPOL 时钟极性控制位为低电平时，它会在 SCK 引脚产生一个稳定的低电平值。如果 CPOL 时钟极性控制位为高电平，那么在没有传输数据时，它会在 SCK 引脚上产生一个稳定的高电平值。

CPHA 控制位选择捕获数据及允许数据改变状态的时钟边沿。在第一个数据捕获边沿之前允许或不允许时钟跳变，对传输的第一位产生极大影响。当 CPHA 时钟相位控制位为低电平时，在第一次出现时钟边沿跳变时捕获数据。如果 CPHA 时钟相位控制位为高电平，则在第二次出现时钟边沿跳变时捕获数据。

2. CPOL=0、CPHA=0 时的 SPI 格式

CPOL=0、CPHA=0 时，SPI 格式的单帧和连续帧传输信号时序如图 4-49 所示。

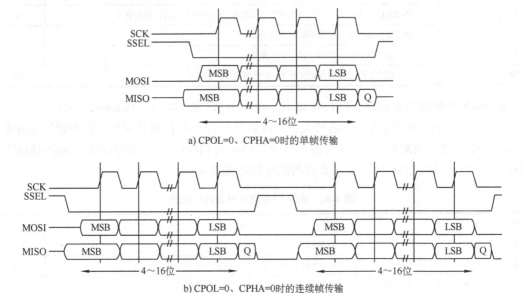

a) CPOL=0、CPHA=0时的单帧传输

b) CPOL=0、CPHA=0时的连续帧传输

图 4-49　CPOL=0、CPHA=0 时的 SPI 帧格式传输时序

该配置中，在空闲期间：SCK 信号强制为低；SSEL 强制为高；MOSI/MISO 引脚处于高阻态。

如果 SSP 被使能，且在发送 FIFO 中装载了有效数据，那么 SSEL 信号驱动为低，指示数据发送开始。这样，从机数据就可以进入到主机的 MISO 输入线上。主机的 MOSI 引脚被使能。

1/2 个 SCK 周期后，有效的主机数据被传输到 MOSI 引脚。由于主机和从机数据都已设定，因此再过 1/2 个 SCK 周期，SCK 主时钟引脚就会变为高。

数据捕获从 SCK 信号的上升沿开始，到 SCK 的下降沿结束。传送单个字时，在发送完数据字的所有位后，在捕获到最后一位的一个 SCK 周期后，SSEL 线返回到其空闲高电平状态。

但是，在进行连续的背靠背传输时，传输的各数据字之间的 SSEL 信号必须为高电平。这是因为从机选择引脚在 CHPA 位为 0 时会冻结串行外围寄存器中的数据并且不允许改变数据。因此，主设备必须拉高各数据传输之间的从设备的 SSEL 引脚，以使能串行外设数据写操作。连续传输完成后，SSEL 在捕获到最后一位后的一个 SCK 周期返回空闲状态。

3. CPOL=0、CPHA=1 时的 SPI 格式

CPOL=0、CPHA=1 时，SPI 格式的传输信号时序如图 4-50 所示，包含单帧和连续帧传输。

该配置中，在空闲期间：SCK 信号强制为低；SSEL 强制为高；发送 MOSI/MISO 引脚为高阻态。

如果 SSP 使能且发送 FIFO 中包含有效数据，那么 SSEL 被驱动为低，指示开始发送数据。主机上的 MOSI 引脚使能。1/2 个 SCK 周期后，主机和从机的有效数据都被使能输出到

它们各自的传输线上。同时，SCK 在上升沿跳变时使能。然后在 SCK 信号的下降沿捕获数据，保持到 SCK 信号的上升沿。

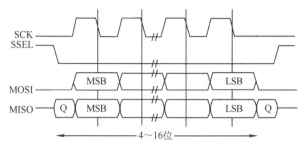

图 4-50 CPOL=0、CPHA=1 时的 SPI 帧格式传输时序

传送单个字时，传送完所有位后，在捕获到最后一位的一个 SCK 周期后，SSEL 线返回其空闲高电平状态。

当进行连续的背靠背传输时，连续的数据字之间 SSEL 引脚保持为低电平，终止条件与传送单个字时相同。

4. CPOL=1、CPHA=0 时的 SPI 格式

CPOL=1、CPHA=0 时，SPI 格式的单帧和连续帧传输信号时序如图 4-51 所示。

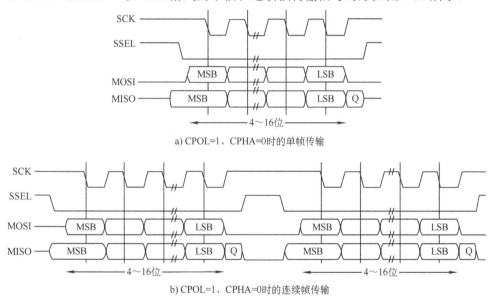

a) CPOL=1、CPHA=0时的单帧传输

b) CPOL=1、CPHA=0时的连续帧传输

图 4-51 CPOL=1、CPHA=0 时的 SPI 帧格式传输时序

该配置中，在空闲期间：SCK 信号强制为高；SSEL 强制为高；发送 MOSI/MISO 引脚为高阻态。

如果 SSP 使能且在发送 FIFO 中存在有效数据，那么 SSEL 就会被驱动为低，表示开始发送数据。这就使从机数据立即传送到主机的 MISO 线上。主机的 MOSI 引脚使能。

1/2 个 SCK 周期后，有效的主机数据被传送到 MOSI 线。由于主机和从机数据都已设定，因此再过 1/2 个 SCK 周期后，SCK 主时钟引脚变为低电平。这意味着在 SCK 信号的下降沿捕获数据并保持到 SCK 上升沿。

发送单个字时，发送完所有位后，在捕获最后一位的一个 SCK 周期后，SSEL 线返回其空闲高电平状态。

但是，在连续的背靠背传输的情况下，各传送数据字之间的 SSEL 信号必须为高电平。这是因为从机选择引脚在 CHPA 位为 0 时会冻结串行外围寄存器中的数据并且不允许改变数据。因此，在每次数据传输之间，主器件必须拉高从器件的 SSEL 引脚来使能对串行外设数据的写操作。连续传送完成后，SSEL 引脚在最后一位被捕获的一个 SCK 周期后返回空闲状态。

5. CPOL=1、CPHA=1 时的 SPI 格式

CPOL=1、CPHA=1 时，SPI 格式的传输信号时序如图 4-52 所示，包含单帧和连续帧传输。

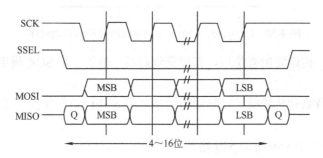

图 4-52　CPOL=1、CPHA=1 时的 SPI 帧格式传输时序

该配置中，在空闲期间：SCK 信号强制为高；SSEL 强制为高；发送 MOSI/MISO 引脚为高阻态。

如果 SSP 使能且发送 FIFO 中包含有效数据，则 SSEL 主机信号驱动为低，表示数据发送开始。主机的 MOSI 引脚使能。再过 1/2 个 SCK 周期后，主机和从机数据都被使能输出到它们各自的传输线上。同时，SCK 在下降沿跳变时使能。然后在 SCK 信号的上升沿捕获数据，保持到 SCK 信号的下降沿。

发送单个字时，传输完所有位后，在捕获最后一位的一个 SCK 周期后，SSEL 返回到其空闲高电平状态。对于连续传输，SSEL 引脚保持处于其有效的低电平状态，直到捕获到最后一个字的最后一位为止，然后返回其空闲状态（如上所述）。通常，对于连续的背靠背传输，SSEL 引脚在连续的数据字之间保持低电平，终止条件与传输单个字相同。

4.4.5　SSI 帧格式

SSI（Synchronous Serial Interface，同步串行接口）是一个全双工的串行接口。SSI 接口通信协议是一种带有帧同步信号的串行数据协议，允许芯片与多种串行设备通信。它是高精度绝对值角度编码器中一种较常用的接口方式，采用主机主动式读出方式，即在主机发出的时钟脉冲控制下，从最高有效位(MSB)开始同步传输数据。

图 4-53 所示为 SSP 模块支持的 4 线 TI SSI 同步串行数据帧格式传输时序。

对于在该模式下配置为主机的设备，CLK 和 FS 强制为低电平，且只要 SSP 空闲，发送数据线 DX 处于三态模式。一旦发送 FIFO 的底部入口有数据，FS 就会变为高电平，并持续一个 CLK 周期。要发送的数据也会从发送 FIFO 传输到发送逻辑的串行移位寄存器。在下一个 CLK 上升沿，4～16 位数据帧的 MSB 输出到 DX 引脚。同样，接收到数据的 MSB 由片外串行从机设备传送到 DR 引脚。

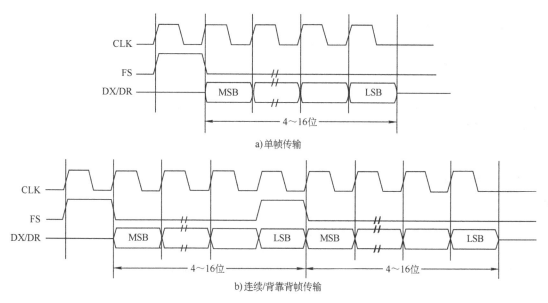

a)单帧传输

b)连续/背靠背帧传输

图 4-53　SSI 接口同步串行帧格式传输时序

在每个 CLK 时钟的下降沿，SSP 和片外串行从机设备将各个数据位放入其串行移位器。LSB 被锁存后，在 CLK 的第一个上升沿，接收的数据从串行移位器传输到接收 FIFO。

1．SSI 的操作模式

SSI 有 3 种基本同步操作模式：普通模式、网络模式和门时钟模式。

普通模式是最简单的模式，一帧内只能传输一个字，而且每一帧都需要帧同步信号来控制同步。

网络模式主要用于多时隙的情况下，一帧内可以传输 2 个字到 32 个字不等。

门时钟模式下，串行比特时钟 SSI_BCLK 指示了发送引脚或接收引脚上的有效数据，所以不需要帧同步信号。

除了上述 3 种基本模式外，针对音频上的应用，SSI 还支持两种衍生模式——I^2S 模式和 AC97 模式，分别用于传输 I^2S 和 AC97 音频格式数据。

2．SSI 的初始化

初始化 SSI 模块的正确顺序如下：

1）上电或重启 SSI(SSI_CR[SSI_EN]=0)，即关闭 SSI 模块功能。

2）配置 SSI 模块。涉及的寄存器包括控制寄存器 SSI_CR、中断允许寄存器 SSI_IER、发送配置寄存器 SSI_TCR、接收配置寄存器 SSI_RCR 和时钟控制寄存器 SSI_CCR。

3）通过 SSI_IER 寄存器设置必要的中断或 DMA。

4）设置 SSI_CR[SSI_EN]=1，允许 SSI 模块功能。

5）设置 SSI_CR[TE/RE]，开始发送/接收数据。

3．SSI 的工作过程

（1）发送数据

单通道时，数据从串行发送数据寄存器 SSI_TX0 中传送到发送移位寄存器 TXSR 中，再通过串行发送引脚 SSI_TXD 发送出去，然后根据用户设置情况决定是否产生发送中断。如果发送缓冲区 TXFIFOO 被允许，则 SSI_TX0 继续从 TXFIFOO 中取数据，直到 TXFIFOO 中的数据全部被发送，再通过用户设置情况决定是否产生发送中断。双通道时，发送移位寄存器 TXSR 从 SSI_TX0 和 SSI_TXl 中交替取出数据。

（2）接收数据

单通道时，数据从串行接收引脚 SSI_RXD 进来，由接收移位寄存器 RXSR 传输给接收数据寄存器 SSI_RX0，再根据用户设置情况决定是否产生接收中断。如果接收缓冲区 RXFIFOO 被允许，则 SSI_RX0 将数据写入 RXFIFOO，并继续从接收移位寄存器中获取数据。双通道时，接收移位寄存器 RXSR 将数据交替传输给 SSI_RX0 和 SSI_RXl。

4.4.6　Microwire 帧格式

Microwire 总线是美国国家半导体（NS）公司推出的三线同步串行总线。Microwire 串行接口是 SPI 的精简接口，其由一根数据输出线（SO）、一根数据输入线（SI）和一根时钟线（SK）组成（但每个器件还要接一根片选线）。原始的 Microwire 总线上只能连接一片单片机作为主机，总线上的其他设备都是从机。此后，NS 公司推出了 8 位的 COP800 单片机系列，仍采用原来的 Microwire 总线，但单片机上的总线接口改成既可由自身发出时钟，也可由外部输入时钟信号，也就是说，连接到总线上的单片机既可以是主机，也可以是从机。为了区别于原有的 Microwire 总线，称这种新产品为增强型的 Microwire/PLUS 总线。增强型的 Microwire/PLUS 总线上允许连接多片单片机和外围器件，因此，总线具有更大的灵活性和可变性，非常适用于分布式、多处理器的单片机测控系统。

图 4-54 所示为单帧传输时的 Microwire 帧格式。图 4-55 所示为进行连续帧传输时的 Microwire 帧格式。

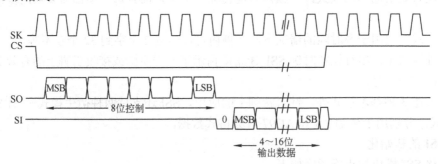

图 4-54　Microwire 帧格式（单帧传输）

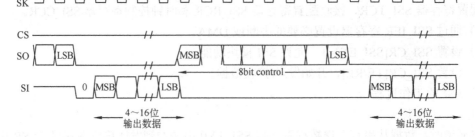

图 4-55　Microwire 帧格式（连续帧传输）

Microwire 格式与 SPI 格式相似，都是使用主-从信息传递技术，但它采用的传输方式是半双工方式而不是全双工方式。串行数据传输均从一个 8 位控制字开始，由 SSP 发送到片外从机设备。在发送过程中，SSP 不会接收输入的数据。在控制字发送结束后，片外从机对其进行解码，然后在 8 位控制信息的最后一位发送结束后再等待一个串行时钟，才返回主机所需的数据。返回的数据长度为 4～16 位，使整个帧长度范围为 13～25 位。

该配置中，在空闲期间：SK 信号强制为低；CS 强制为高；发送数据线 SO 可强制为低电平。

数据传输是通过向发送 FIFO 写控制字节来触发的。CS 出现下降沿时，发送 FIFO 底端的数据会传输到串行移位寄存器，并且 8 位控制帧的 MSB 会被输出到 SO 引脚。CS 在帧发送期间保持低电平。SI 引脚在发送过程中保持三态。

片外串行从机设备在每个 SK 的上升沿将各控制位锁存到串行移位器中。当从机设备将最后一位锁存后，控制字节会在时间长度为一个时钟的等待状态期间被解码，而从机则通过将数据发送回 SSP 来进行响应。每个位在 SK 的下降沿被驱动到 SI 线。SSP 依次在 SK 的上升沿锁存每个位。对于单帧传输，在帧结束时，在最后一位已锁存到接收串行移位器后的一个时钟周期，CS 信号置为高电平，这就使数据被传输到接收 FIFO。

LSB 被接收移位器锁存后或当 CS 变为高电平时，片外从器件的接收线在 SK 下降沿呈现三态。对于连续传输，数据发送开始和结束的方式与单帧传输相同。但是，CS 线持续有效（保持低电平），数据以背靠背方式发送。当前数据帧 LSB 被接收后，下一个帧的控制字节立即发送。在一帧数据的 LSB 被锁存到 SSP 后，每个收到的数据在 SK 的下降沿传送到接收移位器。

在 Microwire 模式下，CS 变为低电平后，SSP 从机在 SK 上升沿时对接收数据的第一位进行采样。主机驱动 SK 自由运行时必须确保 CS 信号相对于 SK 上升沿有充足的建立和保持时间。图 4-56 描绘了这些建立和保持时间的要求。相对于 SK 上升沿（SSP 从机在该上升沿对接收数据的第一位进行采样），CS 的建立时间必须至少为 SK（SSP 在 SK 上运行）周期的 2 倍。相对于该边沿之前的 SK 上升沿，CS 必须保持至少一个 SK 周期。

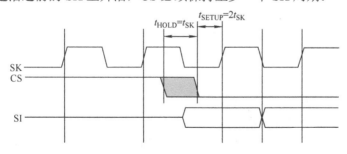

图 4-56　Microwire 帧格式建立及保持时间

4.4.7　SSP 接口中断设置

LPC1100 系列 Cortex-M0 微控制器的 SSP 有中断功能，当数据传输过程中发生接收溢出、接收超时、接收 FIFO 一半为满或者发送 FIFO 一半为空时，就会触发中断。SSP 接口中断与嵌套向量中断控制器（NVIC）的关系如图 4-57 所示。

SSP0 中断占用 NVIC 的通道 20，SSP1 中断占用 NVIC 的通道 14。中断使能寄存器 ISER 用来控制 NVIC 通道的中断使能。当 ISER[20]=1 时，通道 20 中断使能，即 SSP0 中断使能；当 ISER[14]=1 时，通道 14 中断使能，即 SSP1 中断使能。

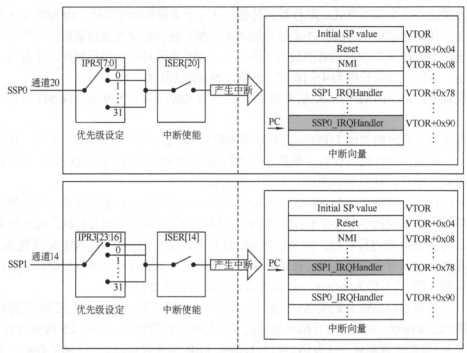

注：VTOR默认地址为0x00000000，ISER(0xE000E100)，IPR3(0xE000E40C)，IPR5(0xE000E414)。

图 4-57　SSP 接口中断与 NVIC 的关系

中断优先级寄存器 IPR 用来设定 NVIC 通道的中断优先级。IPR5[7:0]用来设置通道 20 的优先级，即 SSP0 中断的优先级；IPR3[23:16]用来设置通道 14 的优先级，即 SSP1 中断的优先级。

当 SSP 接口的优先级设定且中断使能后，若数据传输过程中发生接收溢出、接收超时、接收 FIFO 一半为满或者发送 FIFO 一半为空，则会触发中断。当处理器响应中断后将自动定位到中断向量表，并根据中断号从向量表中找出 SSP 中断处理的入口地址，然后 PC 指针跳转到该地址处执行中断服务函数。因此，用户需要在中断发生前将 SSP 的中断服务函数地址（SSP*n*_IRQHandler）保存到向量表中。

1. 接收溢出中断

LPC1100 系列 Cortex-M0 微控制器的 SSP 有 8 帧接收 FIFO，当接收 FIFO 满且又完成另一帧数据的接收时，就会触发接收溢出中断，如图 4-58 所示。

SSP 接收数据时，先将数据送入接收 FIFO，如图 4-58 所示。现已接收了 8 帧数据，即接收 FIFO 已满。此时又接收到一帧数据，就会触发接收溢出中断，新的数据会将旧数据覆盖。

发生接收溢出中断后，向中断清除寄存器（SSP*n*ICR）的位 0 写入"1"即可清除接收溢出中断标志位。

2. 接收超时中断

LPC1100 系列 Cortex-M0 微控制器的 SSP 具有接收超时中断，当接收 FIFO 不为空且在 32 个位时间内

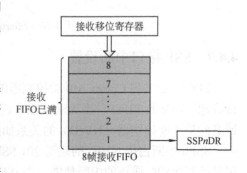

图 4-58　接收溢出中断示意图

既没有接收新的数据又没有从 FIFO 中读出数据时，就会触发接收超时中断，如图 4-59 所示。

发生接收超时中断后，向中断清除寄存器（SSP*n*ICR）的位 1 写入"1"即可清除接收超时中断标志位。

3. 接收 FIFO 至少一半为满中断

LPC1100 系列 Cortex-M0 微控制器的 SSP 具有接收 FIFO 至少一半为满中断，当 8 帧接收 FIFO 中至少含有 4 帧数据时，就会触发接收 FIFO 至少一半为满中断，如图 4-60 所示。

发生接收 FIFO 至少一半为满中断后，读取数据寄存器即可清除中断标志位，或者清除中断使能设置/清除寄存器（SSP*n*IMSC）中相应的位来禁止中断。

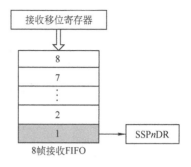

图 4-59   接收超时中断示意图

4. 发送 FIFO 至少一半为空中断

LPC1100 系列 Cortex-M0 微控制器的 SSP 具有发送 FIFO 至少一半为空中断，当 8 帧发送 FIFO 中最多含有 4 帧数据时，就会触发发送 FIFO 至少一半为空中断，如图 4-61 所示。

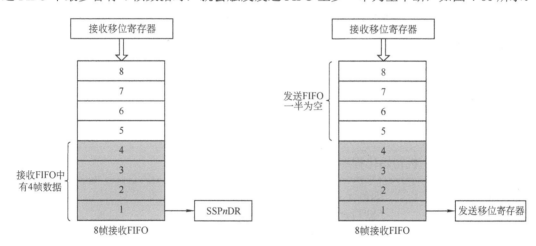

图 4-60   接收 FIFO 至少一半为满中断示意图   图 4-61   发送 FIFO 至少一半为空中断示意图

发生发送 FIFO 至少一半为空中断后，继续向数据寄存器中写入数据即可清除中断标志位，或者清除中断使能设置/清除寄存器（SSP*n*IMSC）中相应的位来禁止中断。

4.4.8   SPI 接口应用示例

令 LPC1100 系列 Cortex-M0 微控制器的 SSP 模块的 SSP1 工作在 SPI 主机模式下，对从机模式的 SPI 接口串行 EEPROM 存储器芯片 25AA256 进行读/写，相关电路如图 4-62 所示。

下面的步骤描述了 SSP1 如何初始化为 SPI 主机和处理数据传输。

1）SYSAHBCLKCTRL 寄存器选通使能 SSP1，并设置 SSP1CLKDIV 寄存器控制提供给 SSP 模块的时钟 SSP1_PCLK；

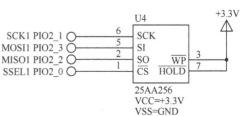

图 4-62   25AA256 芯片 SPI 接口示意图

2）设置 SSP1CR0 寄存器，确定通信格式和参数；

3）设置 SSP1CR1 寄存器，确定主从模式和启动通信；

4）将要发送的数据写入 SSP1DR 寄存器，即启动 SSP 数据传输；

5）读取 SSP1SR 寄存器，等待数据发送完毕。

在主机初始化之前要先对 SSP 的引脚进行配置：

```
/**************************************************************************
** Function name:          SSP1_IOConfig
** Descriptions:           SSP1 port initialization routine
** parameters:             None
** Returned value:         None
**************************************************************************/
void SSP1_IOConfig( void )
{
 LPC_SYSCON->PRESETCTRL |= (0x1<<2);
 LPC_SYSCON->SYSAHBCLKCTRL |= (1<<18);
 LPC_SYSCON->SSP1CLKDIV = 0x02;              /* Divided by 2 */
 LPC_IOCON->PIO2_2 &=~0x07;                  /*   SSP I/O config */
 LPC_IOCON->PIO2_2 |= 0x02;                  /* SSP MISO */
 LPC_IOCON->PIO2_3 &=~0x07;
 LPC_IOCON->PIO2_3 |= 0x02;                  /* SSP MOSI */
 LPC_IOCON->PIO2_1 &=~0x07;
 LPC_IOCON->PIO2_1 |= 0x02;                  /* SSP CLK */
 LPC_IOCON->PIO2_0 &=~0x07;
 LPC_IOCON->PIO2_0 |= 0x02;                  /* SSP SSEL */
  return;
}
```

SSP1 用作 SPI 主机初始化程序：

```
/**************************************************************************
** Function name:          SSP1_Init
** Descriptions:           SSP1 port initialization routine
** parameters:             None
** Returned value:         None
**************************************************************************/
void SSP1_Init( void )
{
  uint8_t i, Dummy=Dummy;
  /* Set DSS data to 8-bit, Frame format SPI, CPOL = 0, CPHA = 0, and SCR is 7 */
LPC_SSP1->CR0 = 0x0707;

  /* SSPCPSR clock prescale register, master mode, minimum divisor is 0x02 */
LPC_SSP1->CPSR = 0x2;

  for ( i = 0; i < FIFOSIZE; i++ )
  {
    Dummy = LPC_SSP1->DR;                    /* clear the RxFIFO */
  }

  NVIC_EnableIRQ(SSP1_IRQn);                 /* Enable the SSP Interrupt */
```

```c
/* Master mode */
LPC_SSP1->CR1 = SSPCR1_SSE;
LPC_SSP1->IMSC = SSPIMSC_RORIM | SSPIMSC_RTIM; /* enable SSPIMSC interrupts bits */
  return;
}
```

SSP1 接口中断服务子程序：

```c
/*****************************************************************************
** Function name:       SSP1_IRQHandler
** Descriptions:        SSP1 port is used for SPI communication.
** parameters:          None
** Returned value:      None
*****************************************************************************/
void SSP1_IRQHandler(void)
{
  uint32_t regValue;
  regValue = LPC_SSP1->MIS;
  if ( regValue & SSPMIS_RORMIS )                 /* Receive overrun interrupt */
  {
      interruptOverRunStat1++;
      LPC_SSP1->ICR = SSPICR_RORIC;               /* clear interrupt */
  }
  if ( regValue & SSPMIS_RTMIS )                  /* Receive timeout interrupt */
  {
      interruptRxTimeoutStat1++;
      LPC_SSP1->ICR = SSPICR_RTIC;                /* clear interrupt */
  }
  if ( regValue & SSPMIS_RXMIS )                  /* Rx at least half full */
  {
      interruptRxStat1++;                         /* receive until it's empty */
  }
  return;
}
```

主机数据发送子程序如下所示，向 SSP1DR 寄存器写入一字节数据后，即可启动数据发送。

```c
/*****************************************************************************
** Function name:       SSP1_Send
** Descriptions:        Send a block of data to the SSP1 port, the
**                      first parameter is the buffer pointer, the 2nd parameter is the block length.
** parameters:          buffer pointer, and the block length
** Returned value:      None
*****************************************************************************/
void SSP1_Send( uint8_t *buf, uint32_t Length )
{
  uint32_t i;
  uint8_t Dummy = Dummy;
  for ( i = 0; i < Length; i++ )
  {
  /* Move on only if NOT busy and TX FIFO not full. */
  while ( (LPC_SSP1->SR & (SSPSR_TNF|SSPSR_BSY)) != SSPSR_TNF );
  LPC_SSP1->DR = *buf;
  buf++;
```

```
        while ( LPC_SSP1->SR & SSPSR_BSY );          /* Wait until the Busy bit is cleared. */
    }
    return;
}
```

主机数据接收子程序：

```
/***************************************************************************
** Function name:        SSP1_Receive
** Descriptions:         the module will receive a block of data from
**                       the SSP1, the 2nd parameter is the block length.
** parameters:           buffer pointer, and block length
** Returned value:       None
***************************************************************************/
void SSP1_Receive( uint8_t *buf, uint32_t Length )
{
    uint32_t i;

    for ( i = 0; i < Length; i++ )
    {
/* As long as Receive FIFO is not empty, I can always receive. */
/* if it's a peer-to-peer communication, SSPDR needs to be written before a read can take place. */
        while ( !(LPC_SSP1->SR & SSPSR_RNE) );
        *buf = LPC_SSP1->DR;
buf++;
    }
    return;
}
```

串行 EEPROM 测试程序：

```
/***************************************************************************
** Function name:        SEEPROMTest
** Descriptions:         Serial EEPROM(25AA256) test
** Returned value:       None
***************************************************************************/
void SSP1_SEEPROMTest( void )
{
    uint32_t i, timeout;
    /* Test 25AA256 SPI SEEPROM. */
    src_addr[0] = WREN;                          /* set write enable latch */
    SSP1_Send( (uint8_t *)src_addr, 1 );
    for ( i = 0; i < DELAY_COUNT; i++ );         /* delay minimum 250ns */
    src_addr[0] = RDSR; /* check status to see if write enabled is latched */
    SSP1_Send( (uint8_t *)src_addr, 1 );
    SSP1_Receive( (uint8_t *)dest_addr, 1 );
    if ( ( (dest_addr[0] & (RDSR_WEN|RDSR_RDY)) != RDSR_WEN )
    /* bit 0 to 0 is ready, bit 1 to 1 is write enable */
    {
        while ( 1 );
    }
    for ( i = 0; i < SSP_BUFSIZE; i++ )          /* Init RD and WR buffer */
    {
        src_addr[i+3] = i;                       /* leave three bytes for cmd and offset(16 bits) */
```

```
        dest_addr[i] = 0;
      }
  /* please note the first two bytes of WR and RD buffer is used for commands and offset,
     so only 2 through SSP_BUFSIZE is used for data read, write, and comparison. */
  src_addr[0] = WRITE;                        /* Write command is 0x02, low 256 bytes only */
  src_addr[1] = 0x00;                         /* write address offset MSB is 0x00 */
  src_addr[2] = 0x00;                         /* write address offset LSB is 0x00 */
  SSP1_Send( (uint8_t *)src_addr, SSP_BUFSIZE );
  for ( i = 0; i < 0x30000; i++ );            /* delay, minimum 3ms */
  timeout = 0;
  while ( timeout < MAX_TIMEOUT )
    {
    src_addr[0] = RDSR;                        /* check status to see if write cycle is done or not */
    SSP1_Send( (uint8_t *)src_addr, 1);
    SSP1_Receive( (uint8_t *)dest_addr, 1 );
    if ( (dest_addr[0] & RDSR_RDY) == 0x00 )   /* bit 0 to 0 is ready */
      {
        break;
      }
    timeout++;
    }
  if ( timeout == MAX_TIMEOUT )
    {
    while ( 1 );
    }
  for ( i = 0; i < DELAY_COUNT; i++ );         /* delay, minimum 250ns */
  src_addr[0] = READ;                          /* Read command is 0x03, low 256 bytes only */
  src_addr[1] = 0x00;                          /* Read address offset MSB is 0x00 */
  src_addr[2] = 0x00;                          /* Read address offset LSB is 0x00 */
  SSP1_Send( (uint8_t *)src_addr, 3 );
  SSP1_Receive( (uint8_t *)&dest_addr[3], SSP_BUFSIZE-3 );
  return;
}
```

SSP1 设置为 SPI 主机读/写串行 EEPROM（25AA256）的主程序：

```
int main (void)
{
  uint32_t i;
  SSP1_IOConfig( );                            /* initialize SSP port, share pins with SPI1 on port2(p2.0-3). */
  SSP_Init( );
  for ( i = 0; i < SSP_BUFSIZE; i++ )
    {
    src_addr[i] = (uint8_t)i;
    dest_addr[i] = 0;
    }

  SSP1_SEEPROMTest( );
  /* for EEPROM test, verifying, ignore the difference in the first three bytes which are used as command and
parameters. */
  for ( i = 3; i < SSP_BUFSIZE; i++ )
    {
```

```
    if ( src_addr[i] != dest_addr[i] )
    {
      while( 1 );                                    /* Verification failed */
    }
    }
    return 0;
}
```

4.5   A-D 转换器

4.5.1   A-D 转换器概述

LPC1100 系列 Cortex-M0 微处理器具有一个 10 位逐次逼近式（A-D 转换器）ADC，在 8 个引脚中实现输入多路复用。A-D 转换器的基本时钟由 APB 时钟（PCLK）提供。A-D 转换器包含一个可编程的分频器，它可以将 APB 时钟进行分频使频率达到逐次逼近转换所需的时钟（最大可达 4.5MHz）。一次准确的转换需要占用 11 个时钟周期。

系统时钟负责向 ADC 以及可编程 ADC 时钟分频器提供外部时钟信号。可通过 SYSAHBCLKCTRL 寄存器的位 13 来禁能该时钟信号，从而达到减小功耗的目的。通过 PDRUNCFG 寄存器，可以在运行的时候使 ADC 掉电。

LPC1100 系列 ADC 特性如下：

1）10 位逐次逼近式 A-D 转换器；

2）在 8 个引脚间实现输入多路复用；

3）掉电模式；

4）测量范围为 0～3.6V，不超出 VDD(3.3V) 的电压；

5）10 位转换时间≥2.44μs；

6）一个或多个输入的 BURST 转换模式；

7）可选择由输入跳变或定时器匹配信号触发转换；

8）每个 A-D 通道的独立结果寄存器减少了中断开销。

4.5.2   ADC 引脚描述和配置

ADC 各相关引脚的描述见表 4-87。

表 4-87   ADC 引脚描述

引脚	类型	描述
AD[7:0]	输入	模拟输入。A-D 转换器单元可测量所有这些输入信号上的电压 注意：尽管这些引脚在数字模式下具备 5V 的耐压能力，但是，当它们被配置为模拟输入的时候最大的输入电压不得超过 VDD(3.3V) 的大小
VDD(3.3V)	输入	VREF，参考电压

若要通过监控的引脚获得准确的电压读数,必须事先通过 IOCON 寄存器选用 ADC 功能。对于作为 ADC 输入的引脚来说，在选用数字功能的情况下仍能获得 ADC 读取值的情况是不可能存在的。在选用数字功能的情况下，内部电路会切断该引脚与 ADC 硬件的连接。

4.5.3　ADC 寄存器

ADC 所包含的寄存器见表 4-88。

表 4-88　ADC 寄存器一览（基址 4001 C000）

名称	访问	地址偏移量	描述	复位值
AD0CR	R/W	0x000	A-D 控制寄存器。A-D 转换开始前，必须写 AD0CR 寄存器来选择工作模式	0x0000 0001
AD0GDR	R/W	0x004	A-D 全局数据寄存器。该寄存器包含最近一次 A-D 转换的结果	NA
—	—	0x008	保留	—
AD0INTEN	R/W	0x00C	A-D 中断使能寄存器。该寄存器包含的使能位控制每个 A-D 通道的 DONE 标志是否用于产生 A-D 中断	0x0000 0100
AD0DR0	R/W	0x010	A-D 通道 0 数据寄存器。该寄存器包含在通道 0 上完成的最近一次转换的结果	NA
AD0DR1	R/W	0x014	A-D 通道 1 数据寄存器。该寄存器包含在通道 1 上完成的最近一次转换的结果	NA
AD0DR2	R/W	0x018	A-D 通道 2 数据寄存器。该寄存器包含在通道 2 上完成的最近一次转换的结果	NA
AD0DR3	R/W	0x01C	A-D 通道 3 数据寄存器。该寄存器包含在通道 3 完成的最近一次转换的结果	NA
AD0DR4	R/W	0x020	A-D 通道 4 数据寄存器。该寄存器包含在通道 4 上完成的最近一次转换的结果	NA
AD0DR5	R/W	0x024	A-D 通道 5 数据寄存器。该寄存器包含在通道 5 上完成的最近一次转换的结果	NA
AD0DR6	R/W	0x028	A-D 通道 6 数据寄存器。该寄存器包含在通道 6 上完成的最近一次转换的结果	NA
AD0DR7	R/W	0x02C	A-D 通道 7 数据寄存器。该寄存器包含在通道 7 上完成的最近一次转换的结果	NA
AD0STAT	RO	0x030	A-D 状态寄存器。该寄存器包含所有 A-D 通道的 DONE 和 OVERRUN 标志，以及 A-D 中断标志	0

1. A-D 控制寄存器（AD0CR – 0x4001 C000）

A-D 控制寄存器中的位可用于选择要转换的 A-D 通道、A-D 转换时间、A-D 模式和 A-D 启动触发，其位描述见表 4-89。

表 4-89　A-D 控制寄存器（AD0CR – 0x4001 C000）位描述

位	符号	值	描述	复位值
7:0	SEL		从 AD[7:0]中选择采样和转换的输入脚。对于 ADC，bit0 选择引脚 AD0，bit1 选择引脚 AD1，…，bit7 选择引脚 AD7 软件控制模式下（BURST=0），只能选择一个通道，也就是说，这些位中只有一个位可置为 1 硬件扫描模式下（BURST=1），可选用任意数目的通道，也就是说，可以把任意的位或者全部的位都置为 1。但若全部位都为 0，那么将自动选用通道 0（SEL=0x01）	0x01
15:8	CLKDIV		将 APB 时钟（PCLK）进行（CLKDIV 值+1）分频得到 A-D 转换时钟，该时钟必须小于或等于 4.5MHz。通常软件将 CLKDIV 编程为最小值来得到 4.5MHz 或稍低于 4.5MHz 的时钟，但某些情况下（如高阻抗模拟信号源）可能需要更低的时钟	0

（续）

位	符号	值	描述	复位值
16	BURST	0	软件控制模式：转换由软件控制，需要 11 个时钟才能完成	0
		1	硬件扫描模式：A-D 转换器以 CLKS 字段选择的速率重复执行转换，并扫描所有 SEL 字段中被置为 1 的位所对应的引脚（如有必要）。启动后首先转换的是 SEL 字段中被置为 1 的最低位所对应的通道，然后，若较高位中还存在被置为 1 的位，那么由低到高进行扫描。清零该位可终止这个轮流重复转换的过程，但是该位清零时并不能终止正在进行的转换 注：当 **BURST=1** 时 **START** 位必须为 **000**，否则转换无法启动	
19:17	CLKS		该字段选择 Burst 模式下每次转换占用时钟数以及 AD0DR*n* 的 V/VREF 位中转换结果的有效位数，设定的范围在 11 个时钟（10 位）和 4 个时钟（3 位）之间	000
		000	11 个时钟/10 位	
		001	10 个时钟/9 位	
		010	9 个时钟/8 位	
		011	8 个时钟/7 位	
		100	7 个时钟/6 位	
		101	6 个时钟/5 位	
		110	5 个时钟/4 位	
		111	4 个时钟/3 位	
23:20	—		保留。用户软件不应向保留位写 1，从保留位读出的值未定义	NA
26:24	START		当 BURST 位为 0 时，这些位控制 A-D 转换器是否启动及何时启动	0
		000	不启动（PDN 清零时使用该值）	
		001	立即启动转换	
		010	当位 27 选择的边沿出现在 PIO0_2/SSEL/CT16B0_CAP0 时启动转换	
		011	当位 27 选择的边沿出现在 PIO1_5/DIR/CT32B0_CAP0 时启动转换	
		100	当位 27 选择的边沿出现在 CT32B0_MAT0[1]时启动转换	
		101	当位 27 选择的边沿出现在 CT32B0_MAT1[1]时启动转换	
		110	当位 27 选择的边沿出现在 CT16B0_MAT0[1]时启动转换	
		111	当位 27 选择的边沿出现在 CT16B0_MAT1[1]时启动转换	
27	EDGE		该位只有在 START 字段为 010～111 时有效	0
		1	在所选 CAP/MAT 信号的下降沿启动转换	
		0	在所选 CAP/MAT 信号的上升沿启动转换	
31:28	—	—	保留。用户软件不应向保留位写 1，从保留位读出的值未定义	NA

[1]这并不需要设置定时器匹配功能在器件引脚上出现。

2. A-D 全局数据寄存器（AD0GDR – 0x4001 C004）

A-D 全局数据寄存器包含最近一次 A-D 转换的结果，其中包含数据、DONE 和 OVERRUN 标志以及与数据相关的 A-D 通道的数目。其位描述见表 4-90。

表 4-90 A-D 全局数据寄存器（AD0GDR – 0x4001 C004）位描述

位	符号	描述	复位值
5:0	未使用	这些位读出时为 0，用于兼容未来的扩展和分辨率更高的 A-D 转换器	0
15:6	V/VREF	当 DONE 为 1 时，该字段包含的是一个二进制小数，表示的是 SEL 字段所选定的 AD*n* 引脚的电压除以 VDDA 引脚上的电压。该字段为 0 表示 AD*n* 脚的电压小于、等于或接近于 VSSA，而该字段为 0x3FF 表明 AD*n* 脚的电压接近于、等于或大于 VREF	X

（续）

位	符号	描述	复位值
23:16	未使用	这些位读出时为 0。这些位的存在允许累计至少 256 个连续的 A-D 值而无需使用 AND 屏蔽操作来防止其结果溢出到 CHN 字段	0
26:24	CHN	这些位包含 LS 位转换通道	X
29:27	未使用	这些位读出为 0，可用于未来 CHN 字段的扩展，使之兼容可以转换更多通道的 A-D 转换器	0
30	OVERRUN	Burst 模式下，如果在产生 LS 位结果的转换之前一个或多个转换结果丢失或被覆盖，则该位置 1。在非 FIFO 操作中，该位通过读该寄存器清零	0
31	DONE	A-D 转换结束时该位置 1。该位在读取该寄存器和写 ADCR 时清零。如果在转换过程中写 ADCR，则该位置位并启动新的转换	0

3. A-D 状态寄存器（AD0STAT –0x4001 C030）

A-D 状态寄存器允许同时检查所有 A-D 通道的状态，其位描述见表 4-91。每个 A-D 通道的 AD0DRn 寄存器中的 DONE 和 OVERRUN 标志都反映在 AD0STAT 中。在 AD0STAT 中还可以找到中断标志（所有 DONE 标志逻辑或的结果）。

表 4-91　A-D 状态寄存器（AD0STAT –0x4001 C030）位描述

位	符号	描述	复位值
7:0	DONE[7:0]	这些位反映了每个 A-D 通道的结果寄存器中的 DONE 状态标志	0
15:8	OVERRUN[7:0]	这些位反映各 A-D 通道的结果寄存器中的 OVERRUN 状态标志。读 AD0STAT 允许同时检查所有 A-D 通道的状态	0
16	ADINT	该位为 A-D 中断标志。当任何一条 A-D 通道的 DONE 标志置 1 且使能 A-D 产生中断（通过 AD0INTEN 寄存器设置）时，该位置 1	0
31:17	未使用	未使用，始终为 0	0

4. A-D 中断使能寄存器（AD0INTEN – 0x4001 C00C）

A-D 中断使能寄存器用来控制转换完成时哪个 A-D 通道产生中断。例如，可能需要对一些 A-D 通道进行连续转换来监控传感器。应用程序可根据需要读出最近一次转换的结果。这种情况下，这些 A-D 通道的各转换结束时都不需要产生中断。A-D 中断使能寄存器的位描述见表 4-92。

表 4-92　A-D 中断使能寄存器（AD0INTEN – 0x4001 C00C）位描述

位	符号	描述	复位值
7:0	AD0INTEN[7:0]	这些位用来控制哪个 A-D 通道在转换结束时产生中断。当位 0 为 1 时，A-D 通道 0 转换结束将产生中断；当位 1 为 1 时，A-D 通道 1 转换结束将产生中断，依次类推	0x00
8	ADGINTEN	为 1 时，使能 AD0DRn 中的全局 DONE 标志产生中断。为 0 时，只有个别由 AD0INTEN[7:0]使能的 A-D 通道产生中断	1
31:9	未使用	未使用，始终为 0	0

5. A-D 数据寄存器（AD0DR0～AD0DR7 –0x4001 C010～0x4001 C02C）

A-D 转换完成时，A-D 数据寄存器保存转换结果，还包含指示转换结束及转换溢出发生的标志。A-D 数据寄存器的位描述见表 4-93。

表 4-93　A-D 数据寄存器（AD0DR0～AD0DR7 –0x4001 C010～0x4001 C02C）位描述

位	符号	描述	复位值
5:0	未使用	未使用，始终为 0。这些位读出为 0，用于兼容未来扩展和分辨率更高的 ADC	0
15:6	V/VREF	当 DONE 为 1 时，该字段为 ADC 转换结果（二进制表示），表示 ADn 引脚电压通过对 VREF 脚上的电压分压得到。该字段为 0 表明 ADn 脚上的电压小于、等于或接近于 VREF，而该字段为 0x3FF 表明 AD 输入上的电压接近于、等于或大于 VREF 上的电压	NA
29:16	未使用	这些位读出时总为 0。这些位可不使用 AND 屏蔽而累积连续的 A-D 值，至少可将 256 个值装入 CHN 字段，而不产生溢出	0
30	OVERRUN	Burst 模式下，如果在产生 V/VREF 位结果的转换前一个或多个转换结果丢失或被覆盖，则该位置 1。通过读该寄存器清零该位	0
31	DONE	A-D 转换完成时该位置 1。该位在读寄存器时清零	0

4.5.4　基本操作

一旦 ADC 转换开始，就不能被中断。若前一个转换未结束，软件新写入就不能发起新的转换，新的边沿触发事件也会被忽略。

1．硬件触发转换

如果 AD0CR 中的 BURST 位为 0 且 START 字段的值包含在 010～111 之间，则当所选引脚或定时器匹配的信号发生跳变时，A-D 转换器将启动一次转换。

2．时钟产生

用于产生 A-D 转换时钟的分频器在 A-D 转换器空闲时保持复位状态（不产生采样时钟信号），这样就可以节省功率。只有在启动 A-D 转换器时，才会启动采样时钟。例如，向 AD0CR 的 START 字段写入 001，将立即启动采样时钟。该特性可以节省功率，尤其适用于 A-D 转换不频繁的场合。

3．中断

当 AD0STAT 寄存器中的 ADINT 位为 1 时，会向中断控制器发出一个中断请求。一旦已使能中断（通过 ADINTEN 寄存器）的 A-D 通道的任一个 DONE 标志位变为 1，ADINT 位就置 1。软件可通过中断控制器中对应 ADC 的中断使能位来控制是否因此而产生中断。要清零相应的 DONE 标志，必须读取产生中断的 A-D 通道的结果寄存器。

通过设置 NVIC 中的 A-D 中断使能位和 AD0INTEN 寄存器，可以控制 A-D 中断是否使能。A-D 中断被使能之后，一旦 A-D 通道中的任意一个 DONE 标志位为 1，ADINT 就置位，中断请求就会被提交到 NVIC。

注：DONE 标志只能通过读产生中断的 A-D 通道对应的 AD0DRn 或 AD0GDR 来清除。

4．精度和数字接收器

无论 IOCON 块中引脚的设置如何，A-D 转换器都能够测量任何 ADC 输入引脚的电压，尽管如此，但若在 IOCON 寄存器中将引脚选为 ADC 功能，会使引脚的数字接收器禁能，从而提高转换的精度。

当 A-D 转换器用来测量 AIN 脚的电压时，并不理会引脚在引脚选择寄存器中的设置，但是通过选择 ADC 功能（即禁能引脚的数字功能），可以提高转换精度。

如图 4-63 所示，以引脚 PIO0_11 为例，即使 PIO0_11 引脚设置为 GPIO 功能，但是，PIO0_11 引脚还是连接到模拟输入引脚 AD0 上的，在这种情况下 AD0 测得的电压精度不高。因此，如果需要更高精度的测量值就需要把 PIO0_11 设置为 AD0。

5. ADC 使用方法

使用 ADC 模块时，先要将测量通道引脚设置为 ADx 功能，然后通过 AD0CR 寄存器设置 ADC 的工作模式、ADC 转换通道、转换时钟 (CLKDIV 时钟分频值)并启动 ADC 转换。可以通过查询或中断的方式等待 ADC 转换完毕，转换数据保存在 AD0DRx 或者 AD0GDR 寄存器中。

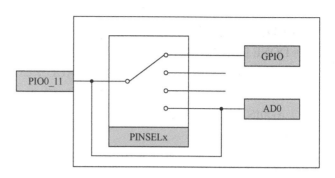

图 4-63　AD0 引脚设置

A-D 有独立的参考电压引脚 VREF。假定从 AD0DRx 或者 AD0GDR 寄存器中读取到的 10 位 A-D 转换结果为 VALUE，则对应的实际电压为

$$U = \frac{VALUE}{1024} \times VREF$$

4.5.5　ADC 中断设置

LPC1100 系列 Cortex-M0 的 ADC 接口具有中断功能，当 A-D 通道中的任意一个 DONE 标志位为 1 时，就会触发中断。ADC 接口中断与嵌套向量中断控制器（NVIC）的关系如图 4-64 所示。

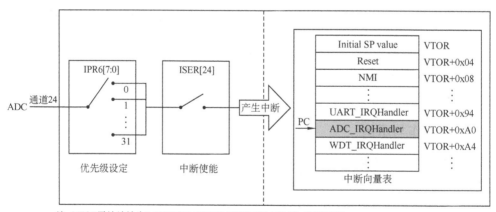

注：VTOR默认地址为0x00000000, ISER(0xE000E100), IPR6(0xE000E418)。

图 4-64　ADC 接口中断与 NVIC 的关系

ADC 中断占用 NVIC 的通道 24，中断使能寄存器 ISER 用来控制 NIVC 通道的中断使能。当 ISER[24]=1 时，通道 24 中断使能，即 ADC 中断使能。

中断优先级寄存器 IPR 用来设定 NIVC 通道中断的优先级。IPR6[7:0]用来设定通道 24 的优先级，即 ADC 中断的优先级。

当 ADC 接口的优先级设定且中断使能后，若有任何一个通道转换完成，则会触发中断。当处理器响应中断后将自动定位到中断向量表，并根据中断号从向量表中找出 ADC 中断处理的入口地址，然后 PC 指针跳转到该地址处执行中断服务函数。因此，用户需要在中断发生前将 ADC 的中断服务函数地址（ADC_IRQHandler）保存到向量表中。

ADC 含有一个中断使能寄存器（AD0INTEN）。无论是通过软件还是硬件启动 ADC, ADC 转换结束以后，都会置位 DONE 位。当中断被使能（通过 AD0INTEN 设置）的 A-D 通道中的任何 DONE 位为 "1" 时，中断标志 ADINT 置位。此时，ADC 会向 NVIC 发送中断有效信号。

图 4-65 所示为 ADC 接口的中断示意图，ADC 中断使能由 AD0INTEN[7:0] 和 AD0INTEN[8] 控制：

1）AD0INTEN[0] = 1，A-D 通道 0 转换结束时产生中断；

2）AD0INTEN[1] = 1，A-D 通道 1 转换结束时产生中断；

3）AD0INTEN[2] = 1，A-D 通道 2 转换结束时产生中断；

4）AD0INTEN[3] = 1，A-D 通道 3 转换结束时产生中断；

5）AD0INTEN[4] = 1，A-D 通道 4 转换结束时产生中断；

6）AD0INTEN[5] = 1，A-D 通道 5 转换结束时产生中断；

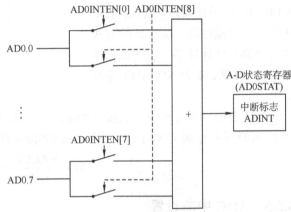

图 4-65　ADC 中断示意图

7）AD0INTEN[6] = 1，A-D 通道 6 转换结束时产生中断；

8）AD0INTEN[7] = 1，A-D 通道 7 转换结束时产生中断；

9）AD0INTEN[8] = 1，使能全局 DONE 标志产生中断，即任何一个通道转换结束时，都会产生中断；

10）AD0INTEN[8] = 0，AD0INTEN[7:0] 使能的 A-D 通道才产生中断。

通过读已经产生中断的 A-D 通道的结果寄存器 AD0DRn 或 AD0GDR 来清零 DONE 和 ADINT 标志。

4.5.6　ADC 操作与示例

1. 软件触发 ADC 转换

LPC1100 系列 Cortex-M0 内部 A-D 最简单的使用方法是软件启动方式，当需要采样时才通过软件启动 A-D 采样或者通过定时器定时的方式启动 A-D。

用户可以通过使能 A-D 转换结束中断或者查询中断标志位的方式来得知 A-D 结束转换，从而读取转换结果。

（1）A-D 转换器的初始化

ADC 的初始化首先应该配置 ADC 引脚，以 AD0 为例，为了提高 ADC 的精度，将 PIO0_11 配置为 AD0。采样的模式采用软件控制，在配置 ADC 寄存器之前，要使能 ADC 的时钟。

ADC 初始化程序如下：

```
void ADC_init (void) {
    /* configure PIN GPIO0.11 for AD0 */
    LPC_SYSCON->SYSAHBCLKCTRL |= ((1UL <<  6) |      /* enable clock for GPIO    */
                                 (1UL << 16) );      /* enable clock for IOCON   */
    LPC_IOCON->R_PIO0_11 &=~0x8F; /*   ADC I/O config */
```

```
LPC_IOCON->R_PIO0_11 |= 0x02;   /*set P0.11 as ADC IN0 */
/* configure ADC */
LPC_SYSCON->PDRUNCFG        &=~(1UL << 4);        /* Enable power to ADC block */
LPC_SYSCON->SYSAHBCLKCTRL |=  (1UL << 13);       /* Enable clock to ADC block */
LPC_ADC->CR           = ( 1UL <<  0) |           /* select AD0 pin            */
                        (23UL << 8) |            /* ADC clock is 24MHz/24     */
                        ( 1UL << 24);            /* enable ADC                */
LPC_ADC->INTEN        = ( 1UL << 8);             /* global enable interrupt   */
NVIC_EnableIRQ(ADC_IRQn);                        /* enable ADC Interrupt      */
}
```

转换时间是用户比较关心的参数，如果要保证 10bit 的转换精度，则转换的时间就需要 11 个 A-D 转换时钟（Clock），并且一个 Clock 最快不能大于 4.5MHz，这样要完成一次 10bit 的 A-D 转换只要需要 11/4.5MHz，即 2.44μs。当然如果用户不需要那么高的精度，则可以通过减少转换的 Clock 的个数来达到提高转换速度的目的。

（2）等待转换结束和数据处理

使用查询方式时，一般查询 AD0DRn 的 DONE 标志位来判断转换是否结束，而不采用查询状态寄存器 AD0STAT 的低 8bit 来判断。

LPC1100 系列 Cortex-M0 内部 ADC 转换精度是 10bit，因此当通道 0 的结果寄存器 AD0DR0 中保存的转换值为 $VALUE_{AD0DR0}$ 时，则转换结果 $VALUE_{ADC}$ 的计算方法如下：

$$VALUE_{ADC} = \frac{VREF}{2^{10}} \times VALUE_{AD0DR0} = \frac{3300}{1024} \times VALUE_{AD0DR0}(mV)$$

如果使用 3.3V 作为基准参考电压源，则 LPC1100 系列 Cortex-M0 的 A-D 转换器最小分辨率 LSB 的计算方法如下：

$$LSB = \frac{VREF}{1024} = \frac{3300}{1024} mV = 3.22mV$$

即在一次转换中，A-D 转换器能够区分的最小电压为 3.22mV。

关于 A-D 电压计算的问题，编程时要注意使用整数运算，即"先乘后除"，而不采用"先除后乘"。如果采用先除 1024，则得到的结果会把小数部分去掉，其结果必然和实际的数值有很大的偏差。

软件查询方式等待转换结束和计算结果的代码如下：

```
while((LPC_ADC->DR[0] & 0x80000000) == 0);      /* 读取 AD0DR0 的 Done 标志   */
ADC0Value = LPC_ADC->DR[0];                     /* 读取结果寄存器            */
ADC0Value = (ADC0Value >> 6) & 0x3FF;
```

利用中断方式读取 A-D 转换结果的代码如下：

```
void ADC_IRQHandler (void)
{
  uint32_t regVal;
  regVal = LPC_ADC->STAT;        /* Read ADC will clear the interrupt */
  if ( (regVal&0xFF) & (0x1 << i) )
  {
    ADC0Value= ( LPC_ADC->DR[0] >> 6 ) & 0x3FF;
  }
  ADCIntDone = 1;
  return;
}
```

2. PIO0_2 触发 ADC 转换

LPC1100 系列 Cortex-M0 可以设置外部引脚 PIO0_2 或 PIO1_5 的边沿信号来触发 A-D 转换。当一次 A-D 转换结束后，A-D 中断服务函数将通道 0 的结果寄存器 AD0DR0 的值读到全局变量 ADC0Value 中，并将标志（定义的一个全局变量 ADCFlag）置 1。CPU 退出 A-D 中断服务函数后，main( ) 函数通过检查标志 ADCFlag 变量，即可得知 ADC 转换结束，进而进行数据处理和发送数据给上位机。

（1）A-D 转换器的初始化

A-D 控制寄存器（AD0CR）中的 24～26 位控制着 ADC 的启动方式，若要使用 PIO0_2 脚上的边沿信号触发 ADC 转换，则这 3 个位设为 010，并且在第 27 位中设置触发信号的极性。初始化之前按照程序将 PIO0_2 配置为 GPIO。PIO0_2 触发 ADC 转换初始化子程序如下：

```
void ADC_init (void) {
    /* configure PIN GPIO0.11 for AD0 */
    LPC_SYSCON->SYSAHBCLKCTRL |= ((1UL << 6) |        /* enable clock for GPIO      */
                                  (1UL << 16) );       /* enable clock for IOCON     */
    LPC_IOCON->PIO0_2 = 0x90;                          /* set P0.2 as GPIO default   */
    LPC_GPIO0->DIR   &= ~(1UL << 2);                   /* set P0.2 as input          */

    LPC_IOCON->R_PIO0_11 &=~0x8F;                      /* ADC I/O config             */
    LPC_IOCON->R_PIO0_11 |= 0x02;                      /* set P0.11 as ADC IN0       */
    /* configure ADC */
    LPC_SYSCON->PDRUNCFG        &=~(1UL << 4);         /* Enable power to ADC block  */
    LPC_SYSCON->SYSAHBCLKCTRL |=  (1UL << 13);         /* Enable clock to ADC block  */
    LPC_ADC->CR      = ( 1UL <<  0) |                  /* select AD0 pin             */
                       (23UL << 8) |                   /* ADC clock is 24MHz/24      */
                       ( 0 << 16) |    /* BURST=0, 使用软件控制模式                  */
                       ( 0 << 17) |    /* 使用 11 clocks 转换                        */
                       ( 2 << 24) |    /* 当 P0.2 出现 bit27 所选的边沿时启动         */
                       ( 1 << 27);     /* 在所选 CAP/MAT 信号的下降沿启动转换         */
    LPC_ADC->INTEN   = ( 1UL << 0);                    /* AD0 enable interrupt       */
    NVIC_EnableIRQ(ADC_IRQn);                          /* enable ADC Interrupt       */
}
```

（2）ADC 主函数

ADC 转换主函数如下：

```
int main (void)
{
    UART_Init();                        /*   UART 模块初始化为 sprintf()输出端口   */
    ADC_init();                         /*   ADC 模块初始化   */
    while (1)
    {
        if(ADCIntDone == 1)
        {
            ADCIntDone = 0;                  /*   Clear the ADC0 IntDone Flag    */
            printf("VIN0 = %4d ",ADC0Value); /*   将转换结果发送到 Keil 控制台显示   */
        }
    }
    return 0;
}
```

ADC 还可以工作在硬件扫描模式，以 CLKS 字段选择的速率重复执行转换，并由低到高扫描所有 SEL 字段中被置为 1 的位所对应的引脚。清零 BURST 位可终止这个轮流重复转换的过程，但是该位清零时并不能终止正在进行的转换。当 BURST=1 时 START 位必须为 000，否则转换无法启动，具体设置如下：

```
void ADCBurstRead( void )
{
    if( LPC_ADC->CR & (0x7<<24) )
    {
        LPC_ADC->CR &=~(0x7<<24);
    }
    /* Read all channels, 0 through 7. Be careful that if the ADCx pins is shared with SWDCLK or SWDIO. */
    LPC_ADC->CR |= (0xFF);
    LPC_ADC->CR |= (0x1<<16);           /* Set burst mode and start A/D convert */
    return;                             /* the ADC reading is done inside the handler, return 0. */
}
```

4.6 看门狗定时器

4.6.1 看门狗定时器概述

看门狗定时器（Watchdog Timer，WDT）的用途是使微控制器在进入错误状态后的一定时间内复位。当看门狗使能时，如果用户程序没有在溢出周期内喂狗（给看门狗定时器重装定时值），看门狗会产生一个可选的溢出动作。

LPC1100 系列看门狗的特性如下：

1）如果没有周期性喂狗，则产生片内复位（若使能），或只产生中断。

2）具有调试模式。

3）可通过软件使能，但需要硬件复位或禁能看门狗复位/中断。

4）错误/不完整的喂狗时序会令看门狗产生复位/中断（如果使能）。

5）具有指示看门狗复位的标志。

6）带内置预分频器的可编程 32 位定时器。

7）可选择 TWDCLK×4 倍数的时间周期：从（TWDCLK×2^8×4）到（TWDCLK×2^{32}×4）中选择。

8）看门狗时钟（WDCLK）源可以选择内部 RC 振荡器（IRC）、主时钟或看门狗振荡器，这为看门狗在不同功率下提供了较宽的时序选择范围。为了提高可靠性，还可以使看门狗定时器在与外部晶振及其相关元件无关的内部时钟源下运行。

看门狗定时器包括一个 4 分频的预分频器和一个 32 位计数器。时钟通过预分频器输入到定时器。定时器递减计时。计数器递减的最小值为 0xFF。如果设置一个小于 0xFF 的值，系统会将 0xFF 装入计数器。因此，看门狗定时器的最小间隔为（TWDCLK×2^8×4），最大间隔为（TWDCLK×2^{32}×4），两者都是（TWDCLK×4）的倍数。

看门狗应按照下面方法来使用：

1）确定看门狗定时器所使用的时钟源（默认情况下使用内部 RC 振荡器）；

2）在 WDTC 寄存器中设置看门狗定时器固定的重装值；

3）在 WDMOD 寄存器中设置看门狗定时器的工作模式；

4）通过向 WDFEED 寄存器写入 0xAA 和 0x55 启动看门狗；

5）在看门狗计数器溢出前应再次喂狗，以免发生复位/中断。

当看门狗处于复位模式且计数器溢出时，CPU 将复位，并从向量表中加载堆栈指针和编程计数器（与外部复位情况相同），检查看门狗超时标志（WDTOF）以决定看门狗是否已引起复位条件，WDTOF 标志必须通过软件清零。

4.6.2　时钟和功率控制

看门狗定时器使用两个时钟：PCLK 和 WDCLK。PCLK 由系统时钟生成，供 APB 访问看门狗寄存器使用。WDCLK 由 wdt_clk 生成，供看门狗定时器计数使用。有些时钟可用作 wdt_clk 的时钟源，它们分别是 IRC、看门狗振荡器以及主时钟。时钟源在系统终端模块（SYSCON Block）中选择。WDCLK 有自己的时钟分频器，该时钟分频器也可将 WDCLK 禁能。

这两个时钟域之间有同步逻辑。当 WDMOD 和 WDTC 寄存器通过 APB 操作更新时，新的值将在 WDCLK 时钟域逻辑的 3 个 WDCLK 周期后生效。当看门狗定时器在 WDCLK 频率下运行时，同步逻辑会先锁存 WDCLK 上计数器的值，然后使其与 PCLK 同步，再作为 WDTV 寄存器的值，供 CPU 读取。

如果没有使用看门狗振荡器，则可在 PDRUNCFG 寄存器中将其关闭。为了节能，可在 AHBCLKCRTL 寄存器将输入到看门狗寄存器模块的时钟（PCLK）禁能。

4.6.3　看门狗定时器结构

LPC1100 系列看门狗定时器的结构如图 4-66 所示，图中不显示同步逻辑（PCLK/ WDCLK）。

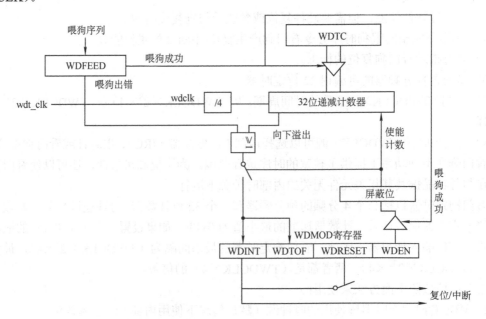

图 4-66　看门狗结构图

当看门狗定时器溢出时，看门狗可以向内核发出中断信号和复位信号。

4.6.4　看门狗定时器的配置

看门狗定时器 WDT 包含 4 个寄存器，见表 4-94；看门狗定时器的时钟源由另外 4 个时钟控制寄存器进行配置，见表 4-95。

表4-94　看门狗寄存器映射（基址：0x4000 4000）

名称	访问	地址	描述	复位值
WDMOD	R/W	0x4000 4000	看门狗模式寄存器。该寄存器包含看门狗定时器的基本模式和状态	0
WDTC	R/W	0x4000 4004	看门狗定时器常数寄存器。该寄存器确定超时值	0xFF
WDFEED	WO	0x4000 4008	看门狗喂狗序列寄存器。向该寄存器顺序写入 0xAA 和 0x55 使看门狗定时器重新装入 WDTC 的值	—
WDTV	RO	0x4000 400C	看门狗定时器值寄存器。该寄存器读出看门狗定时器的当前值	0xFF

表4-95　看门狗时钟控制寄存器

名称	访问	地址	描述	复位值
WDTCLKSEL	R/W	0x4004 80D0	WDT 时钟源选择寄存器	0x0000 0002
WDTCLKUEN	R/W	0x4004 80D4	WDT 时钟源更新使能寄存器	0x0000 0008
WDTCLKDIV	R/W	0x4004 80D8	WDT 时钟分频器	0x0000 0000
WDTOSCCTRL	R/W	0x4004 8024	看门狗振荡器控制寄存器	0x0000 0000

1. 看门狗模式寄存器（WDMOD – 0x4000 4000）

WDMOD 寄存器通过 WDEN 和 RESET 位的组合来控制看门狗的操作，其位描述见表 4-96。注意在任何 WDMOD 寄存器改变生效前，必须先喂狗。

表4-96　看门狗模式寄存器（WDMOD – 0x4000 4000）位描述

位	符号	描述	复位值
0	WDEN	看门狗使能位（只能置位）。为 1 时，看门狗运行	0
1	WDRESET	看门狗复位使能位（只能置位）。为 1 时，看门狗超时会引起芯片复位	0
2	WDTOF	看门狗超时标志。只在看门狗定时器超时时置位，由软件清零	0（只在外部复位后为 0）
3	WDINT	看门狗中断标志（只读，不能被软件清零）	0
7:4	—	保留。用户软件不应向保留位写 1，从保留位读出的值未定义	—
31:8	—	保留	—

注：将 WDEN 设置为 1 只是使能 WDT 中断，但没有启动 WDT，当第一次喂狗操作时才启动 WDT。

操作示例：

WDMOD = 0x03; /* 设置看门狗溢出时，产生复位和中断 */

一旦 WDEN 和/或 WDRESET 位置位，就无法使用软件将其清零。这两个标志通过外部复位或看门狗定时器溢出清零。

WDTOF：若看门狗定时器溢出，看门狗超时标志置位。该标志通过软件清零。

WDINT：当看门狗超时时，看门狗中断标志置位。该标志仅能通过复位来清零。只要看门狗中断被响应，它就可以在 NVIC 中禁止或不停地产生看门狗中断请求。看门狗中断的用途就是在不进行芯片复位的前提下允许在看门狗溢出时对其活动进行调整。

在看门狗运行时可随时产生看门狗复位或中断，看门狗复位或中断还具有工作时钟源。每个时钟源都可以在睡眠模式下运行，IRC 可以在深度睡眠模式中工作。如果在睡眠或深度睡眠模式中出现看门狗中断，那么看门狗中断会唤醒器件。看门狗工作模式选择见表 4-97。

表 4-97　看门狗工作模式选择

WDEN	WDRESET	工作模式
0	×（0 或 1）	调试/操作模式（看门狗关闭）
1	0	看门狗中断模式：调试看门狗中断，但不使能 WDRESET。当选择这种模式时，看门狗计数器向下溢出会置位 WDINT 标志，并产生看门狗中断请求
1	1	看门狗复位模式：看门狗中断和 WDRESET 都使能时的操作。当选择这种模式时，看门狗计数器向下溢出会使微控制器复位。尽管在这种情况下看门狗中断也使能（WDEN=1），但由于看门狗复位会清零 WDINT 标志，所以无法判断出看门狗中断

2. 看门狗定时器常数寄存器（WDTC – 0x4000 4004）

WDTC 寄存器决定看门狗定时器的超时值，其位描述见表 4-98。每当喂狗时序产生时，WDTC 的内容就会被重新装入看门狗定时器。它是一个 32 位寄存器，低 8 位在复位时置 1。写入一个小于 0xFF 的值会使 0x0000 00FF 装入 WDTC，因此超时的最小时间间隔为 TWDCLK×256×4。

表 4-98　看门狗定时器常数寄存器（WDTC – 0x4000 4004）位描述

位	符号	描述	复位值
31:0	计数值	计数器定时器值	0x0000 00FF

3. 看门狗喂狗寄存器（WDFEED – 0x4000 4008）

向 WDFEED 寄存器写 0xAA，然后写入 0x55 会使 WDTC 的值重新装入看门狗定时器。如果看门狗已通过 WDMOD 寄存器使能，那么该操作也会启动看门狗。设置 WDMOD 寄存器中的 WDEN 位不足以使能看门狗。设置 WDEN 位后，还必须完成一次有效的喂狗时序，看门狗才能产生复位。在看门狗真正启动前，看门狗将忽略错误的喂狗。看门狗启动后，如果向 WDFEED 写入 0xAA 之后的下一个操作不是向 WDFEED 写入 0x55，而是访问任一看门狗寄存器，那么会立即造成复位/中断。在喂狗时序中，在一次对看门狗寄存器的不正确访问后的第二个 PCLK 周期将产生复位。

在喂狗时序期间中断应禁能。如果在喂狗时序期间发生中断，则会产生一个中止条件。WDFEED 寄存器的位描述见表 4-99。

表 4-99　看门狗喂狗寄存器（WDFEED – 0x4000 4008）位描述

位	符号	描述	复位值
7:0	喂狗	喂狗值应为 0xAA，然后是 0x55	—
31:8	—	保留	—

操作示例：

```
/* 关中断 */
WDFEED = 0xAA; /* 喂狗*/
```

```
WDFEED = 0x55;
/* 开中断 */
```

注：强烈建议在喂狗时关闭中断，否则很可能会出现意外复位的情况。

4. 看门狗定时器值寄存器（WDTV – 0x4000 400C）

WDTV 寄存器用于读取看门狗定时器的当前值，其位描述见表 4-100。

当读取 32 位定时器的值时，锁定和同步过程需要占用 6 个 WDCLK 周期和 6 个 PCLK 周期，因此，WDTV 的值比 CPU 正在读取的定时器的值要"旧"。

表 4-100 看门狗定时器值寄存器（WDTV – 0x4000 400C）位描述

位	符号	描述	复位值
31:0	计数值	计数器/定时器值	0x0000 00FF

4.6.5 看门狗定时器中断

从前面的描述可以看出，只要启动 WDT，那么 WDT 就不能停止，而且 WDT 溢出后便会触发中断。WDT 中断与嵌套向量中断控制器（NVIC）的关系如图 4-67 所示。

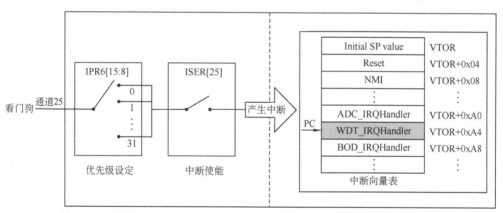

注：VTOR默认地址为0x00000000, ISER(0xE000E100), IPR6(0xE000E418)。

图 4-67 看门狗中断与 NVIC 的关系

看门狗中断占用 NVIC 的通道 25，中断使能寄存器 ISER 用来控制 NVIC 通道的中断使能。当 ISER[25]=1 时，通道 25 中断使能，即看门狗中断使能。

中断优先级寄存器 IPR 用来设定 NVIC 通道中断的优先级。IPR6[15:8]用来设定通道 25 的优先级，即看门狗中断的优先级。

此外，还需要说明一点：WDT 的中断标志位无法通过软件清零，只能通过硬件复位清零。因此，当发生 WDT 中断时，只能通过禁止 WDT 中断的方式返回。

4.6.6 看门狗定时器应用示例

1. 溢出后复位

看门狗的基本操作，都已经在寄存器的操作示例中描述过，下面给出一个操作看门狗的基本例程。

LPC1100 系列 Cortex-M0 的看门狗定时器为递减计数。看门狗溢出时间计算如下：

$$溢出时间 = (N + 1) \times TWDCLK \times 4$$

其中，N 为 WDTC 的设置值，TWDCLK 由看门狗选择的时钟源确定。

看门狗基本操作方法如下：

1）选择看门狗定时器的时钟源——WDCLKSEL；

2）设置溢出时间 = $(N + 1) \times TWDCLK \times 4$；

3）计算看门狗定时器重装值——WDTC；

4）看门狗初始化——WDMOD；

5）周期性喂狗——WDFEED。

示例程序：系统复位后，首先控制蜂鸣器鸣叫一声，然后初始化看门狗。系统周期性喂狗，但如果按键 S2 按下，则停止喂狗，经过一段时间后，看门狗溢出系统复位，再次控制蜂鸣器鸣叫。电路示意图如图 4-68 所示。

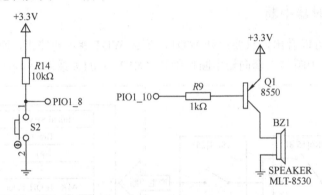

图 4-68　按键和蜂鸣器电路原理图

将 WDT 初始化为溢出后复位，具体的代码如下：

```
void WDTInit(void){
    LPC_SYSCON->SYSAHBCLKCTRL |= (1<<15);
    LPC_SYSCON->WDTOSCCTRL = 0x03F; /*~8kHz */
    LPC_SYSCON->PDRUNCFG &=~(0x1<<6);
    LPC_SYSCON->WDTCLKSEL = 0x02;              /* Select watchdog osc */
    LPC_SYSCON->WDTCLKUEN = 0x01;              /* Update clock */
    LPC_SYSCON->WDTCLKUEN = 0x00;              /* Toggle update register once */
    LPC_SYSCON->WDTCLKUEN = 0x01;
    while ( !(LPC_SYSCON->WDTCLKUEN & 0x01) );          /* Wait until updated */
    LPC_SYSCON->WDTCLKDIV = 0x01;              /* Divided by 1 */
    LPC_WDT->TC = 0xFFFF;
    LPC_WDT->MOD =    (0x03 << 0);             /* once WDEN is set, the WDT will start after feeding */
    LPC_WDT->FEED = 0xAA;                      /* Feeding sequence */
    LPC_WDT->FEED = 0x55;
}
```

初始化好 WDT 之后就可以操作喂狗功能，当 S2 按下时停止喂狗，这时 WDT 将产生溢出复位，此时蜂鸣器会鸣叫一声。喂狗函数如下：

```
void WDTFeed( void )
{
    LPC_WDT->FEED = 0xAA;                      /* Feeding sequence */
    LPC_WDT->FEED = 0x55;
```

```
            return;
        }
```

在 WDT 主函数中初始化按键 S2、蜂鸣器和看门狗，上电复位后蜂鸣器响一声，进入到 while 循环，在循环中调用喂狗程序，看门狗不会溢出，蜂鸣器不再鸣叫；当按下 S2 时，停止喂狗，WDT 产生超时复位，蜂鸣器会再次鸣叫。主程序如下：

```
int main(void)
{
    short S2=0;
    LEDinit();                              /* LED 初始化为 PIO1_9 引脚*/
    KeyInit();                              /* 按键 PIO1_8 初始化 */
    BuzzerInit();                           /* 蜂鸣器 PIO1_10 初始化 */
    BEEPON();                               /* 蜂鸣器鸣叫 */
    Delay(100);                             /* 延时 100ms */
    BEEPOFF();                              /* 蜂鸣器关闭 */
    WDTInit();                              /* 看门狗初始化 */
    while (1) {
        S2=ReadKey();
        while (S2 != 0x00)                  /* 当 S2 按下时，停止喂狗 */
        {
            NVIC_DisableIRQ(WDT_IRQn);      /* 关中断 */
            WDTFeed();                      /* 喂狗 */
            NVIC_EnableIRQ(WDT_IRQn);       /* 开中断 */
        }
    }
}
```

其中 KeyInit( )、ReadKey( )、BuzzerInit( )、BEEPON( )、BEEPOFF( )、Delay( )等子程序请自行编写。

2．溢出后中断

如果想让 WDT 溢出后产生中断，只需要在上面的初始化程序中改变 WDMOD 的值，使能中断以及添加 IRQ 设置即可。其代码如下：

```
LPC_WDT->MOD = (0x01 << 0);                 /* 使能 WDT 溢出后中断 */
NVIC_EnableIRQ(WDT_IRQn);
```

在中断服务函数中需要清除中断标志，WDT 的中断服务函数示例如下：

```
void WDT_IRQHandler(void)
{
    LPC_WDT->MOD &=~(0x1<<2);               /* clear theWDTOF flag */
    LPC_WDT->MOD &=~(0x1<<3);               /* clear the WDINT flag */
    LED_ON();
    Delay(100);
    LED_OFF();
    Delay(100);
}
```

中断服务子程序中调用 LED_ON( )、LED_OFF( )两个子程序，控制 PIO1_9 引脚上的 LED 灯亮灭。此时全速运行程序，当按下 S2 时停止喂狗，WDT 产生溢出中断，此时 LED 会闪烁一次，但不产生复位，蜂鸣器也不会鸣叫。

注意：只要启动 WDT 就不能停止，应该在主程序、循环程序和中断程序中设置喂狗程序，否则系统会不断的自动复位。

4.7　电源管理单元

LPC1100 系列处理器除了支持 Cortex-M0 处理器内核的睡眠模式、深度睡眠模式外，还支持深度掉电模式。通过执行 WFI 或 WFE 指令可进入任何低功耗模式，CMSIS 中有相应的内在函数支持电源管理指令 WFI 和 WFE。

4.7.1　功率控制

如果器件进入睡眠模式，ARM 内核时钟停止，外设仍继续运行；如果进入深度睡眠模式，用户可以配置需要上电或掉电的 Flash 区域和振荡器；深度掉电模式则关断整个芯片电源（RESET 引脚、WAKEUP 引脚、PCON 和通用寄存器除外）。此外，为降低功耗，进入低功耗模式后调试功能也会被禁止。睡眠模式和深度睡眠模式通过 Cortex-M0 系统控制寄存器 SCR（其位描述见表 4-101）中的 SLEEPDEEP 位来选择。深度掉电模式通过功率控制寄存器 PCON 中的 DPDEN 位来选择。

表 4-101　系统控制寄存器（SCR，地址 0xE000 ED10）的位描述

位	符号	值	描述	复位值
0	—	—	保留。不能向该位写 1	0
1	SLEEPONEXIT		从处理模式到线程模式是否进入/退出睡眠模式。此位置 1 使能中断避免应用程序返回空的 main 函数	0
		0	在线程模式中不睡眠	
		1	当从 ISR 返回到线程模式后进入睡眠模式或深度睡眠模式	
2	SLEEPDEEP		在低功耗模式下选择处理器使用睡眠模式还是深度睡眠模式	0
		0	睡眠	
		1	深度睡眠	
3	—	—	保留	0
4	SEVONPEND		发送中断信号。当有中断进入等待中断模式时，中断信号可将 CPU 从 WFE 中唤醒。如果 CPU 没有等待中断，但是中断信号已经有效，将会在下一个 WFE 指令后生效。当然执行 SEV 指令也可将 CPU 唤醒	0
		0	只有使能的中断才可以将 CPU 唤醒，没有使能的中断将被忽略	
		1	所有的中断，包括使能和没有使能的中断都可以将 CPU 唤醒	
31:5	—	—	保留。不能向这些位写 1	0x00

处理器运行时用户可以对片内的外设进行单独控制，把不需要用到的外设关闭，避免不必要的动态功耗。为了方便进行功率控制，外设（UART、SSP0/1、SysTick 定时器、看门狗定时器）都有独立的时钟分频器。

CPU 的时钟频率也可以通过改变时钟源、重置 PLL 值和/或改变系统时钟分频值来调整。这样就使得处理器频率和处理器所消耗的功率达到平衡，满足应用的需求。

4.7.2　功率控制相关寄存器

LPC1100 系列 Cortex-M0 处理器内与功率控制相关的寄存器见表 4-102。

表 4-102　LPC1100 系列 Cortex-M0 处理器电源和时钟控制选项

寄存器	电源/时钟控制功能	应用的模式
电源控制		
PDRUNCFG	控制模拟模块（振荡器、PLL、ADC、Flash 和 BOD）的电源。在运行模式下可以通过该寄存器来改变电源的配置。注：为了确保在运行模式下处理器能正常运行，该寄存器的中的第 9 位和第 12 位必须为 0	运行模式
PDSLEEPCFG	选择在深度睡眠模式中需要停止的模拟模块。当器件进入深度睡眠模式时，该寄存器中的内容会自动加载到 PDRUNCFG 中。注：为了降低深度睡眠模式中处理器的功耗，该寄存器中的第 9 位和第 12 位必须为 0	深度睡眠模式
PDAWAKECFG	选择从深度睡眠模式唤醒后需要上电的模拟模块。当器件退出深度睡眠模式以后，该寄存器中的内容就会自动加载到 PDRUNCFG 中。注：为确保在运行模式下处理器能正常运行，该寄存器的中的第 9 位和第 12 位必须为 0	运行模式
时钟控制		
SYSAHBCLKCTRL	控制 ARM Cortex-M0 CPU、存储器以及 APB 外设的时钟	运行模式
SYSAHBCLKDIV	禁能或配置系统时钟	运行模式
SSP0CLKDIV	禁能或配置 SSP0 外设时钟	运行模式
UARTCLKDIV	禁能或配置 UART 外设时钟	运行模式
SSP1CLKDIV	禁能或配置 SSP1 外设时钟	运行模式
SYSTICKCLKDIV	禁能或配置 SYSTICK 时钟	运行模式
WDTCLKDIV	禁能或配置看门狗定时器时钟	运行模式
CLKOUTDIV	禁能或配置 CLKOUT 引脚上的时钟	运行模式
掉电模式的控制（PMU）		
PCON	控制处理器所进入的节能模式	睡眠/深度睡眠/掉电模式

4.7.3　电源管理单元及其相关寄存器

1. 总览

电源管理单元（PMU）可以控制深度掉电模式。在深度掉电模式期间，数据暂时由 PMU 中的 4 个通用寄存器来保存，寄存器总览见表 4-103。

表 4-103　PMU 单元寄存器总览（基址 0x4003 8000）

名称	访问	地址偏移	描述	复位值
PCON	R/W	0x0000	功率控制寄存器	0x00
GPREG0	R/W	0x0004	通用寄存器 0	0x00
GPREG1	R/W	0x0008	通用寄存器 1	0x00
GPREG2	R/W	0x000C	通用寄存器 2	0x00
GPREG3	R/W	0x0010	通用寄存器 3	0x00
GPREG4	R/W	0x0014	通用寄存器 4	0x00

2. 功率控制寄存器（PCON，地址 0x4003 8000）

功率控制寄存器决定使用 WFI 指令时器件进入的低功耗模式，其位描述见表 4-104。深度掉电模式通过功率控制寄存器 PCON 中的 DPDEN 位来选择。

表 4-104　功率控制寄存器（PCON，地址 0x4003 8000）的位描述

位	符号	值	描述	复位值
0	—	—	保留。不能向该位写 1	0
1	DPDEN		深度掉电模式的使能位	0
		1	通过使用 WFI 指令使器件进入深度掉电模式（ARM Cortex-M0 内核掉电）	
		0	通过使用 WFI 指令使器件进入睡眠模式（ARM Cortex-M0 内核的时钟停止）	
10:2	—	—	保留。不能向这些位写 1	0
11	DPDFLAG		深度掉电标志	0
		1	读：进入深度掉电模式 写：清除深度掉电标记	
		0	读：未进入深度掉电模式 写：没有作用	
31:12	—	—	保留。不能向这些位写 1	0x00

3. 通用寄存器 0~3（GPREG0~3，地址 0x4003 8004~0x4003 8010）

器件进入深度掉电模式时，若 VDD(3.3V)引脚仍有电源，则通用寄存器 0~3 可用于保存数据。只有在芯片的所有电源都关断的情况下，"冷"引导程序才能将通用寄存器 0~3 复位。通用寄存器 0~3 的位描述见表 4-105。

表 4-105　通用寄存器 0~3 的位描述（GPREG0~3，地址 0x4003 8004~0x4003 8010）

位	符号	值	描述	复位值
31:0	GPDATA		在器件处于深度掉电模式下保存数据	0x00

4. 通用寄存器 4（GPREG4，地址 0x4003 8014）

在 VDD(3.3V)引脚上仍有电源但器件已经进入到深度掉电模式时，通用寄存器 4 用于保存数据。只有在芯片的所有电源都关断的情况下，"冷"引导程序才能将通用寄存器 4 复位。通用寄存器 4 的位描述见表 4-106。

如果 VDD(3.3V)引脚上的电压值降到某规定值以下，WAKEUP 输入引脚上就不会有滞后，器件直接从深度掉电模式唤醒。

表 4-106　通用寄存器 4 的位描述（GPREG4，地址 0x4003 8014）

位	符号	值	描述	复位
9:0	—	—	保留。不能向这些位写 1	0x00
10	WAKEUPHYS		WAKEUP 引脚滞后的使能位	0
		1	WAKEUP 引脚滞后使能	
		0	WAKEUP 引脚滞后禁能	
31:11	GPDATA	—	在器件处于深度掉电模式下保存数据	0x00

4.7.4　节电工作模式的配置

1. 运行模式

在运行模式下，ARM Cortex-M0 内核、存储器和外设都使用分频后的系统时钟，系统时

钟由寄存器 SYSAHBCLKDIV 来决定。用户通过寄存器 SYSAHBCLKCTRL 选择需要运行的存储器和外设。

特定的外设（UART、SSP0/1、WDT 和 Systick 定时器）除了有系统时钟以外，还有单独的外设时钟和自己的时钟分频器，用户可以通过外设的时钟分频器来关闭外设。

模拟模块（PLL、振荡器、ADC、BOD 电路和 Flash 模块）的电源可以通过寄存器 PDRUNCFG 来单独控制。

为了确保在运行模式下处理器能正常运行，PDRUNCFG 寄存器的中的第 9 位和第 12 位必须为 0。

2．睡眠模式

在睡眠模式下，ARM Cortex-M0 内核的时钟停止，指令的执行被中止直至复位或中断出现。进入睡眠模式的步骤如下：

1）向 SCR 寄存器中的 SLEEPDEEP 位写 0；

2）通过使用等待中断（WFI）指令令处理器进入睡眠模式。

当出现任何使能的中断时，都会使 CPU 内核从睡眠模式中唤醒。

在睡眠模式下，SYSAHBCLKCTRL 开启的外设继续运行，并可能产生中断使处理器重新运行。睡眠模式不使用处理器自身的动态电源、存储器系统、相关控制器和内部总线。

在睡眠模式下，处理器的状态和寄存器、外设寄存器和内部 SRAM 的值都会保留，引脚的逻辑电平也会保留。

3．深度睡眠模式

在深度睡眠模式下，ARM Cortex-M0 内核的时钟关断，其他各种模拟模块可掉电。深度睡眠模式的进入由深度睡眠模块（这是 ARM Cortex-M0 内核的一部分）和深度睡眠有限状态机来控制。从深度睡眠模式唤醒的进程，由起始逻辑启动；在被唤醒后，模拟模块的电源状态就由 PDAWAKECFG 寄存器确定。

（1）进入深度睡眠模式

深度睡眠模块使 LPC1100 系列 Cortex-M0 进入深度睡眠模式直到内核应答睡眠保持的请求；在保持时间内，Cortex-M0 内核仍然可以退出掉电序列，而且 Cortex-M0 内核可以选择在睡眠模式时不保持这个请求，这样深度睡眠的请求也是无效的。

深度睡眠有限状态机确保在进入深度睡眠模式时忽略起始逻辑的唤醒信号。这样能保证在短时间内不进入深度睡眠模式，因为频繁进入深度睡眠模式将在掉电信号上产生干扰。

一旦检测到 LPC1100 系列 Cortex-M0 深度睡眠请求，系统控制模块对内核掉电，PDRUNCFG 寄存器将下载 PDSLEEPCFG 值，并且选择的模拟模块将在子序列时钟边沿掉电。在下一个 30ns 的延时之后，LPC1100 系列 Cortex-M0 处于深度睡眠模式，并且能够接收来自起始逻辑的起始信号进行唤醒。

注：如果 IRC 选择为掉电，则深度睡眠有限状态机将等待一个信号，声明在 30ns 的延时之前已经安全关断 IRC。

进入深度睡眠模式的步骤如下：

1）通过 PDSLEEPCFG 寄存器选择在深度睡眠模式下需要掉电的模拟模块（振荡器、PLL、ADC、Flash 和 BOD）；

2）通过 PDAWAKECFG 寄存器选择从深度睡眠模式唤醒后需要上电的模拟模块；

3）向 ARM Cortex-M0 SCR 寄存器中的 SLEEPDEEP 位写 1；

4）通过使用 ARM Cortex-M0 等待中断（WFI）指令进入深度睡眠模式。

为了保证在深度睡眠模式下处理器功耗最小，寄存器 PDRUNCFG、PDSLEEPCFG 和 PDAWAKECFG 中的第 9、11、12 位必须正确地配置，详见表 4-107。

表 4-107 深度睡眠模式下的低功耗设置

位	PDSLEEPCFG	PDAWAKECFG	PDRUNCFG
9	0	0	0
11	1	1	1
12	1	0	0

LPC1100 系列 Cortex-M0 可以不通过中断，而直接通过监控起始逻辑的输入从深度睡眠模式中唤醒。大部分的 GPIO 引脚都可以用作起始逻辑的输入引脚，起始逻辑不需要任何时钟便可以产生中断将 CPU 从深度睡眠模式中唤醒。

在深度睡眠模式期间，处理器的状态和寄存器、外设寄存器以及内部 SRAM 的值都会保留，而且引脚的逻辑电平也不变。

深度睡眠的优点在于可以使时钟产生模块（如振荡器和 PLL）掉电，这样深度睡眠模式所消耗的动态功耗就比一般的睡眠模式消耗的要少得多。另外，在深度睡眠模式中 Flash 可以掉电，这样静态漏电流就会减少，但消耗的 Flash 存储器唤醒时间就更多。

（2）关断 12MHz IRC 振荡器

IRC 采用了一种机制确保 12MHz 振荡器在不产生干扰的情况下关断。一旦该振荡器关断（在两个 12MHz 时钟周期内），将会有一个应答信号发送到系统控制模块。

IRC 是 LPC1100 系列 Cortex-M0 中唯一可以无干扰关断的振荡器。因此建议用户在芯片进入深度睡眠模式之前，将时钟源切换为 12MHz 的 IRC——除非在深度睡眠模式下有另外的仍在供电的时钟作为时钟源。

（3）起始逻辑

在起始逻辑向 Cortex-M0 内核发送一个中断时，内核退出深度睡眠模式。13 个 PIO 端口（PIO0_0～PIO0_11 和 PIO1_0）输入都连接到起始逻辑并作为唤醒引脚。用户必须对起始逻辑寄存器的每一个输入进行编程，为对应的唤醒事件设置合适的边沿极性。另外，必须在 NVIC 中使能对应每个输入的中断，NVIC 中的 0～12 对应于 13 个 PIO 引脚。

起始逻辑不要求时钟运行，因为在使能时它用 PIO 输入信号来产生时钟边沿。因此，在使用前必须清除起始逻辑信号。

起始逻辑也可以用于普通的激活模式（如不是睡眠或深度睡眠模式），使用 LPC1100 系列 Cortex-M0 输入引脚提供向量中断。

4. 深度掉电模式

在深度掉电模式下，整个芯片的电源和时钟都关闭，只能通过 WAKEUP 引脚（与 PIO1_4 功能复用）唤醒。

进入深度掉电模式的步骤如下：

1）WAKEUP 引脚上拉到高电平；

2）深度掉电模式下将数据保存到通用寄存器中；（可选的）

3）置位 PCON 寄存器中的 DPDEN 位，从而使能深度掉电模式；

4）通过使用等待中断（WFI）指令进入深度掉电模式。

当最后一步完成后，PMU 关闭片内所有模拟模块的电源，然后等待 WAKEUP 引脚的唤醒信号。

退出深度掉电模式的步骤如下：

1）WAKEUP 引脚的电平从高到低的转变。

2）PMU 会开启片内电压调节器。当内核电压达到上电复位的触发值时，系统就会复位，芯片将重新启动。

3）除了 GPREG0～4 和 PCON 以外的所有寄存器都会处于复位状态。一旦芯片重新启动之后，就可以读取 PCON 中的深度掉电模式标记，看看器件复位是由唤醒事件（从深度掉电模式唤醒）引起的还是由冷复位引起的。

4）清除 PCON 中的深度掉电标记。

5）读取保存在通用寄存器中的数据。（可选的）

6）为下一次进入深度掉电模式设置 PMU。

给 WAKEUP 引脚一个脉冲信号就可以使 LPC1100 系列 Cortex-M0 处理器从深度掉电模式中唤醒。在深度掉电模式期间，SRAM 中的内容会丢失，但是器件可以将数据保存在 4 个通用寄存器中。

WAKEUP——从深度掉电模式唤醒的引脚，带 20ns 干扰滤波器，为进入深度掉电模式该引脚从外部拉高，对出深度掉电模式应从外部拉低。一个低电平只持续 50ns 的脉冲就可以唤醒器件。

4.7.5　三种节电模式的比较

三种节电模式的节电效果并不相同：深度掉电模式最为省电，深度睡眠模式次之，最后是睡眠模式。三种节电模式的对比见表 4-108。

表 4-108　三种节电模式的对比

节电模式	停止的时钟	是否关闭 Flash 存储器	恢复途径
睡眠模式	仅停止内核时钟	可选	复位、中断唤醒寄存器里指定的中断
深度睡眠模式	主振荡器和所有内部时钟都停止，但 IRC 振荡器不停止	可选	复位、中断唤醒寄存器里指定的中断
深度掉电模式	关断整个芯片电源(RESET 引脚、WAKEUP 引脚、PCON 和通用寄存器除外)	是	外部复位、唤醒中断

4.7.6　功率控制注意事项

复位后，PDRUNCFG 寄存器的值仅设置成 Flash、IRC 和 BOD 相关模块上电。因此，用户需要使用某些外设时，还需要访问 PDRUNCFG 寄存器给对应的外设上电，并配合 SYSAHBCLKCTRL 打开相关外设的时钟。

为了降低功耗，处理器进入节能模式后，其调试功能被禁止。芯片进入深度掉电模式后，只能通过 WAKEUP（PIO1_4）唤醒。

4.7.7 CMSIS 内在函数

在 CMSIS 文件 core_cmInstr.h 中定义了 WFI 和 WFE 的内在函数，代码如下：

```
/** \brief   Wait For Interrupt
    Wait For Interrupt is a hint instruction that suspends execution until one of a number of events occurs. */
__attribute__(( always_inline )) __STATIC_INLINE void __WFI(void)
{
    __ASM volatile ("wfi");
}
/** \brief   Wait For Event
    Wait For Event is a hint instruction that permits the processor to enter a low-power state until one of a
number of events occurs. */
__attribute__(( always_inline )) __STATIC_INLINE void __WFE(void)
{
    __ASM volatile ("wfe");
}
```

习题

4.1 通用定时器和计数器的区别是什么？

4.2 利用通用定时器 0 的 MAT 输出引脚设计一个 PWM 脉宽调制输出，频率为 100kHz，占空比 0～100%可变，写出定时器初始化程序、PWM 输出启动和停止子程序、占空比调整子程序。

4.3 UART 接口自动波特率的工作原理是什么，如何设置？

4.4 简述 I^{2}C 总线接口特点及优缺点。

4.5 对比说明 SSP 三种帧格式的异同点。

4.6 列表说明 LPC1100 系列 ADC 性能指标，如分辨率、转换精度和转换时间等。

4.7 简述看门狗定时器的原理与作用。如何设置看门狗？

4.8 LPC1100 系列节电工作模式有几种，各自特点是什么，都是如何工作的？

第5章 基于 CMSIS 接口标准的软件设计

本章介绍基于 CMSIS 接口标准的 ARM Cortex-M0 软件设计，包括 Cortex 微控制器软件接口标准 CMSIS 的基本构架以及如何在 Keil MDK 软件中使用 CMSIS。通过本章的学习，读者可以掌握基于 CMSIS 接口标准的函数的使用。

5.1 CMSIS 标准简介

ARM 公司于 2008 年 11 月 12 日发布了 ARM Cortex 微控制器软件接口标准（Cortex Microcontroller Software Interface Standard，CMSIS）。CMSIS 是 ARM 和一些编译器厂家以及半导体厂家共同遵循的一套标准，是专门针对 Cortex-M 处理器系列的与供应商无关的硬件抽象层。CMSIS 提供一些通用的 API 接口来访问 Cortex 内核以及一些专用外设，可以为接口外设、实时操作系统和中间件实现一致且简单的处理器软件接口，从而简化了软件的重用，并缩短了新入门的微控制器开发者的学习时间和新产品的上市时间，使 ARM 开发的门槛变得不再那么高不可攀。有了该标准，芯片厂商就能够将他们的资源专注于对其产品的外设特性进行差异化，并且能够消除对微控制器进行编程时需要维持的不同的、互不兼容的标准的需求，从而达到降低开发成本的目的。

CMSIS 的结构随着版本的更新也在不断地发生着改变，目前 CMSIS 已更新到 v5.1.0 版本，与 CMSIS 4.5 版本相比，CMSIS 5.1.0 去除了内核指令文件 core_cmInstr.h 和内核函数文件 core_cmFunc.h，增加了编译器特定的宏、函数、指令文件 cmsis_compiler.h 和 Cortex-M 内核函数/指令头文件 cmsis_armcc.h（Keil MDK）。

CMSIS 5.1.0 支持 ARMv8-M 架构（Mainline and Baseline），如 Cortex-M23 和 Cortex-M33 处理器。未来 CMSIS 还将支持 Cortex-A 处理器，增强 CMSIS-DAP 扩展的跟踪支持和 CMSIS-Zone 复杂系统的管理，支持 Cortex-A/M 混合器件（聚焦在 Cortex-M 交互上）。基于 CMSIS 标准的软件架构如图 5-1 所示。

基于 CMSIS 标准的软件架构主要分为 4 层：用户应用层、操作系统层、CMSIS 层以及硬件寄存器层。其中 CMSIS 层起着承上启下的作用，一方面该层对硬件寄存器层进行了统一的实现，屏蔽了不同厂商对 Cortex-M 系列微处理器核内外设寄存器的不同定义；另一方面该层又向上层的操作系统层和应用层提供接口，简化了应用程序开发的难度，使开发人员能够在完全透明的情况下进行一些应用程序的开发。也正是如此，CMSIS 层的实现也相对复杂。

CMSIS 为基于 Cortex-M 处理器的系统定义以下内容：

1）访问外设寄存器的常见方式和定义异常向量的常见方式；

2）内核外设的寄存器名称和内核异常向量的名称；

3）用于 RTOS 内核的与设备无关的接口，包括调试通道；

4）数字信号处理和其他面向向量的数学运算的 DSP 算法。

以 CMSIS 5.1.0 版本为例，CMSIS 包含以下标准组件。

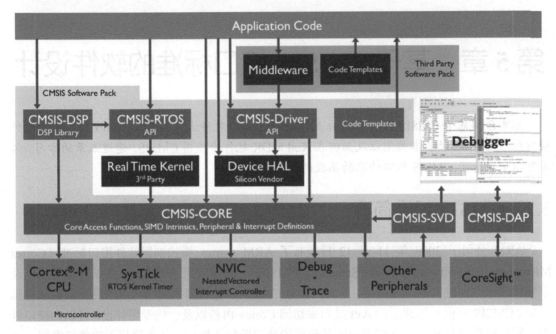

图 5-1 基于 CMSIS 标准的软件架构

1）CMSIS-CORE：Cortex-M 处理器内核和外设 API，提供 Cortex-M0、Cortex-M0+、Cortex-M3、Cortex-M4、Cortex-M7、Cortex-M23、Cortex-M33、SC000 和 SC300 处理器与外设寄存器之间的接口，也包括 Cortex-M4、Cortex-M7 和 Cortex-M33 系列 SIMD 指令的 SIMD 内在函数。

2）CMSIS-DSP：适用于所有 Cortex-M 处理器的免费 DSP 资源库，包含以定点（分数 q7、q15、q31）和单精度浮点（32 位）实现的 60 多种函数，并针对 Cortex-M4、Cortex-M7 和 Cortex-M33 系列 SIMD 指令集进行了优化。

3）CMSIS-RTOS：CMSIS-RTOS v1，用于实时操作系统的通用 API 以及基于 RTX 的参考实现。它提供了一个标准化的编程接口，可以移植到多个 RTOS，并支持可以跨多个 RTOS 系统运行的软件组件。

4）CMSIS-RTOS2：CMSIS-RTOS v2，扩展 CMSIS-RTOS v1，支持 ARMv8-M 架构、动态对象创建、多核系统规定以及符合 API 标准的编译器的二进制兼容接口。

5）CMSIS-SVD：基于 XML 的外设系统视图描述文件标准，能够针对新芯片启用更简便的调试程序支持，包含完整微控制器系统（包括外设）的程序员视图的系统视图描述 XML 文件，可以用来在调试器与外设寄存器和中断定义头文件中创建外设认知。

6）CMSIS-DAP：调试访问接口，支持低成本开发平台的调试适配器的参考设计，调试单元的标准化固件，连接到 CoreSight 调试接入端口。CMSIS-DAP 作为单独的包发布适合集成在评估板上。该组件单独提供下载。

7）CMSIS-Pack：软件打包标准（见表 5-1），能够更为轻松地分发软件组件。它描述了一个基于 XML 的包描述文件（PDSC）的用户和设备相关部分集合（称为软件包），包括源文件、头文件、库文件、文档、Flash 编程算法、源代码模板和示例项目。开发工具和 Web 基础设施使用 PDSC 文件提取设备参数、软件组件和评估板配置。

表 5-1　CMSIS-Pack 软件打包标准

文件/目录	内容
ARM.CMSIS.pdsc	CMSIS-Pack 格式的软件包描述文件
LICENSE.txt	CMSIS 许可协议（Apache 2.0）
CMSIS	CMSIS 组件（见表 5-2）
Device	基于 ARM Cortex-M 处理器设备（芯片）的 CMSIS 参考实现

表 5-2　CMSIS 目录

目录	内容
Documentation	本文档
Core	ARM.CMSIS.PDSC 文件引用的内核相关文件的用户代码模板
DAP	CMSIS-DAP 调试访问端口源代码和参考实现
Driver	CMSIS-Driver 外设接口 API 头文件
DSP_Lib	CMSIS-DSP 软件库源代码
Include	CMSIS-CORE 和 CMSIS-DSP 的包含文件
Lib	CMSIS-DSP 生成的 ARMCC 和 GCC 库文件
Pack	CMSIS-Pack 示例
RTOS	CMSIS-RTOS v1 与 RTX 参考实现
RTOS2	CMSIS-RTOS v2 与 RTX 参考实现
SVD	CMSIS-SVD 示例
Utilities	PACK.xsd（CMSIS-Pack 概要文件），PackChk.exe（软件打包检查工具），CMSIS-SVD.xsd（CMSIS-SVD 概要文件），SVDConv.exe（SVD 文件转换工具）

8）CMSIS-Driver：为中间件定义通用外设驱动接口使其支持跨设备的可重用。API 是 RTOS 独立的，使用可以执行通信栈和数据存储的中间件连接微控制器外设。供应商独立的硬件提取层 API，支持在各种不同的 MCU 设备间移植中间件。

CMSIS 4.5 及以前版本可以从 ARM 官方网站免费下载。CMSIS 5.1.0 及以后版本在 Github 上开放源代码并遵循 Apache-2.0 license，可以免费在 https://github.com/ARM-software/CMSIS_5 网站下载。Keil MDK 软件开发环境也可以直接下载安装相关芯片的各版本 CMSIS 标准接口文件。CMSIS 文档的记录以及软件模板和 DSP 库的维护是由 ARM 来做的。

5.2　CMSIS 代码规范

CMSIS 要求定义的 API 以及编码与 MISRA-C 规范兼容。MISRA-C 是由 Motor Industry Software Reliability Association 提出的，意在增加代码的安全性，该规范提出了一些标准。

例如，Rule 12 不同名空间中的变量名不得相同；Rule 13 不得使用 char、int、float、double、long 等基本类型，应该用自己定义的类型，如 CHAR8、UCHAR8、INT16、INT32、FLOAT32、LONG64 和 ULONG64 等；Rule 37 不得对有符号数施加位操作，如 1 << 4 将被禁止，必须写 1UL << 4。

1. 基本规范

1）兼容 ANSI C 和 C++。

2）使用标准 ANSI C 头文件<stdint.h>中定义的标准数据类型。

3）变量和参数必须有完全的数据类型。

4）由#define 定义的包含表达式的常数必须用括号括起来。

5）符合 MISRA-C：2012（但不依从 MISRA），记录了与 MISRA 规则相违反的行为。

6）CPAL 层的函数必须是可重入的。

7）CPAL 层的函数不能有阻塞代码，也就是说等待、查询等循环必须在其他的软件层中。

8）定义每个异常/中断的每个异常处理函数的后缀是_Handler，每个中断处理器函数的后缀是_IRQHandler；默认的异常/中断处理器函数（弱定义）包含一个无限循环；用#define 将中断号定义为后缀为_IRQn 的名称。

2．推荐规范

1）定义内核寄存器、外设寄存器和 CPU 指令名称时使用大写字母。

2）用驼峰命名法（CamelCase）区分函数名和中断函数名。

3）命名空间前缀避免和用户标识符及提供的功能组（即外设、RTOS 或 DSP 库）冲突，对于某个外设相应的函数，一般用该外设名称作为其前缀。

4）按照 Doxygen 规范撰写函数的注释，注释使用 C90 风格（/* 注释*/）或者 C++风格（//注释），函数的注释应包含以下内容：

① 函数简介；

② 函数功能的详细描述；

③ 参数的详细解释；

④ 返回值的详细解释。

Doxygen 注释例子：

```
/**
* @brief    Enable Interrupt in NVIC Interrupt Controller
* @param    IRQn    interrupt number that specifies the interrupt
* @return none.
* Enable the specified interrupt in the NVIC Interrupt Controller.
* Other settings of the interrupt such as priority are not affected.
*/
```

3．数据类型及 I/O 类型限定符

HAL 层使用标准 ANSI C 头文件 stdint.h 定义的数据类型。I/O 类型限定符用于指定外设寄存器的访问限制，其定义见表 5-3。

表 5-3   I/O 类型限定符

I/O 类型限定符	#define	描　述
__I	Volatile const	只读
__O	volatile	只写
__IO	volatile	读/写

4．CMSIS 版本号

CMSIS 标准有多个版本号，对于 Cortex-M0 处理器，在 core_cm0.h 中定义所用 CMSIS 的版本：

```
/*   CMSIS CM0 definitions */
#define __CM0_CMSIS_VERSION_MAIN   ( 5U)   /*!< [31:16] CMSIS HAL main version */
#define __CM0_CMSIS_VERSION_SUB    ( 0U)   /*!< [15:0]   CMSIS HAL sub version */
#define __CM0_CMSIS_VERSION        ((__CM0_CMSIS_VERSION_MAIN << 16U)|\
                                     __CM0_CMSIS_VERSION_SUB          )
 /*!< CMSIS HAL version number */
```

5. Cortex 内核

对于 Cortex-M0 处理器，在头文件 core_cm0.h 中定义：

```
#define __CORTEX_M                 (0U)                      /*!< Cortex-M Core */
```

6. 工具链

CMSIS 支持目前嵌入式开发的三大主流工具链，即 ARM ReakView（ARMCC）、IAREWARM（ICCARM）以及 GNU 工具链（GCC）。通过在 core_cm0.c 中的如下定义，来屏蔽一些编译器内置关键字的差异。

```
#if defined ( __CC_ARM    )
  #define __ASM          __asm      /*!< asm keyword for ARM Compiler        */
  #define __INLINE       __inline   /*!< inline keyword for ARM Compiler     */
#elif defined ( __ICCARM__ )
  #define __ASM          __asm      /*!< asm keyword for IAR Compiler        */
  #define __INLINE       inline     /*!< inline keyword for IAR Compiler.
                                         Only avaiable in   Highoptimization mode! */
#elif defined    ( __GNUC__   )
  #define __ASM          __asm      /*!< asm keyword for GNU Compiler        */
 #define __INLINE        inline     /*!< inline keyword for GNU Compiler     */
#elif defined    ( __TASKING__   )
  #define __ASM          __asm      /*!< asm keyword for TASKING Compiler    */
  #define __INLINE       inline     /*!< inline keyword for TASKING Compiler */
#endif
```

这样 CPAL 中的功能函数就可以被定义成静态内联类型（static __INLINE），以实现编译优化。

CMSIS-CORE 使用介绍中记录了 CMSIS 组件的通用编码规则。CMSIS-CORE 违反以下 MISRA-C：2004 规则：

1）Required Rule 8.5，头文件中的对象/函数定义。违反，因为头文件中的函数定义用于函数内联。

2）Advisory Rule 12.4，逻辑运算符右侧的 Side effects。违反，因为 volatile 用于核心寄存器定义。

3）Advisory Rule 14.7，功能结束前返回语句。违反了简化代码逻辑。

4）Required Rule 18.4，联合类型或联合类型对象的声明："{...}"。违反，因为联合用于核心寄存器的有效表示。

5）Advisory Rule 19.4，不允许宏的定义。违反，由于宏用于汇编器关键字。

6）Advisory Rule 19.7，定义了类似功能的宏。违反，由于功能类宏用于生成更有效的代码。

7）Advisory Rule 19.16，所有预处理指令必须有效。违反宏的默认设置。

CMSIS-CORE 违反以下 MISRA-C：2012 规则：

1）Directive 4.9，定义了类似功能的宏。违反，由于功能类宏用于生成更有效的代码。

2）Rule 1.3，在宏定义中多次使用"#/##"运算符。违反，由于功能类宏用于生成更有效的代码。

3）Rule 11.4，指针和整数类型之间的转换。由于核心寄存器访问而违反。

4）Rule 11.6，从 unsigned long 转换为指针。由于核心寄存器访问而违反。

5）Rule 13.5，逻辑运算符右侧的 Side effects。违反，因为在宏和函数中使用移位操作数。

6）Rule 14.4，条件表达式应该具有布尔类型。违反，由于使用了多个指令的宏。

7）Rule 15.5，函数结束前返回语句。违反了简化代码逻辑。

8）Rule 20.10，使用"#/##"运算符。违反，由于功能类宏用于生成更有效的代码。

9）Rule 21.1，保留给编译器。违反，由于使用了带前导下划线的宏。

SVDConv.exe 生成的<device>.h 文件违反以下 MISRA-C：2004 规则：

1）Advisory Rule 20.2，再次使用 C90 标识符模式。违反，因为 CMSIS 宏以"__"开头。由于 CMSIS 是通过各种编译器开发和验证的，所以这种方法是可以接受的，避免与用户符号冲突。

2）Advisory Rule 19.1，#include 前的声明。违反，因为中断号码定义类型（IRQn_Type）必须在包含内核头文件之前定义。

5.3 CMSIS 文件结构

不同芯片的 CMSIS 文件是有区别的，但是文件结构基本一致。基于 LPC1100 系列芯片的 CMSIS 5.1.0 版本的文件结构如图 5-2 所示。

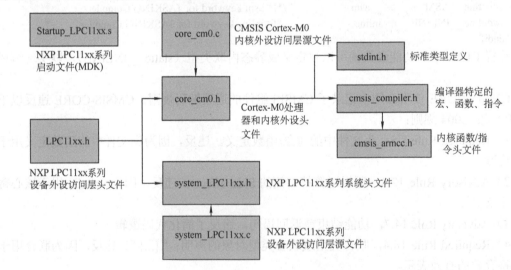

图 5-2 LPC1100 系列 CMSIS 5.1.0 版本文件结构

CMSIS 2.0 和 CMSIS 5.1.0 版本的文件结构不同之处在于 core_cm0.h 中包含的头文件不同。在 CMSIS 5.1.0 版本中 core_cmInstr.h 和 core_cmFunc.h 两个文件被替换成了cmsis_compiler.h 和 cmsis_armcc.h。

1. <device>.h

<device>.h 由芯片厂商提供，是工程中 C 源程序的主要包含文件。其中<device>是指处理

器型号，如 LPC1100 系列处理器对应的头文件是 LPC11xx.h。它包含：

1）中断号的定义，提供所有内核及处理器定义的所有中断及异常的中断号（IRQn）。例如，LPC11xx 系列处理器，中断号定义如下：

```
typedef enum IRQn
{
/******Cortex-M0 Processor Exceptions Numbers *************/
  Reset_IRQn            = -15,   /*!< 1    Reset Vector, invoked on Power up and warm reset */
  NonMaskableInt_IRQn   = -14,   /*!< 2    Non maskable Interrupt, cannot be stopped or preempted */
  HardFault_IRQn        = -13,   /*!< 3    Hard Fault, all classes of Fault */
  SVCall_IRQn           = -5,    /*!< 11   System Service Call via SVC instruction */
  PendSV_IRQn           = -2,    /*!< 14   Pendable request for system service */
  SysTick_IRQn          = -1,    /*!< 15   System Tick Timer                     */
/******LPC11Cxx or LPC11xx Specific Interrupt Numbers ***************************/
  WAKEUP0_IRQn          = 0,     /*!< All I/O pins can be used as wakeup source.    */
  WAKEUP1_IRQn          = 1,     /*!< There are 13 pins in total for LPC11xx        */
  WAKEUP2_IRQn          = 2,
  WAKEUP3_IRQn          = 3,
  WAKEUP4_IRQn          = 4,
  WAKEUP5_IRQn          = 5,
  WAKEUP6_IRQn          = 6,
  WAKEUP7_IRQn          = 7,
  WAKEUP8_IRQn          = 8,
  WAKEUP9_IRQn          = 9,
  WAKEUP10_IRQn         = 10,
  WAKEUP11_IRQn         = 11,
  WAKEUP12_IRQn         = 12,
  CAN_IRQn              = 13,    /*!< CAN Interrupt                 */
  SSP1_IRQn             = 14,    /*!< SSP1 Interrupt                */
  I2C_IRQn              = 15,    /*!< I2C Interrupt                 */
  TIMER_16_0_IRQn       = 16,    /*!< 16-bit Timer0 Interrupt       */
  TIMER_16_1_IRQn       = 17,    /*!< 16-bit Timer1 Interrupt       */
  TIMER_32_0_IRQn       = 18,    /*!< 32-bit Timer0 Interrupt       */
  TIMER_32_1_IRQn       = 19,    /*!< 32-bit Timer1 Interrupt       */
  SSP0_IRQn             = 20,    /*!< SSP0 Interrupt                */
  UART_IRQn             = 21,    /*!< UART Interrupt                */
  Reserved0_IRQn        = 22,    /*!< Reserved Interrupt            */
  Reserved1_IRQn        = 23,
  ADC_IRQn              = 24,    /*!< A/D Converter Interrupt       */
  WDT_IRQn              = 25,    /*!< Watchdog timer Interrupt      */
  BOD_IRQn              = 26,    /*!< Brown Out Detect(BOD) Interrupt */
  FMC_IRQn              = 27,    /*!< Flash Memory Controller Interrupt */
  EINT3_IRQn            = 28,    /*!< External Interrupt 3 Interrupt */
  EINT2_IRQn            = 29,    /*!< External Interrupt 2 Interrupt */
  EINT1_IRQn            = 30,    /*!< External Interrupt 1 Interrupt */
  EINT0_IRQn            = 31,    /*!< External Interrupt 0 Interrupt */
} IRQn_Type;
```

系统级的异常号已经确定，不能更改，且必须为负值，用以和设备相关的中断区别。中断处理函数的定义，一般在启动代码文件 startup_LPC11xx.s 中声明，加入 weak 属性，因此可在其他文件中再一次实现。例如：

```
                AREA      RESET, DATA, READONLY
                EXPORT    __Vectors

__Vectors       DCD       __initial_sp              ; Top of Stack
                DCD       Reset_Handler             ; Reset Handler
                DCD       NMI_Handler               ; NMI Handler
                DCD       HardFault_Handler         ; Hard Fault Handler
                DCD       MemManage_Handler         ; MPU Fault Handler
                DCD       BusFault_Handler          ; Bus Fault Handler
                DCD       UsageFault_Handler        ; Usage Fault Handler
                DCD       0                         ; Reserved
                DCD       0                         ; Reserved
                DCD       0                         ; Reserved
                DCD       0                         ; Reserved
                DCD       SVC_Handler               ; SVCall Handler
                DCD       DebugMon_Handler          ; Debug Monitor Handler
                DCD       0                         ; Reserved
                DCD       PendSV_Handler            ; PendSV Handler
                DCD       SysTick_Handler           ; SysTick Handler

                ; External Interrupts
                DCD       WDT_IRQHandler            ; 16: Watchdog Timer
                DCD       TIMER0_IRQHandler         ; 17: Timer0
                DCD       TIMER1_IRQHandler         ; 18: Timer1
                DCD       TIMER2_IRQHandler         ; 19: Timer2
                DCD       TIMER3_IRQHandler         ; 20: Timer3
                DCD       UART0_IRQHandler          ; 21: UART0
                DCD       UART1_IRQHandler          ; 22: UART1
                DCD       UART2_IRQHandler          ; 23: UART2
                DCD       UART3_IRQHandler          ; 24: UART3
                DCD       PWM1_IRQHandler           ; 25: PWM1
                DCD       I2C0_IRQHandler           ; 26: I2C0
                DCD       I2C1_IRQHandler           ; 27: I2C1
                DCD       I2C2_IRQHandler           ; 28: I2C2
                DCD       SPI_IRQHandler            ; 29: SPI
                DCD       SSP0_IRQHandler           ; 30: SSP0
                DCD       SSP1_IRQHandler           ; 31: SSP1
                DCD       PLL0_IRQHandler           ; 32: PLL0 Lock (Main PLL)
                DCD       RTC_IRQHandler            ; 33: Real Time Clock
                DCD       EINT0_IRQHandler          ; 34: External Interrupt 0
                DCD       EINT1_IRQHandler          ; 35: External Interrupt 1
                DCD       EINT2_IRQHandler          ; 36: External Interrupt 2
                DCD       EINT3_IRQHandler          ; 37: External Interrupt 3
                DCD       ADC_IRQHandler            ; 38: A/D Converter
                DCD       BOD_IRQHandler            ; 39: Brown-Out Detect
                DCD       USB_IRQHandler            ; 40: USB
                DCD       CAN_IRQHandler            ; 41: CAN
                DCD       DMA_IRQHandler            ; 42: General Purpose DMA
                DCD       I2S_IRQHandler            ; 43: I2S
                DCD       ENET_IRQHandler           ; 44: Ethernet
                DCD       RIT_IRQHandler            ; 45: Repetitive Interrupt Timer
```

DCD	MCPWM_IRQHandler	; 46: Motor Control PWM
DCD	QEI_IRQHandler	; 47: Quadrature Encoder Interface
DCD	PLL1_IRQHandler	; 48: PLL1 Lock (USB PLL)
DCD	USBActivity_IRQHandler	; 49: USB Activity interrupt to wakeup
DCD	CANActivity_IRQHandler	; 50: CAN Activity interrupt to wakeup

2）实现处理器 Cortex-M0 内核的配置，如 FPU 配置、NVIC 优先级表达位数等。

Cortex-M0 处理器在具体实现时，有些部件是可选的，有些参数也是可以设置的，如 MPU、NVIC 优先级位等。在 LPC11xx.h 中包含头文件 core_cm3.h 的预处理命令之前，需要先根据处理器的具体实现对一些参数进行设置。实现处理器时 Cortex-M0 核的配置见表 5-4。

表 5-4　实现处理器时 Cortex-M0 核的配置

#define	值	描　述
_MPU_PRESENT	1	是否实现 MPU
_NVIC_PRIO_BITS	5	实现 NVIC 时优先级位的位数
_Vendor_SysTickConfig	0	定义为 1，则 core_cm3.h 中的 SysTickConfig 函数被排除在外

3）提供所有处理器的寄存器结构体定义和地址映射。

一般的数据结构的名称定义为：处理器或厂商缩写_外设缩写_TypeDef，如 LPC_SSP_TypeDef。

微控制器的寄存器结构体定义包括：

系统控制寄存器结构体	LPC_SYSCON_TypeDef
I/O 端口控制寄存器结构体	LPC_IOCON_TypeDef
电源管理单元寄存器结构体	LPC_PMU_TypeDef
通用 I/O 寄存器结构体	LPC_GPIO_TYPEDef
定时器寄存器结构体	LPC_TMR_TypeDef
串口寄存器结构体	LPC_UART_TypDef
SSP 寄存器结构体	LPC_SSP_TypeDef
I²C 寄存器结构体	LPC_I2C_TypeDef
看门狗寄存器结构体	LPC_WDT_TypeDef
ADC 寄存器结构体	LPC_ADC_TypeDef

2.　Startup_<device>.s

Startup_LPC11xx.s 是在 ARM 提供的启动文件模板的基础上，由 NXP 芯片厂商修订而成的，在 Keil MDK 中新建项目即可生成该启动文件。它主要有以下 4 个功能：

1）配置堆栈的初始化；

2）定义中断向量表和中断向量入口地址；

3）复位和 main 函数的地址；

4）内部和外部 RAM 清零。

3.　system_<device>.h 和 system_<device>.c

system_<device>.h 和 system_<device>.c 文件是由 ARM 提供模板，各芯片厂商根据自己芯片的特性来实现的，一般是提供处理器的系统初始化配置函数，以及包含系统时钟频率的全局变量。按 CMSIS 标准的最低要求，system_<device>.c 中必须要定义 void SystemInit (void) 和 void SystemCoreClockUpdate (void) 两个函数，以及全局变量 SystemCoreClock。LPC1100 系列处理器对应的文件为 system_LPC11xx.h 和 system_LPC11xx.c。

由于 Cortex-M0 有一些可选硬件如 MPU，在 <device.h> 中包含 core_cm0.h 和

system_<device>.h 时需注意以下一点：

```
/* Configuration of the Cortex-M0 Processor and Core Peripherals */
#define __MPU_PRESENT            0       /*!< MPU present or not */
#define __NVIC_PRIO_BITS         2       /*!< Number of Bits used for Priority Levels */
#define __Vendor_SysTickConfig   0       /*!< Set to 1 if different SysTick Config is used */
```

即需定义以上 3 个宏之后，再包含相应的头文件，因为这些头文件中用到了这些宏。

注意：如果 __Vendor_SysTickConfig 被定义为 1，则在 cm0_core.h 中定义的 SysTickConfig( ) 将不被包含，因此厂商必须在<device.h>中予以实现。

4. core_cm0.h 和 core_cm0.c

core_cm0.h 和 core_cm0.c 文件实现 Cortex-M0 处理器的内核定义。

头文件 core_cm0.h 定义了 Cortex-M0 核内外设的数据结构及其地址映射，包括：

中断相关寄存器结构体	NVIC_Type
系统控制模块相关寄存器	SCB_Type
系统定时相关寄存器	SysTick_Type
CONTROL 寄存器结构体	CONTROL_Type
xPSR 寄存器结构体	xPSR_Type（APSR_Type、IPSR_Type）

定义方法与 LPC11xx.h 中的结构体定义方法相同，这里不再介绍。另外，它也提供一些访问 Cortex-M0 核内寄存器及外设的函数，这些函数定义为静态内联。

文件 core_cm0.c 则定义了一些访问 Cortex-M0 核内寄存器的函数，如对 xPSR、MSP 以及 PSP 等寄存器的访问；另外，还将一些汇编语言指令也定义为函数。

5. stdint.h

stdint.h 头文件定义了标准数据类型。stdint.h 是 C99 中引进的一个标准 C 库的头文件，在 C 语言文件中 stdint.h 通常用于定义数据类型，CMSIS 也使用了 stdint.h。在 stdint.h 头文件定义了如下数据类型：

```
typedef   signed          char int8_t;
typedef   signed short     int int16_t;
typedef   signed          int int32_t;
typedef   signed          __int64 int64_t;
typedef   unsigned        char uint8_t;
typedef   unsigned short   int uint16_t;
typedef   unsigned        int uint32_t;
typedef   unsigned        __int64 uint64_t;
```

6. core_cmInstr.h 和 core_cmFunc.h

core_cmInstr.h 和 core_cmFunc.h 分别是 CMSIS2.0 版本中 Cortex-M0 内核指令访问头文件和内核函数访问头文件，包含在 core_cm3.h 文件中。

core_cmInstr.h 文件提供了内核汇编指令的一些 C 语言内在函数，用以生成 ANSI C 不能直接访问的指令，可以使用户在编写 C 语言程序时直接使用内核汇编指令，如 NOP、WFI 和 WFE 等汇编指令。

core_cmFunc.h 文件提供了内核寄存器的访问函数，用于访问使用 MRS 和 MSR 指令的专用寄存器，包括 CONTROL、xPSR、PRIMASK、FAULTMASK 和 BASEPRI 等寄存器的读取和设置函数，示例如下：

1）读 CONTROL 寄存器函数：

```
__STATIC_INLINE uint32_t __get_CONTROL(void)
```

```
    register uint32_t __regControl                    __ASM("control");
    return(__regControl);
}
```

2）设置 CONTROL 寄存器函数：

```
__STATIC_INLINE void __set_CONTROL(uint32_t control)
{
    register uint32_t __regControl                    __ASM("control");
    __regControl = control;
}
```

3）读 xPSR 寄存器函数：

```
__STATIC_INLINE uint32_t __get_xPSR(void)
{
    register uint32_t __regXPSR                       __ASM("xpsr");
    return(__regXPSR);
}
```

4）设置 xPSR 寄存器函数：

```
__STATIC_INLINE uint32_t __get_PSP(void)
{
    register uint32_t __regProcessStackPointer        __ASM("psp");
    return(__regProcessStackPointer);
}
```

7. cmsis_compiler.h

cmsis_compiler.h 文件提供了 CMSIS 5.0 编译器特定的宏、函数、指令。

8. cmsis_armcc.h

cmsis_armcc.h 是 CMSIS 5.0 Cortex-M0 内核函数/指令头文件（Keil MDK）。

5.4　CMSIS 例子程序

本例子程序是基于 NXP LPC1114 芯片，利用 LPC1114 MASB 最小应用系统硬件环境，按照 CMSIS v2.0 接口标准编写的一个简单的示例程序。

该程序用 SysTick 系统节拍定时器来定时控制一个 PIO1_9 引脚上的 LED 灯亮灭，间隔时间为 10ms。本程序是在 Proteus 仿真软件平台上调试通过的，可以观察到 LED 灯亮灭的变化，在实际的开发板上间隔时间需要调整才能实现 LED 灯亮灭控制。

主程序代码如下：

```
#include <LPC11xx.h>
/*-------------------------------------------------------------------
  Function that initializes LED
 *------------------------------------------------------------------*/
void LED_init(void)
{
    LPC_SYSCON->SYSAHBCLKCTRL |= (1UL <<  6);        /* enable clock for GPIO   */
    /* configure GPIO2 as output */
    LPC_GPIO1->DIR   |=   (1UL <<  9);
    LPC_GPIO1->DATA &=~(1UL <<  9);
}
```

```
/*-------------------------------------------------------------------
   Function that invert the LED state
 *-------------------------------------------------------------------*/
void LED_Invert(void)
  {
      int ledstate;
      // Read current state of GPIO P1_0..31, which includes LED
      ledstate = LPC_GPIO1->DATA;
      if(ledstate&= (1 << 9))
          {
          // Turn on LED if it is off
          LPC_GPIO1->DATA &=~(1 <<9);
          }
      else
          {
          // Turn off LED if it is on
              LPC_GPIO1->DATA |=   (1 << 9);
          }
  }


/*-------------------------------------------------------------------
   SysTick_Handler
*-------------------------------------------------------------------*/
void SysTick_Handler(void)
  {
   LED_Invert( );
}
/*-------------------------------------------------------------------
//主程序;
*-------------------------------------------------------------------*/
int main (void)
  {
  /* Initialize GPIO (sets up clock) */
  LED_init( );
  if (SysTick_Config(SystemCoreClock / 100)) { /* Setup SysTick Timer for 10 msec interrupts   */
      while (1);                                /* Capture error */
  }
  while (1)                                     /* Loop forever */
  {
      // Turn LED on, then wait
  }
    return 0;
}
```

CMSIS 中已经包含了 SysTick_Config( )函数,源代码如下:

```
/*-------------------------------------------------------------------
   系统节拍定时器配置函数
 *-------------------------------------------------------------------*/
__STATIC_INLINE uint32_t SysTick_Config(uint32_t ticks)
{
  if ((ticks - 1UL) > SysTick_LOAD_RELOAD_Msk)
```

```
    {
        return (1UL);                                                /* Reload value impossible */
    }
    SysTick->LOAD    = (uint32_t)(ticks - 1UL);                      /* set reload register */
    NVIC_SetPriority (SysTick_IRQn, (1UL << __NVIC_PRIO_BITS) - 1UL); /* set Priority for Systick
Interrupt */
    SysTick->VAL     = 0UL;                                          /* Load the SysTick Counter Value */
    SysTick->CTRL    = SysTick_CTRL_CLKSOURCE_Msk |
                       SysTick_CTRL_TICKINT_Msk   |
                       SysTick_CTRL_ENABLE_Msk;     /* Enable SysTick IRQ and SysTick Timer */
    return (0UL);                                   /* Function successful */
}
```

关于系统时钟的设置问题在启动文件 Startup_LPC11xx.s 中已经利用 SystemInit( )函数进行了初始化设置为 48MHz，函数的原型在文件 system_LPC11xx.c 中，代码如下：

```
/**
 * Initialize the system
 *
 * @param   none
 * @return none
 *
 * @brief   Setup the microcontroller system.
 *          Initialize the System.
 */
void SystemInit (void)
{
    volatile uint32_t i;

#if (CLOCK_SETUP)                                           /* Clock Setup                  */

#if ((SYSPLLCLKSEL_Val & 0x03) == 1)
    LPC_SYSCON->PDRUNCFG      &=~(1 << 5);                   /* Power-up System Osc          */
    LPC_SYSCON->SYSOSCCTRL     = SYSOSCCTRL_Val;
    for (i = 0; i < 200; i++) __NOP( );
#endif

    LPC_SYSCON->SYSPLLCLKSEL   = SYSPLLCLKSEL_Val;  /* Select PLL Input             */
    LPC_SYSCON->SYSPLLCLKUEN   = 0x01;              /* Update Clock Source          */
    LPC_SYSCON->SYSPLLCLKUEN   = 0x00;              /* Toggle Update Register       */
    LPC_SYSCON->SYSPLLCLKUEN   = 0x01;
    while (!(LPC_SYSCON->SYSPLLCLKUEN & 0x01));      /* Wait Until Updated           */
#if ((MAINCLKSEL_Val & 0x03) == 3)                  /* Main Clock is PLL Out        */
    LPC_SYSCON->SYSPLLCTRL     = SYSPLLCTRL_Val;
    LPC_SYSCON->PDRUNCFG      &=~(1 << 7);          /* Power-up SYSPLL              */
    while (!(LPC_SYSCON->SYSPLLSTAT & 0x01));        /* Wait Until PLL Locked        */
#endif

#if (((MAINCLKSEL_Val & 0x03) == 2))
    LPC_SYSCON->WDTOSCCTRL     = WDTOSCCTRL_Val;
    LPC_SYSCON->PDRUNCFG      &=~(1 << 6);          /* Power-up WDT Clock           */
    for (i = 0; i < 200; i++) __NOP( );
```

```
#endif

    LPC_SYSCON->MAINCLKSEL    = MAINCLKSEL_Val;    /* Select PLL Clock Output      */
    LPC_SYSCON->MAINCLKUEN    = 0x01;              /* Update MCLK Clock Source     */
    LPC_SYSCON->MAINCLKUEN    = 0x00;              /* Toggle Update Register        */
    LPC_SYSCON->MAINCLKUEN    = 0x01;
    while (!(LPC_SYSCON->MAINCLKUEN & 0x01));      /* Wait Until Updated            */

    LPC_SYSCON->SYSAHBCLKDIV  = SYSAHBCLKDIV_Val;
#endif

}
```

5.5 Startup_LPC11xx.s 启动代码

启动代码是芯片复位后进入 C 语言的 main( )函数前执行的一段代码，主要是为运行 C 语言程序提供基本的运行环境，初始化存储系统等。为了能够进行系统初始化，采用一个汇编文件作为启动代码是常见的做法。

5.5.1 启动代码的作用

1）初始化异常向量表；
2）初始化存储器系统；
3）初始化堆栈；
4）初始化有特殊要求的端口、设备；
5）初始化应用程序的运行环境；
6）改变处理器的运行模式；
7）调用主应用程序。

程序使用编译器分配的空间作为堆栈，而不是按通常的做法把堆栈分配到 RAM 的顶端。这样做的好处一是不必知道 RAM 顶端的位置，移植更加方便；二是编译器给出的占用 RAM 空间的大小就是实际占用的大小，便于控制 RAM 的分配。

5.5.2 Startup_LPC11xx.s 启动代码分析

```
; <h> Stack Configuration
;   <o> Stack Size (in Bytes) <0x0-0xFFFFFFFF:8>
; </h>
Stack_Size      EQU       0x00000200        ; 定义 Statck_Size 标号为 0x200 的空间作为栈空间
                AREA      STACK, NOINIT, READWRITE, ALIGN=3
Stack_Mem       SPACE     Stack_Size        ; 为栈分配内存空间，并初始化为 0
__initial_sp


; <h> Heap Configuration
;   <o>  Heap Size (in Bytes) <0x0-0xFFFFFFFF:8>
; </h>

Heap_Size       EQU       0x00000000        ; 堆大小定义为 0x00000000 字节
```

```
                    AREA        HEAP, NOINIT, READWRITE, ALIGN=3
__heap_base
Heap_Mem            SPACE       Heap_Size            ; 为堆分配内存空间，并初始化为 0
__heap_limit                                         ; 代表堆地址的标号


                    PRESERVE8                        ; 当前堆栈保持 8B 对齐
                    THUMB                            ; 指示编译器为 THUMB 指令

; Vector Table Mapped to Address 0 at Reset          向量表映射到复位地址 0
; 为所有 Handler 分配内存单元
                    AREA        RESET, DATA, READONLY ; 声明数据段 RESET，放到数据段中位于 0 地址
                                                     ; 该数据段内存单元只读
                    EXPORT      __Vectors            ; 声明一个全局的标号，该标号可在其他的文件中引用
__Vectors           DCD         __initial_sp         ; Top of Stack
                    DCD         Reset_Handler        ; Reset Handler
                    DCD         NMI_Handler          ; NMI Handler
                    DCD         HardFault_Handler    ; Hard Fault Handler
                    DCD         0                    ; Reserved
                    DCD         0                    ; Reserved
                    DCD         0                    ; Reserved
                    DCD         0                    ; Reserved
                    DCD         0                    ; Reserved
                    DCD         0                    ; Reserved
                    DCD         0                    ; Reserved
                    DCD         SVC_Handler          ; SVCall Handler
                    DCD         0                    ; Reserved
                    DCD         0                    ; Reserved
                    DCD         PendSV_Handler       ; PendSV Handler
                    DCD         SysTick_Handler      ; SysTick Handler
; DCD 伪指令用于分配一片连续的字存储单元并用指定的表达式初始化
                    ; External Interrupts
                    DCD         WAKEUP_IRQHandler    ; 16+ 0: Wakeup PIO0.0
                    DCD         WAKEUP_IRQHandler    ; 16+ 1: Wakeup PIO0.1
                    DCD         WAKEUP_IRQHandler    ; 16+ 2: Wakeup PIO0.2
                    DCD         WAKEUP_IRQHandler    ; 16+ 3: Wakeup PIO0.3
                    DCD         WAKEUP_IRQHandler    ; 16+ 4: Wakeup PIO0.4
                    DCD         WAKEUP_IRQHandler    ; 16+ 5: Wakeup PIO0.5
                    DCD         WAKEUP_IRQHandler    ; 16+ 6: Wakeup PIO0.6
                    DCD         WAKEUP_IRQHandler    ; 16+ 7: Wakeup PIO0.7
                    DCD         WAKEUP_IRQHandler    ; 16+ 8: Wakeup PIO0.8
                    DCD         WAKEUP_IRQHandler    ; 16+ 9: Wakeup PIO0.9
                    DCD         WAKEUP_IRQHandler    ; 16+10: Wakeup PIO0.10
                    DCD         WAKEUP_IRQHandler    ; 16+11: Wakeup PIO0.11
                    DCD         WAKEUP_IRQHandler    ; 16+12: Wakeup PIO1.0
                    DCD         CAN_IRQHandler       ; 16+13: CAN
                    DCD         SSP1_IRQHandler      ; 16+14: SSP1
                    DCD         I2C_IRQHandler       ; 16+15: I2C
                    DCD         TIMER16_0_IRQHandler ; 16+16: 16-bit Counter-Timer 0
                    DCD         TIMER16_1_IRQHandler ; 16+17: 16-bit Counter-Timer 1
```

```
                DCD     TIMER32_0_IRQHandler     ; 16+18: 32-bit Counter-Timer 0
                DCD     TIMER32_1_IRQHandler     ; 16+19: 32-bit Counter-Timer 1
                DCD     SSP0_IRQHandler          ; 16+20: SSP0
                DCD     UART_IRQHandler          ; 16+21: UART
                DCD     USB_IRQHandler           ; 16+22: USB IRQ
                DCD     USB_FIQHandler           ; 16+24: USB FIQ
                DCD     ADC_IRQHandler           ; 16+24: A/D Converter
                DCD     WDT_IRQHandler           ; 16+25: Watchdog Timer
                DCD     BOD_IRQHandler           ; 16+26: Brown Out Detect
                DCD     FMC_IRQHandler           ; 16+27: IP2111 Flash Memory Controller
                DCD     PIOINT3_IRQHandler       ; 16+28: PIO INT3
                DCD     PIOINT2_IRQHandler       ; 16+29: PIO INT2
                DCD     PIOINT1_IRQHandler       ; 16+30: PIO INT1
                DCD     PIOINT0_IRQHandler       ; 16+31: PIO INT0


                IF      :LNOT::DEF:NO_CRP        ; 宏判断是否定义 NO_CRP
                AREA    |.ARM.__at_0x02FC|, CODE, READONLY   ; 自定义只读代码段
CRP_Key         DCD     0xFFFFFFFF               ; 加密等级
                ENDIF


                AREA    |.text|, CODE, READONLY  ; 声明代码段|.text|，只读

; Reset Handler                                  ; 复位入口子函数

Reset_Handler   PROC                             ; PROC：子程序开始伪指令
                EXPORT  Reset_Handler   [WEAK]
                IMPORT  SystemInit      ; SystemInit( )是 CMSIS 提供的系统初始化子函数
                                        ; 负责完成库函数的初始化和初始化应用程序执行环境
                IMPORT  __main          ; __main( )是编译系统提供的一个主函数
                LDR     R0, =SystemInit ; 使用=标示目前为伪指令，=等于@取地址，把
SystemInit 的地址给 R0
                BLX     R0              ; 跳转到系统初始化子函数 SystemInit( )
                LDR     R0, =__main     ; 使用=标示目前为伪指令，=等于@取地址，把__main
的地址给 R0
                BX      R0      ; 跳转到编译系统的__main( )，最后自动跳转到用户程序的 main( )
                ENDP                            ; 子程序结束

; Dummy Exception Handlers (infinite loops which can be modified)

NMI_Handler     PROC
                EXPORT  NMI_Handler             [WEAK]
                B       .                       ; 停止
                ENDP
HardFault_Handler\
                PROC
                EXPORT  HardFault_Handler       [WEAK]
                B       .
                ENDP
SVC_Handler     PROC
                EXPORT  SVC_Handler             [WEAK]
```

```
                    B        .
                    ENDP
PendSV_Handler PROC
                    EXPORT   PendSV_Handler          [WEAK]
                    B        .
                    ENDP
SysTick_Handler PROC
                    EXPORT   SysTick_Handler         [WEAK]
                    B        .
                    ENDP


Default_Handler PROC

                    EXPORT   WAKEUP_IRQHandler       [WEAK]
                    EXPORT   CAN_IRQHandler          [WEAK]
                    EXPORT   SSP1_IRQHandler         [WEAK]
                    EXPORT   I2C_IRQHandler          [WEAK]
                    EXPORT   TIMER16_0_IRQHandler    [WEAK]
                    EXPORT   TIMER16_1_IRQHandler    [WEAK]
                    EXPORT   TIMER32_0_IRQHandler    [WEAK]
                    EXPORT   TIMER32_1_IRQHandler    [WEAK]
                    EXPORT   SSP0_IRQHandler         [WEAK]
                    EXPORT   UART_IRQHandler         [WEAK]
                    EXPORT   USB_IRQHandler          [WEAK]
                    EXPORT   USB_FIQHandler          [WEAK]
                    EXPORT   ADC_IRQHandler          [WEAK]
                    EXPORT   WDT_IRQHandler          [WEAK]
                    EXPORT   BOD_IRQHandler          [WEAK]
                    EXPORT   FMC_IRQHandler          [WEAK]
                    EXPORT   PIOINT3_IRQHandler      [WEAK]
                    EXPORT   PIOINT2_IRQHandler      [WEAK]
                    EXPORT   PIOINT1_IRQHandler      [WEAK]
                    EXPORT   PIOINT0_IRQHandler      [WEAK]

WAKEUP_IRQHandler
CAN_IRQHandler
SSP1_IRQHandler
I2C_IRQHandler
TIMER16_0_IRQHandler
TIMER16_1_IRQHandler
TIMER32_0_IRQHandler
TIMER32_1_IRQHandler
SSP0_IRQHandler
UART_IRQHandler
USB_IRQHandler
USB_FIQHandler
ADC_IRQHandler
WDT_IRQHandler
BOD_IRQHandler
FMC_IRQHandler
PIOINT3_IRQHandler
```

```
PIOINT2_IRQHandler
PIOINT1_IRQHandler
PIOINT0_IRQHandler

                B         .
                ENDP

                ALIGN                                    ; 添加补丁字节满足对齐
; User Initial Stack & Heap                              ;用户初始化的堆栈

                IF        :DEF:__MICROLIB    ; 检查是否定义了__MICROLIB, 在编译器中设置
                                             ; 有时候使用外部 microlib 出错, 注意是不是这个地方出错
                EXPORT    __initial_sp
                EXPORT    __heap_base
                EXPORT    __heap_limit

                ELSE

                IMPORT    __use_two_region_memory    ; 使用双段模式
                EXPORT    __user_initial_stackheap
__user_initial_stackheap                               ; 重新定义堆栈

                LDR       R0, =  Heap_Mem
                LDR       R1, =(Stack_Mem + Stack_Size)
                LDR       R2, = (Heap_Mem +   Heap_Size)
                LDR       R3, = Stack_Mem
                BX        LR
                ALIGN                                    ; 满足对齐
                ENDIF
                END
```

习题

5.1　以 LPC1100 系列为例说明 CMSIS 的文件结构。

5.2　上网查询 CMSIS 的最新版本, 并比较最新版本和当前版本的不同。

5.3　在 Keil MDK 软件环境下设计一个基于 CMSIS 的程序, 利用通用定时器 0 中断方式定时, 每 1s 使 PIO1_9 引脚上 LED 亮灭翻转一次。

5.4　在 Keil MDK 软件开发环境下利用 CMSIS 函数编写程序读出 LPC1114 的版本号和序号, 并用 printf( )函数打印输出到控制台。

附　　录

附录 A　Cortex-M0/M0+指令集

A.1　指令集汇总

表 A-1 列出了 Cortex-M0/M0+所支持的指令。表 A-1 的备注如下：

1）尖括号<>括着操作数的备用格式；

2）大括号{}括着可选的操作数和助记符部分；

3）操作数列所列出的操作数不完全。

表 A-1　Cortex-M0/M0+指令集

助记符	操作数	简述	标志
ADCS	{Rd,}	Rn, Rm 进位加法	N,Z,C,V
ADD{S}	{Rd,}Rn,<Rm|#imm>	加法	N,Z,C,V
ADR	Rd, label	将基于 PC 相对偏移的地址读到寄存器	—
ANDS	{Rd,} Rn, Rm	位与操作	N,Z
ASRS	{Rd,}Rm,<Rs|#imm>	算术右移	N,Z,C
B{cc}	label-	跳转{有条件}	—
BICS	{Rd,} Rn, Rm	位清除	N,Z
BKPT	#imm	断点	—
BL	label	带链接的跳转	—
BLX	Rm	带链接的间接跳转	—
BX -	Rm	间接跳转	—
CMN	Rn, Rm	比较负值	N,Z,C,V
CMP	Rn, <Rm|#imm>	比较	N,Z,C,V
CPSID	i	更改处理器状态，关闭中断	—
CPSIE	i	更改处理器状态，使能中断	—
DMB	—	数据内存屏障	—
DSB	—	数据同步屏障	—
EORS	{Rd,} Rn, Rm	异或	N,Z
ISB	—	指令同步屏障	—
LDM	Rn{!}, reglist	加载多个寄器，访问之后会递增地址	—
LDR	Rt, label	从基于 PC 相对偏移地址上加载寄存器	—
LDR	Rt,[Rn, <Rm|#imm>]	用字加载寄存器	—
LDRB	Rt,[Rn, <Rm|#imm>]	用字节加载寄存器	—

（续）

助记符	操作数	简述	标志
LDRH	Rt, [Rn, <Rm|#imm>]	用半字加载寄存器	—
LDRSB	Rt,[Rn, <Rm|#imm>]	用有符号的字节加载寄存器	—
LDRSH	Rt,[Rn, <Rm|#imm>]	用有符号的半字加载寄存器	—
LSLS	{Rd,}Rn, <Rs|#imm>	逻辑左移	N,Z,C
U	{Rd,}Rn, <Rs|#imm>	逻辑右移	N,Z,C
MOV{S}	Rd, Rm	传输	N,Z
MRS	Rd, spec_reg	从特别寄存器传输到通用寄存器	—
MULS	Rd, Rn, Rm	乘法，32 位结果值	N,Z
MVNS	Rd, Rm	位非	N,Z
NOP	—	无操作	—
ORRS	{Rd,} Rn, Rm	逻辑或	N,Z
POP	reglist	出栈，将堆栈的内容放入寄存器	—
PUSH	reglist	压栈，将寄存器的内容压入堆栈	—
REV	Rd, Rm	反转字里面的字节顺序	—
REV16	Rd, Rm	反转每半字里面的字节顺序	—
REVSH	Rd, Rm	反转有符号半字里面的字节顺序	—
RORS	{Rd,} Rn, Rs	循环右移	N,Z,C
RSBS	{Rd,} Rn, #0	反向减法	N,Z,C,V
SBCS	{Rd,} Rn, Rm	进位减法	N,Z,C,V
SEV	—	发送事件	—
STM	Rn!, reglist	存储多个寄存器，在访问后地址递增	—
STR	Rt,[Rn, <Rm|#imm>]	将寄存器作为字来存储	—
STRB	Rt,[Rn, <Rm|#imm>]	将寄存器作为字节来存储	—
STRH	Rt,[Rn, <Rm|#imm>]	将寄存器作为半字来存储	—
SUB{S}	{Rd,}Rn,<Rm|#imm>	减法	N,Z,C,V
SVC	#imm	超级用户调用	—
SXTB	Rd, Rm	符号扩展字节	—
SXTH	Rd, Rm	符号扩展半字	—
TST	Rn, Rm	基于测试的逻辑与	N,Z
UXTB	Rd, Rm 0	扩展字节	—
UXTH	Rd, Rm 0	扩展半字	—
WFE	—	等待事件	—
WFI	—	等待中断	—

A.2 内部函数

ISO/IEC C 代码不能直接访问某些 Cortex-M0 指令。内部函数可由 CMSIS 或有可能由 C 编译器提供。若 C 编译器不支持相关的内部函数，则用户可能需要使用内联汇编程序来访问相关的指令。

CMSIS 提供内部函数来产生 ISO/IEC C 代码不能直接访问的指令，见表 A-2。

表 A-2 产生某些 Cortex-M0 指令的 CMSIS 内部函数

指令	CMSIS 指令集
CPSIE	i void __enable_irq(void)
CPSID	i void __disable_irq(void)
ISB	void __ISB(void)
DSB	void __DSB(void)
DMB	void __DMB(void)
NOP	void __NOP(void)
REV	uint32_t __REV(uint32_t int value)
REV16	uint32_t __REV16(uint32_t int value)
REVSH	uint32_t __REVSH(uint32_t int value)
SEV	void __SEV(void)
WFE	void __WFE(void)
WFI	void __WFI(void)

CMSIS 还提供使用 MRS 和 MSR 指令来访问特别寄存器的函数，见表 A-3。

表 A-3 使用 MRS 和 MSR 指令来访问特别寄存器的函数

特定寄存器	访问	CMSIS 函数
PRIMASK	读	uint32_t __get_PRIMASK (void)
	写	oid __set_PRIMASK (uint32_t value)
CONTROL	读	uint32_t __get_CONTROL (void)
	写	void __set_CONTROL (uint32_t value)
MSP	读	uint32_t __get_MSP (void)
	写	void __set_MSP (uint32_t TopOfMainStack)
PSP	读	uint32_t __get_PSP (void)
	写	void __set_PSP (uint32_t TopOfProcStack)

附录 B 缩写

缩写	描述
ADC	A-D 转换器
AHB	先进的高性能总线
AMBA	先进的微控制器总线架构
APB	先进的外设总线
ATLE	自动传输长度提取
ATX	模拟收发器
BOD	掉电检测
CAN	控制器局域网络
CRC	循环冗余校验
DAC	D-A 转换器
DD	DMA 描述符

（续）

缩　写	描　述
DDP	DMA 描述指针
DMA	直接存储器访问
Double-word	64 位实体
EOP	包结束
EP	端点
EP_RAM	端点 RAM
ETM	嵌入式跟踪宏单元
FCS	帧校验序列（CRC）
Fragment	一个以太网帧或其中的一部分。一个以太网帧可以是一个或多个片段（Fragment）
Frame	一个以太网帧由目标地址、源地址、长度/类型区、有效载荷及帧校验序列组成
FS	全速
GPIO	通用输入/输出
Half-word	16 位实体
I²C	IC 间控制总线
I²S	IC 间音频总线
IrDA	红外数据协会
JTAG	联合测试行动组
LAN	局域网
LED	发光二极管
LS	低速
MAC	媒体访问控制器
MII	媒体独立接口（以太网相关）
MIIM	媒体独立接口管理（以太网相关）
MPS	最大信息包容量
NAK	否定应答
Octet	8 位数据实体，在 IEEE 802.3 中用作"字节"
OHCI	开放式主机控制器接口
Packet	通过以太网传输的帧。一个包由导言、起始帧定界符和以太网帧组成
PHY	物理层接口
PLL	锁相环
PWM	脉宽调制器
QEI	正交编码器接口
RAM	随机访问存储器
RMII	简化媒体独立接口（以太网相关）
Rx	接收
SE0	单端零（USB 相关）
SPI	串行外设接口
SSI	串行同步接口
SSP	同步串口
SOF	帧开始

（续）

缩　写	描　述
SIE	串行接口引擎
SRAM	同步 RAM
TCP/IP	传输控制协议/网际协议。以太网使用的最常规的高级协议
Tx	发送
UART	通用异步接收器/发送器
UDCA	USB 设备通信区域
USB	通用串行总线
VLAN	虚拟局域网
WoL	LAN 上唤醒
Word	32 位实体

附录 C　术语

本部分内容描述了 ARM 公司的技术文档中用到的部分术语。

中止——向处理器表示一个存储器访问相关的值无效的一种机制。中止可能由外部或内部存储器系统引起，作为试图访问无效指令或数据存储器的结果。

对齐——如果保存在一个地址的数据项能够被定义数据大小的字节数整除，则此数据项被称为是对齐的。对齐的字和半字地址分别可被 4 和 2 整除。因此，术语字对齐和半字对齐规定，其地址能够分别被 4 和 2 整除。

分组寄存器——一个寄存器有多个物理副本，处理器的状态决定了使用哪个副本。堆栈指针 SP（R13）就是一个分组寄存器。

基址寄存器——在指令描述中，加载或存储指令指定一个寄存器，用于保存指令地址计算的基值。根据指令及其寻址模式，可在基址寄存器值上加或减一个偏移量，这就形成了要发送到存储器的地址。亦见索引寄存器。

大端（Big-endian）——字节定序方案，其中递减有效字节保存在存储器的递增地址中。亦见字节不变、字节序、小端。

大端存储器——具有以下特点的存储器：

● 字对齐地址上的字节或半字为此地址的字中的最高有效字节或半字；
● 半字对齐地址的字节为此地址的半字中的最高有效字节。

断点——调试器提供的一个机制，用来识别程序执行被停止的指令。断点由程序员插入，以便能够检查程序执行中的寄存器内容、存储单元和某个固定点的变量值，从而检查程序工作是否正常。成功完成程序测试后，断点被移除。

字节不变（Byte-invariant）——在字节不变系统中，当在小端和大端操作间切换时，存储器每个字节的地址保持不变。当把大于 1B 的数据项从存储器加载或存储到存储器时，根据存储器访问的字节序，将构成该数据项的字节安排为正确的顺序。

ARM 的字节不变实现还支持非对齐的半字和字存储器访问，多字访问按字对齐。

缓存——片上或片外快速访问存储单元模块，位于处理器和主存储器之间，用于存储和检索常用指令、数据或同时包括指令和数据的副本。这样可大大增加存储器访问的平均速度和改善处理器性能。

条件域——指令中一个 4 位的域。它指定了指令可以执行的条件。

上下文——对于一个多任务操作系统，各进程运行的环境。在 ARM 处理器中，它仅限于表示可访问的存储器物理地址范围以及相关的存储器访问权限。

协处理器——协助主处理器的一种处理器。Cortex-M3 不支持任何协处理器。

调试器——一种包含某个程序的调试系统，用于检测、定位和纠正软件故障，还包括支持软件调试的定制硬件。

直接存储器访问（DMA）——无须处理器对相关数据执行任何访问，而直接访问主存的操作。

双字——一个 64 位数据项。除非另外说明，其内容被视为一个无符号整数。

双字对齐——存储器地址可被 8 整除的数据项。

字节序（Endianness）——字节定序。该机制用来确定存储在存储器中的一个数据字的连续字节的顺序，是系统的存储器映射的一个方面。亦见小端和大端。

异常——中断程序执行的一个事件。当发生异常时，处理器挂起正常的程序流，并开始从相应异常向量所指示的地址执行。指示的地址存有异常处理程序的第一条指令。

一个异常可以是一个中断请求、一个故障，或软件产生的系统异常。故障包括试图进行非法的存储器访问、试图在非法的处理器状态下执行某条指令，以及试图执行一条未定义的指令。

异常服务程序——亦见中断处理程序。

异常向量——亦见中断向量。

平板地址映射（Flat Address Mapping）——一种存储器组织体系，其中存储器空间中每个物理地址都与对应的虚拟地址相同。

半字——一个 16 位的数据项。

非法指令——结构上未定义的指令。

实现定义的（Implementation-defined）——结构上未定义，但在单独实现中定义并证明的。

实现特定的（Implementation-specific）——结构上未定义，且不必在单独实现中证明。当有多个实现选项可供选择，且所选选项不影响软件兼容性时，使用该"实现特定的"。

索引寄存器——在某些加载和存储指令描述中，此寄存器的值被作为一个偏移量，将其加入基址寄存器值或从基址寄存器值中减去，以形成发送到存储器的地址。某些寻址模式可以选择在加法或减法前，使能被移位的索引寄存器值。亦见基址寄存器。

指令周期数——指令占用流水线执行阶段所消耗的周期数。

中断处理程序——发生中断时，处理器的控制权传递到这个程序。

中断向量——存储器低地址空间或存储器高地址空间（如果配置了高位向量）内一些固定地址，存有相应中断处理程序的第一条指令。

小端（Little-endian）——字节定序机制，其中一个数据字中的递增有效字节保存在存储器的递增地址中。亦见大端、字节不变、字节序。

小端存储器——具有以下特点的存储器：
- 字对齐地址中的字节或半字为此地址字中的最低有效字节或半字；
- 半字对齐地址中的字节为此地址半字中的最低有效字节。

亦见大端存储器。

加载/存储架构——一种处理器架构，数据处理操作只针对寄存器的内容，而不直接对存储器内容。

存储器保护单元（MPU）——控制对存储器模块访问权限的硬件。MPU 不进行任何地址转换。

预取——在流水线处理器中，当前面的指令执行完成前，将从存储器获取指令以填充流水线的过程。预取一条指令并不意味着该指令一定会执行。

读——具有一种加载语义的存储器操作。读包括 Thumb 指令 LDM、LDR、LDRSH、LDRH、LDRSB、LDRB 和 POP。

区——存储器空间的分区。

保留——在控制寄存器或指令格式中，如果某个域被实现定义了，或者在该域不为零时会产生不可预知的结果，则该域是保留域。这些域保留用于将来的结构扩展，或是用于实现特定使用。所有未被实现使用的保留位都必须写为 0，且读取为 0。

应为 1（Should Be One，SBO）——软件写 1 或位域全写 1。写 0 会产生不可预知的结果。

应为 0（Should Be Zero，SBZ）——软件写 0 或位域全写 0。写 1 会产生不可预知的结果。

应为 0 或保留（Should Be Zero or Preserved，SBZP）——软件写 0 或位域全写 0，或通过将前面读出的相同处理器上相同域的值写回来保留。

线程安全（Thread-safe）——在多任务环境中，线程安全功能在访问共享资源时使用保护机制，以确保操作正确，而不会有共享访问冲突的风险。

Thumb 指令——指定处理器完成一个操作的一个或两个半字。Thumb 指令必须按半字对齐。

非对齐——存储在不能被定义的数据大小字节数整除的地址的数据项称为"非对齐"。例如，存储在不能被 4 整除的地址的一个字。

不可预知（UNP）——不能确知的行为。不可预知的行为不代表安全漏洞。不可预知的行为不得让处理器或系统的任何部分停止或挂起。

热复位——又称内核复位。它对处理器的大部分元件初始化，调试控制器和调试逻辑除外。这种类型的复位在使用处理器的调试功能时非常有用。

WA——见写分配。

WB——见写回。

字——一个 32 位的数据项。

写——具有加载语义的存储器操作。写包括 Thumb 指令 STM、STR、STRH、STRB 和 PUSH。

写分配（Write-allocate）——在一个写分配缓存中，存储数据的缓存未命中会使一个缓存线被分配到缓存中。

写回（Write-back）——在写回缓存中，仅在缓存未命中后进行替换，数据被强制清出缓存时，才将数据写入主存储器，否则处理器的写入只更新缓存。这又称回拷（Copyback）。

写缓冲——位于数据缓存和主存之间的高速存储器模块，用作一个 FIFO 缓冲区，目的是优化到存储器的存储。

直写（Write-through）——在直写缓存中，数据在缓存被更新的同时写入主存储器。

参考文献

[1]   Joseph Yiu. The Definitive Guide to the ARM Cortex-M0[M]. Amsterdam: Elsevier, 2011.

[2]   ARM Limited. Cortex-M0_User_Guide[Z]. 2009.

[3]   ARM Limited. Cortex-M0 R0P0 Technical Reference Manual[Z]. 2009.

[4]   ARM Limited. ARMv6-M_Architecture_Reference_Manual[Z]. 2010.

[5]   广州周立功单片机发展有限公司. 深入浅出 Cortex-M0——LPC1100 系列[Z]. 2010.

[6]   广州周立功单片机发展有限公司. LPC1100 系列微控制器用户手册（中文版）[Z]. 2010.

[7]   ARM Limited. Cortex Microcontroller Software Interface Standard[Z]. 2017.

[8]   NXP Semiconductors. LPC111x-LPC11Cxx 简体中文用户手册 Rev5.0[Z]. 2016.

[9]   NXP Semiconductors. LPC11xx_Chinese_Datasheet Rev. 4[Z]. 2011.

[10]   NXP Semiconductors. Errata sheet LPC1111/12/13/14/15 Rev. 5[Z]. 2013.